Rolf W. Bühler

METEORITE

Urmaterie aus dem interplanetaren Raum

Birkhäuser Verlag
Basel · Boston · Berlin

CIP-Titelaufnahme der Deutschen Bibliothek
Bühler, Rolf W.:
Meteorite : Urmaterie aus d. interplanetaren Raum / Rolf W. Bühler. – Basel ; Boston ; Berlin : Birkhäuser, 1988
ISBN 3-7643-1876-7

Buchgestaltung und Typografie: Albert Gomm swb/asg
Printed in Germany
ISBN 3-7643-1876-7

INHALTS-VERZEICHNIS

Margrit
Adrian, Eveline und Natalie
gewidmet

VORWORT

Dieses Buch entstand aus zwei Gründen: Zum einen ist es die Faszination, die von den Meteoriten ausgeht und die alle, die einmal in ihren Bann geraten sind, nicht mehr freiläßt. Zum anderen ist es aber auch die Erkenntnis, daß derzeit kein deutschsprachiges Buch über Meteorite existiert, in dem das heutige Wissen dargestellt wird. Den Ausschlag, dieses Buch zu schreiben, gab schlußendlich die Einsicht, daß es gerade in diesem aktiven Fachgebiet für den Nicht-Fachmann sehr schwierig ist, auch nur einigermaßen die Übersicht zu bewahren.

Als Museumleiter und während der Offentlichkeitsarbeit anläßlich des Fundes des Meteorits ‹Twannberg› stellte ich immer wieder überrascht fest, wie groß das Informationsbedürfnis ist. Fragen nach dem Aussehen (Wie erkenne ich Meteorite?), ihrer Zusammensetzung, ihrer Herkunft, ihrer Bedeutung und Möglichkeiten der Präparation wurden mir immer wieder gestellt. Abgesehen davon hat die Wissenschaft ein großes Interesse, daß sie von allen Meteoritenfunden Kenntnis erhält und daß möglichst viele gefunden werden.

Eine uninformierte Bevölkerung kann diesem Anspruch nicht gerecht werden. Das vorliegende Buch ist kein wissenschaftliches Lehrbuch. Es will vielmehr einer breiten Schicht von Interessierten verständlich formuliertes Wissen und Freude an Meteoriten vermitteln. Ferner will es auch als Bindeglied zwischen der wissenschaftlichen Arbeit der Spezialisten an den Hochschulen und Museumsinstituten und einem weiten Kreis von interessierten Laien dienen, die in den wenigsten Fällen Zugang zu Spezial- und Fachpublikationen haben.

Die Realisation des nun vorliegenden Werks war mir nur dank vielfältiger Hilfe möglich. Zahlreiche Kollegen, Fachwissenschafter und Privatpersonen rund um die Erde haben mich mit Text- und Bildmaterial bereitwillig unterstützt. Ihnen allen möchte ich an dieser Stelle danken.
Großen Dank schulde ich Dr. Vagn F. Buchwald aus Kopenhagen und Dr. Ludolf Schultz aus Mainz. Dr. Buchwald hat mir in freundschaftlicher Verbundenheit alle seine Unterlagen über Eisenmeteorite bereitwillig zu Verfügung gestellt, selbst während seines sechsmonatigen Aufenthalts 1987/88 an der ‹Smithsonian Institution›, Washington D.C., seine Hilfe nie versagt und dadurch mein Buchprojekt wesentlich gefördert. Dr. Schultz hat durch seine zuverlässige, kritische und sehr konstruktive Durchsicht des Manuskripts und vielen Anregungen ganz wesentlich dazu beigetragen, daß «Meteorite – Urmaterie aus dem interplanetaren Raum» in der vorliegenden Form erscheinen konnte. Ich bin Professor Schultz zu großem Dank verpflichtet und hätte ihn mir als Koautor für ein Kapitel über Kosmochronologie gewünscht. – Andreas Bally und Albert Gomm vom Birkhäuser Verlag danke ich für die gute Zusammenarbeit.

Aarau, im Juli 1988 Rolf W. Bühler

Wir erhalten durch einen Meteoriten
die einzig mögliche Berührung von etwas,
das unserem Planeten fremd ist.
Gewöhnt, alles nichttellurische nur durch Messung,
durch Rechnung, durch Vernunftschlüsse zu kennen,
sind wir erstaunt, zu betasten, zu wiegen,
zu zersetzen, was der Außenwelt angehört.

ALEXANDER VON HUMBOLDT
Kosmos, Bd. I. Cotta 1845, S. 142

Abb. 1.1
Wie sehr die Angst vor ‹herabfallenden Sternen› in der Bevölkerung verwurzelt war, zeigt diese Vignette aus der Chronik von Joh. Stumpf, Basel, 1548.

1

WIE IRRLICHTER AUS IRDISCHEN DÜNSTEN

Geschichtliches über Meteorite

Angstvoll mag der Urmensch vor Jahrtausenden seinen Blick zum Himmel gerichtet haben, wenn aus explodierenden Feuerkugeln Steine und Eisen zur Erde schossen – die Götter zürnten . . .
In geschichtlicher Zeit verstand man die ‹Donnersteine› noch viele Jahrhunderte lang als ‹Strafe Gottes› oder deutete sie als Wunder und Künder von Siechtum, Kriegen und Mißernten.
Erst mit dem Meteoritenfall von L'Aigle am 26. April 1803 begannen vereinzelte Wissenschaftler die ‹Feuermeteore› als das zu sehen, was sie wirklich waren: Stein- und Eisenmassen, die aus dem Weltraum auf die Erde fielen.

Das Heiligtum im Shinto-Schrein von Nogata

Am 19. Mai des Jahres 861 ereignete sich Außergewöhnliches in der Gegend des Shinto-Tempels Suga Jinja, nahe der westjapanischen Stadt Nogata auf Kyushu: Die Nacht wurde plötzlich hell erleuchtet. Eine fürchterliche Explosion zerriß die Stille. Durch das Dach des im 7. Jahrhundert erbauten Heiligtums sauste ein schwarzes Etwas und bohrte sich in den Tempelboden. Dorfbewohner, die sich am nächsten Morgen angsterfüllt im Tempel umsahen, entdeckten auf dem Grund des Loches einen merkwürdigen faustgroßen schwarzen Brocken. Sie brachten ihn mit den Ereignissen der vergangenen Nacht in Zusammenhang und in Windeseile machte die Schilderung vom ‹Fliegenden Stein› die Runde in den umliegenden Dörfern und Städten. Der Priester verwahrte den sonderbaren Fremdling in einer hölzernen Schatulle, auf deren Deckel er mit bedächtiger Schrift das Datum aufpinselte: «April 7, Jogan 3», was nach dem Julianischen Kalender dem eingangs erwähnten 19. Mai des Jahres 861 entspricht.

Abb. 1.2
Steinmeteorit von Nogata, Japan. Breite des Stücks: 15,3 cm.

Fortan verehrten die Dorfbewohner den Himmelsboten zusammen mit den anderen Heiligtümern des Tempels. Im Lauf der Jahrhunderte geriet er schließlich in Vergessenheit.
Obwohl K. Yamada, Vorsteher der Bergbauschule Chikuho, den Stein 1922 sah und dessen meteoritische Natur erkannte, erfuhr die Fachwelt nichts davon.
Erst 1979 hörten japanische Wissenschaftler durch den Amateurastronomen T. Magome von der Existenz des außerirdischen Besuchers und erhielten vom zuständigen Shintopriester M. Iwakuma die Erlaubnis, das kostbare Stück wissenschaftlich zu untersuchen. Der allseits gerundete 472 Gramm schwere Steinmeteorit ist noch fast vollständig von einer glasigen braunschwarzen Fusionskruste bedeckt, die durch Schmelzprozesse infolge Luftreibung beim Flug durch die Erdatmosphäre entstand. Er gehört aufgrund seiner chemischen und petrologischen Zusammensetzung zu den gewöhnlichsten und häufigsten Steinmeteoriten, die es gibt.
Obwohl sein irdisches Alter durch physikalische Methoden nicht ermittelt werden konnte, schließen die Bearbeiter aufgrund verschiedener lokalhistorisch überlieferter Schilderungen des Falles, des auf den Schatullendeckel geschriebenen Datums und einer Radiokarbondatierung des hölzernen Kästchens (innerhalb der Fehlergrenze vereinbar mit einem Fall im Jahr 861), daß der Stein mit hoher Wahrscheinlichkeit tatsächlich vor mehr als 1100 Jahren in den Tempelboden schlug.

Abb. 1.3 >
Der hölzerne Schatullendeckel trägt in japanischen Schriftzeichen das Datum des Meteoritenfalls.

Abb. 1.4
Einblattdruck von Sebastian Brant über den ‹Donnerstein von Ensisheim›; Basel, 1492.

Der nach der Stadt Nogata benannte Meteorit ist somit der älteste beobachtete Meteoritenfall, von dem bis heute Material erhalten geblieben ist.
Es war selbst für die an Überraschungen gewohnten Meteoritenfachleute eine Neuigkeit, als die japanischen Forscher erste Untersuchungsresultate im September 1980 am Meeting der Meteoritical Society in San Diego bekanntgaben. Das Datenmaterial publizierten sie in einer ausführlichen wissenschaftlichen Arbeit 1983.
Bis zur Entdeckung des Meteorits von Nogata galt nämlich ein anderer außerirdischer Eindringling als ältester beobachteter und erhaltener Meteoritenfall.

Der Donnerstein von Ensisheim

Es war im selben Jahr, in dem Kolumbus Amerika entdeckte, als mit einem «Grüsam Donnerschlag und anhaltendem Getöse», wie zeitgenössische Schilderungen meldeten, am 7. November 1492, um 11 Uhr 30, unweit des elsässischen Städtchens Ensisheim ein 127 kg schwerer Stein vom Himmel fiel und sich «eine halbe Mannslänge tief» in den Boden eines Weizenfelds bohrte (Abb. 1.7).
Zutiefst erschrocken suchte man das außergewöhnliche Ereignis zu deuten. War es ein «Fingerzeig Gottes – etwa sogar ein Wunder»? – Seit altersher hatten Steine, die vom Himmel fielen, Angst und Schrecken verbreitet. Sie galten – wie die Kometen – als Vorboten von Kriegen, Pest und Mißernten. Man war ratlos.
Wie sehr dieser Meteoritenfall die davon betroffenen Menschen beschäftigte, geht schon aus der Tatsache hervor, daß noch im selben Jahr ein Einblattdruck – eine Art Vorläufer der heutigen Zeitungen – darüber berichtete (Abb. 1.4). Urheber war der Humanist Sebastian Brant aus Basel.
Sein Flugblatt – bei Johann Bergmann von Olpe in

Basel verlegt – wurde bald zum ‹Bestseller› und Brant ließ beim gleichen Verleger eine weitere Auflage drucken, die von der ersten geringfügig abweicht. Von Brants Flugblatt erschienen noch im Jahr 1492 zwei anonyme Raubdrucke; einer in Reutlingen bei Michael Greiff, ein weiterer in Straßburg bei Johann Prüss, wobei Brants Text abgesehen von kleinen Abweichungen gleich blieb.

Die Hauptüberschrift «Von dem donnerstein gefallen jm xcij. iar: vor Ensisheim» steht über dem Holzschnitt, der bei drei Ausgaben die ganze Blattbreite einnimmt; die Greiff-Ausgabe enthält drei kleinere Vignetten mit Ansichten von Ensisheim und Battenheim sowie einer Darstellung des herabfallenden Steins.

Danach folgen unter der Überschrift «De fulgetra anni Xcij. Sebastian Brant.» 22 Verspaare (Distichen), in denen er über das Ereignis lateinisch und deutsch berichtet. Brant erinnert eingangs an die zahlreichen Wunderzeichen, die seit einigen Jahren Aufsehen erregten und das überträfen, was man in Büchern lesen könne. Schon unter Friedrich I. habe es schlimme Erscheinungen gegeben, dann auch unter Friedrich II. Nun sei am 7. November 1492 mittags unter Donner und Blitz ein gewaltiger Stein vom Himmel gefallen.

Brants Absicht ist klar: Er möchte zeigen, daß darin das größte Wunder zu sehen sei, das bisher in Deutschland geschah. Die Form des Steins sei dreieckig in der Art eines griechischen Delta. Brant gibt keine naturwissenschaftliche Erklärung, kann ja nicht, sondern geht bewußt den Weg der Wunderdeutung. Da Anaxagoras bereits einen solchen Steinfall vorausgesagt habe, müsse man das Geschehen jedoch für wahr halten. Man habe ja auch ringsum den ‹klapff› gehört bis zur Donau, dem

Abb. 1.5
Zu Beginn des 16. Jahrhunderts schrieb und illustrierte Joseph Grünpeck die ‹Historia Friderici et Maximiliani›. Auf zahlreichen Abbildungen sind Ruten, Schwerter und andere heute sonderbar anmutenden Symbole oder ‹Wunderzeichen› zu sehen; ebenfalls enthalten ist auch die Darstellung des ‹Donnersteins von Ensisheim›, der als Vorzeichen des Todes Kaiser Friedrichs III. gedeutet wurde. Die Durchstreichung stammt vermutlich von der Hand des Kaisers.

Abb. 1.6 >
Noch deutlicher und an den Stil des Einblattdrucks von Brant erinnernd ist der Fall des ‹Donnersteins› dargestellt in Grünpecks ‹Prodigiorum interpretatio›; Handschrift Linz, 1502.

Abb. 1.7
Meteoritenfall von Ensisheim. Diebold Schilling, Luzerner Bildchronik, 1513.

Neckar, der Aare, dem Inn und dem Rhein, bis in die Schweiz und gar bis Uri.
Und dann packte Brant die Gelegenheit beim Schopf, den Stein als ein böses Omen für die Feinde Maximilians I. zu deuten. Er identifizierte die ‹bösen Feinde› mit den Franzosen und dichtete: «In forchten die Franzosen ser / Rechtlich sprich ich dass es bedut / Ein bsunder plag der selben lut.»
Er geht noch weiter. Unten auf dem Blatt steht ein zweiundzwanzigzeiliges zweites, nur in deutsch verfaßtes Gedicht «An Maximilianum. Romischen kuning». Mit der Abbildung des königlichen Adlerwappens unterstreicht er die Worte, mit denen er Maximilian auffordert, nunmehr gegen seine Feinde mutig und beherzt vorzugehen. Er solle am Glücksrad drehen, Zwischenfälle seien gegenwärtig nicht zu befürchten.
Österreich, Burgund und die Deutsche Nation stünden ihm bei. Der Stein sei ihm dem höchsten König von Gott zur Mahnung gesandt, daß er sich zur Gegenwehr stellen solle. Und Brant gibt auch gleich an, in welche Richtung die Gegenwehr erfolgen solle: nämlich gegen die Franzosen. Er benutzte den Meteoritenfall von Ensisheim also ganz offensichtlich zur politisch-publizistischen Unterstützung der bevorstehenden Auseinandersetzung.

Abb. 1.8
Kaiser Maximilian I. (1459–1519) sah den Ensisheimer Steinmeteorit und befahl, ihn im Chor der Kirche zum Schutz gegen Diebe aufzuhängen. Holzschnitt von Albrecht Dürer, 1519, Albertina Wien.

Maximilian I. hielt sich am 26. November 1492 von Schlettstadt kommend wegen des Feldzugs gegen Frankreich in Ensisheim auf und ließ vom Donnerstein zwei Stücke abschlagen, eines behielt er für sein Kuriositätenkabinett, das andere übersandte er Herzog Sigmund von Österreich.
Auf seine Anordnung hin mußten die Ensisheimer den außerirdischen Steinbrocken im Chor der Kirche aufhängen, damit er vor Dieben geschützt sei. Eine Tafel daneben verkündete in holprigen Versen und mit einem Chronogramm die Bedeutung des Steins.
Was in Ensisheim an jenem 7. November vor 500 Jahren geschah, ist am ausführlichsten in einer Straßburger Handschrift aus der zweiten Hälfte des 16. Jahrhunderts überliefert worden.

Von dem Stein von Ensisheim

Anno Domini 1.4.9.2 Uff Mittwochen nechst vor Martinj. den 7. tag Nouembris geschah ein seltzam wunder Zeichen. Dann Zwüschen Eylfen vnnd der Zwolffen stundt Zu Mittagszeit kam ein Grosser Donder Klapff vnnd ein langs gedöss welches man weith vnnd breidt hört vnnd fiel ein Stein vonn den Lüfften herab beÿ Ensissheim jnn Irem Bann Der wog Zweyhundert vnnd sechtzig pfundt. Vnnd was der Klapff andersswa vÿl grosser dann alhie · Da sahe ine ein knab jnn ein ackher jm obern veldt · so gegen Rin vnnd Ill Zeucht bey dem gissgang · gelegen / schlagen / der was mit weitzen geseit / vnnd thet jme dhein schaden · Als das ein Rath jnnen wart · Da furten sy jne hinjnn. Vnnd wart ettwan manig stückh dauon geschlagen · Das verbott der Lanndtuogt · also liess man jne jnn die Kirchen legen jnn willens den Zu einem wunder vfftzuhenckhen Vnnd kamen vil leuth alher den stein Zusehen / auch wurden vil seltzamer Reden von dem stein geredt. Aber die gelerten sagten sy wüssten nicht was es wer / Dann es wer vbernaturlich · daz ein solcher grosser stein solt von den lüfften herab schlagen · besonder es wer ein wunder gottes. Dann es Zuuor nie erhört · gesehen noch · geschrieben befunden wer. Da man auch den stein fandt / da lag er bey halb man tieff jnn der Erden · welches yederman darfür hett Das es gottes will wer das er gefunden würdt. Vnnd hatt man den Klapff Zu Lucern Zu Vilingen vnnd sonst an vil orten so gross gehört Das Die leuth meinten · es weren heusser vmgefallen./
Darnach vff Mantag nach Katharine (26. November 1492 d. A.) gedachts Jars · als Konig Maximilian · alhie was · hiess Jr Konigliche Majestat · den stein so jungst gefallen jnns schloss tragen · vnnd als man Jn Darein bracht · hett Jr Majestat vil Kurtzweil mit dem stein · vnnd da er lang mit den herren dauon Redt · Sagt er die van Ensissheim salt Jn nemen vnnd jnn die Kirchen heissen vff henckhen · auch niemants dauon lassen schlagen · Doch nam jr Majestat Zweÿ stückh daruan · das ein behielt sein Majestat das ander schickht er hertzog Sigmunden von Osterreich. Vnnd was ein grosse sag van dem stein / also hinnckh man jne jnn den Chor da er noch henncklht · auch kam ein grosse welt den Stein Zusehen etc.

Nach allem was wir bis jetzt gehört haben ist es nicht verwunderlich, daß die Schilderung des Meteoritenfalls einen festen Platz in den Handschriften und Geschichtsbüchern der nachfolgenden Zeit einnahm (Abb. 1.5–1.9). Sie findet sich in den Chroniken von H. Schedel (1493), D. Schilling (1513), P. Lang (1520), S. Franck (1536), J. Cuspinianus (1540), M. Frytschius (1555), C. Lycosthenes (1557), C. Goltwurm (1557), S. Münster (1559), Ch. Wurstisen (1580) und J. Wolf (1600), fast überall mit Hinweis auf die Bedeutung als Wunderzeichen. Auch in späteren Jahrhunderten schenkt man ihr noch Beachtung, so zum Beispiel bei Goethe oder in Johann Peter Hebels ‹Schatzkästlein für den Rheinischen Hausfreund›.

Goethe schrieb: «In Ensisheim sahen wir den ungeheuren Aerolithen in der Kirche aufgehangen und spotteten, der Zweifelsucht jener Zeit gemäss, über die Leichtgläubigkeit der Menschen, nicht vorahnend, dass dergleichen luftgeborene Wesen, wo nicht auf unsern eignen Acker herabfallen, doch wenigstens in unseren Kabinetten sollten verwahrt werden.» (Dichtung und Wahrheit, Dritter Teil, Elftes Buch).

Das Verbot Maximilians I., vom Stein etwas abzuschlagen, mißachtete man schon zur damaligen Zeit. Zahlreiche Andenkenjäger und Sammler trennten Stücke davon ab. Heute wiegt der im Rathaus zu Ensisheim aufbewahrte Donnerstein gerade noch 55,75 Kilogramm. Vom abgeschlagenen Material sind in allen großen Meteoritensammlungen der Welt Stücke erhalten: allein in Paris befindet sich ein Stück von 9,79 Kilogramm. Weitere größere Proben verwahrt man u.a. in Berlin (905 Gramm), Washington (458 Gramm), Wien (660 Gramm), Tübingen (316 Gramm), Tempe (209 Gramm) und New York (127 Gramm).

Selbst in private Hände sind Proben des Meteorits gelangt. Gerüchten zufolge soll sich ein etwa kopfgroßes Stück im Besitz eines Bauern der Umgebung von Ensisheim befinden, der es als Gewichtsstein in seinem Sauerkrautfaß verwende! Der Eigentümer sei aber nicht bereit, das Fragment herauszugeben. Dichtung oder Wahrheit. . .?, wir wissen es nicht.

Aus dem Besitz Goethes werden im Goethe-Museum in Weimar drei kleine Bruchstücke aufbe-

Abb. 1.9
«Ein unnatürlicher Klotz fellet vom Himel. Anno 1492».
Holzschnitt und Schilderung des Ereignisses in der Basler Chronik von Christian Wurstisen, Basel, 1580.

ter einem von Landtsberg verheuratet/vnnd die selbig Sampstags vor Michaelis/ mit Ehrlicher beleitung etlicher Manns vnd Weybspersonen/vom Adel vnd Burgern/ob zwentzig Pferdten/heimführen lassen. Als nun diese folgendts Donstags nach vollbrachter Hochzeit widerumb heimreiten wöllen/wurden sie von Graue Rudolfen von Werdenberg/des Johanniter Ordens Meister/zů Heitersheim (welcher wol mit viertzig Pferdten vnnd souiel Fůßknechten/bey Grissen auff sie gehalten/vnd Henrichē von Baden/sampt sein zweien Söhnen/von dieser Gesellschafft gern herauß gehept vnd gefengklich angenommen hette) mit gewalt angerennet/vbel beschediget vnd getrotzet/Herr Hartman von Andlo der ander Burgermeister/durch ein Backen gerennet/vnnd im Haupt verwundet/darzů die Begerten in das Hauß Heitersheim entführet.

schmach an ihrē Häuptern. Anno 1490.

Diese vnfůg entrüstet die von Basel also sehr/das sie allbereit nechsts Sampstags mit dem Paner/Geschütz/vnnd drey tausent Mann auffwuschten/vorhabens die jhren zůentledigen/vnd diese Schmach zůrechen. Da sie aber biß gehn Schliengen/halben weg hinab/kommen/reite der Oesterreichische Landtuogt/vnnd anderer Orten Gesandte/mit solchem ernst darzwüschen/das sie (ob es wol mit not zůgienge) abgetehdinget wurden/das Hauß jhrem vorhaben nach nicht schleifftē: jedoch můßt es des Ordens Meister der Statt zůstellen/ welche hierumb achtzig mann darein legten/ deren Hauptleute Henrich von Sennheim vnd Hans Hiltprand waren. Nach etwas zeits/ward diese Handlung durch etliche Mittel zum Friedē gerichtet/vnd das Hauß wider geben.

Zug wider Heitersheim.

Ich kan hie nicht fürgehn den grossen wunderlichen Stein/welcher im tausent/ vier hundert/zwey vnnd neuntzigsten jar/ Mitwochen den siebenden Nouembris/vm̄ Mittentag/mit einem vngeheuren Donderklapf auß den Wolcken/in das Veld vor Ensisheim im Oberen Elsaß/gegen der Hart/mit solchem getöß herab gefallen ist/ das wie Sebastian Brant damals geschrieben/

Ein vnnatürlicher Kloß fellet von Him̄el. Anno 1492.

Tonaw/Neckar/Ar/Jll vnd Rhein/
Schweitz/Vry/hort den Klapf/der Jn.

Dieser Kloß war bey einer Elen hoch/hielt an Gewicht zwen Centner vnd achtzig Pfundt/an der farb einem Eisenertz gleich/die Stück dauon feureten am Stachel wie außerlesene Feurstein. Da billich wundersam/wie sich ein solcher Last in Lüfften coagulieren vnnd enthalten mögen/wann wir nicht wüßten/das Gott das Allmechtige vnd freye Wesen/an der Naturen lauff vngebunden/viel ding würckete/ deren vrsachen in der Natur niemandts finden köndte. Er ward auß dem Veld gegraben/vnd zů Ensisheim zum Spectackel in die Kirch auffgehenckt.

König Maximilian Ertzhertzog zů Oesterreich/vnd Hertzog zů Burgund/kame Sampstags den sechsten Aprilis/im tausent/vierhundert/drey vnd neuntzigsten jar/ mit vierhundert Pferdten gehn Basel/ward mit dem Heilthumb vnd Stangkertzen

Xx iiij auß

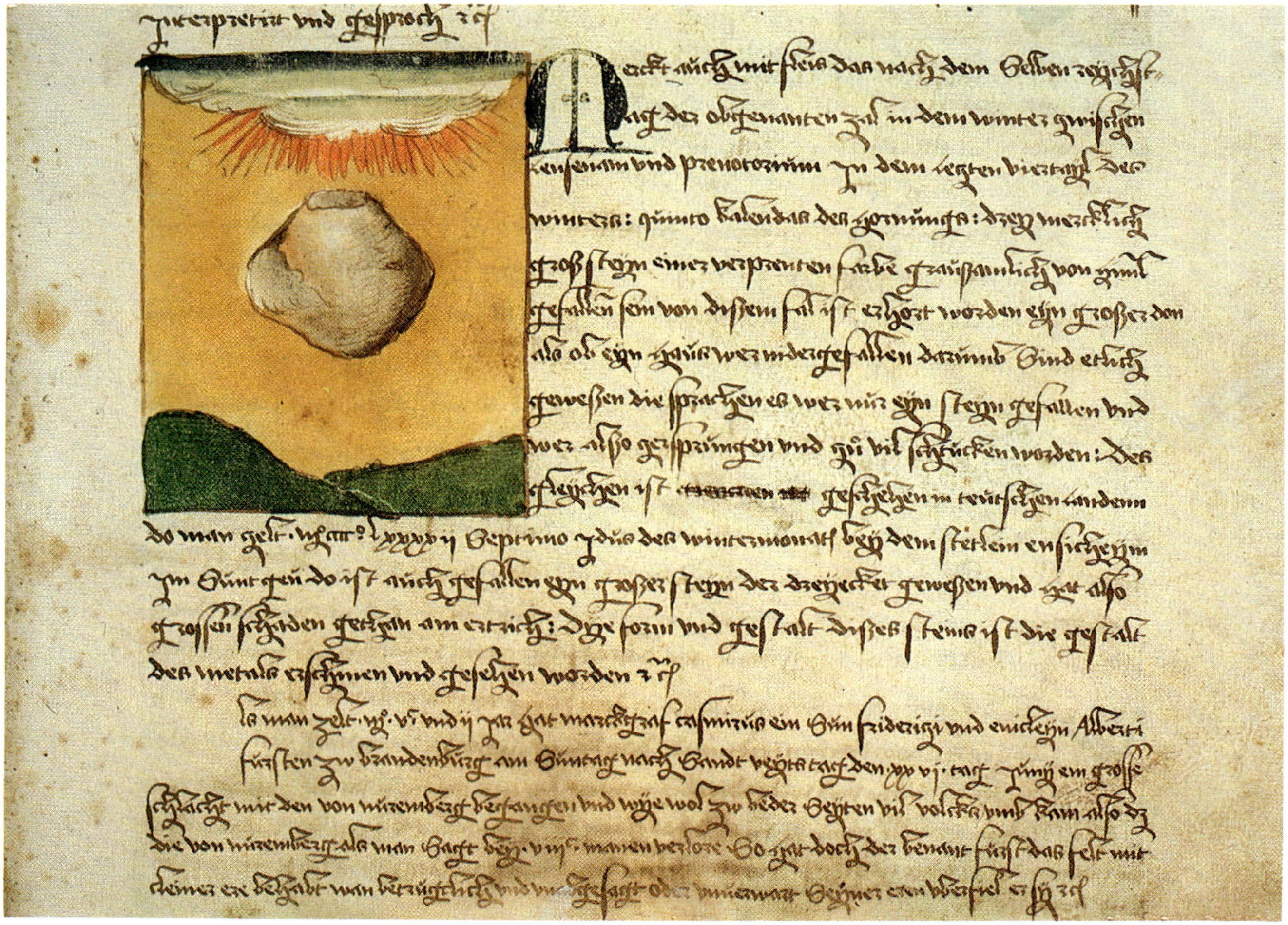

Abb. 1.10
Kolorierte Federzeichnung und kurze Schilderung des Ensisheimer Meteoritenfalls von 1492; Handschrift Wien, 1517/18.

wahrt und in der Sammlung des Physikers Ernst F. F. Chladni (heute in Berlin, Museum für Naturkunde an der Humboldt-Universität), der uns als Begründer der eigentlichen Meteoritenkunde noch begegnen wird, befanden sich zwei Bruchstücke von zusammen mehr als einem Pfund.
Chladni ist es auch, der über das spätere Schicksal des Steins Auskunft gibt. «In der Revolutionszeit ward der Stein aus der Kirche weggenommen, und auf die öffentliche Bibliothek zu Colmar gebracht», schreibt er 1819. «Als ich im Jahre 1810 nach Colmar kam, fand ich dort den Stein nicht mehr, sondern nur die leere Stelle, nebst einer Zeichnung desselben» (Abb. 1.11). Die Ensisheimer hatten ihn nach den Revolutionswirren in ihre Kirche zurückgeholt, wo ihn Chladni auf seiner Reise von Colmar nach der Schweiz wiedersah «... mit vielen Inschriften umgeben, an seiner vormaligen Stelle, nicht weit vom Altare auf der linken Seite, auf einer Console, auf einer Höhe von etwa 10 Fuss». Die Größe beschrieb Chladni mit 10 Zoll Höhe und 13 Zoll Breite. Über das Aussehen sagte er: «Er ist dunkelgrauer, fester, und von dichterem Korne als viele andern, er enthält nichts von den in den meisten anderen befindlichen dunkeln Körnern, wohl aber Gediegeneisen, Schwefeleisen, bisweilen in Adern, und einige theils weisslichgraue, theils dem Olivin ähnliche Theile. An einigen Stellen des Schwefeleisens scheint sich die Gegenwart des Nickels durch einen röthlich grauen Beschlag anzukündigen». Diese sorgfältige Beschreibung Chladnis paßt gut zu den später vorgenommenen Untersuchungen des Meteorits, die ihn als eisenarmen Steinmeteorit (Amphoterit, Klassi-

fikation: Kapitel 6) beschreiben.

Seit einigen Jahren ist der berühmteste Meteorit der Welt dank der aufgeschlossenen Stadtbehörde von Ensisheim auch an anderen Orten zu sehen und 1986 verließ er zum ersten Mal in seiner damals 494jährigen Geschichte sogar Frankreich.

Die Ensisheimer ‹Gardiens de la Météorite d'Ensisheim› betrachten sich als Bewahrer des heute noch 55,75 Kilogramm schweren Steins. Er gilt als Symbol ihrer Bruderschaft, die durch verschiedene kulturelle Aktivitäten auch auf die historische Bedeutung der Stadt Ensisheim aufmerksam machen will. Die ‹Gardiens› brachten den Stein im Halley/Giotto-Jahr 1986 für zwei Wochen an eine Ausstellung in der Schweiz mit dem Titel: ‹Planeten, Meteorite, Kometen› (Abb. 1.12).

Jean-Marie Blosser, Sprecher der ‹Gardiens›, äußerte sich nach dem Transport des Steins in die Schweiz verwundert: «Zweimal haben sie uns am Zoll aufgehalten und mindestens sieben Mal in den Kofferraum unseres Wagens geschaut, als würden wir ein Heiligtum Frankreichs ins Ausland bringen».

Zurück zur Geschichte. Natürlich wußte man auch nach dem eindrücklichen Fall des Donnersteins nicht, wie solche Ereignisse zu erklären waren. Die Naturwissenschaften steckten noch in den Anfängen. Es sollten nach dem Meteoritenfall von Ensisheim noch Jahrhunderte vergehen, bis die wahre Natur der außerirdischen Eindringlinge erkannt wurde. Wohl fielen in historischer Zeit Meteorite mit einer geschätzten Einfallsrate von 50 Treffern pro Tag auf die Erde. Doch ist unser Planet zu mehr als zwei Dritteln von Meer bedeckt und vom verbleibenden Drittel ist wiederum ein großer Teil fast unbewohnt, unwegsam, gebirgig, wüstenhaft oder von Wäldern bedeckt. Meldungen von Meteoritenfällen gelangen daher nur selten an eine größere Öffentlichkeit.

Eine der ältesten Beschreibungen finden wir bei Plinius dem Älteren. Er überliefert in seiner ‹Naturkunde› aus dem Jahr 77 eine Fallschilderung aus Griechenland nebst weiteren Meldungen aus jener Zeit:

«Die Griechen rühmen, dass Anaxagoras aus Klazomenai im zweiten Jahrhundert der 78. Olympiade (467/6 v. Chr.) vermöge seiner Kenntnis der

Abb. 1.11
Bevor der berühmte Stein während der französischen Revolution nach Colmar in Sicherheit gebracht wurde, fertigte J. J. Karpff, genannt ‹Casimir›, diese Zeichnung von der Aufbewahrungsart in der Ensisheimer Kirche an. Bereits 1804 war der Meteorit aber wieder am alten Platz. Die Kirche stürzte 1854 ein und der Donnerstein gelangte schließlich ins Palais de Régence, wo er heute noch ist.

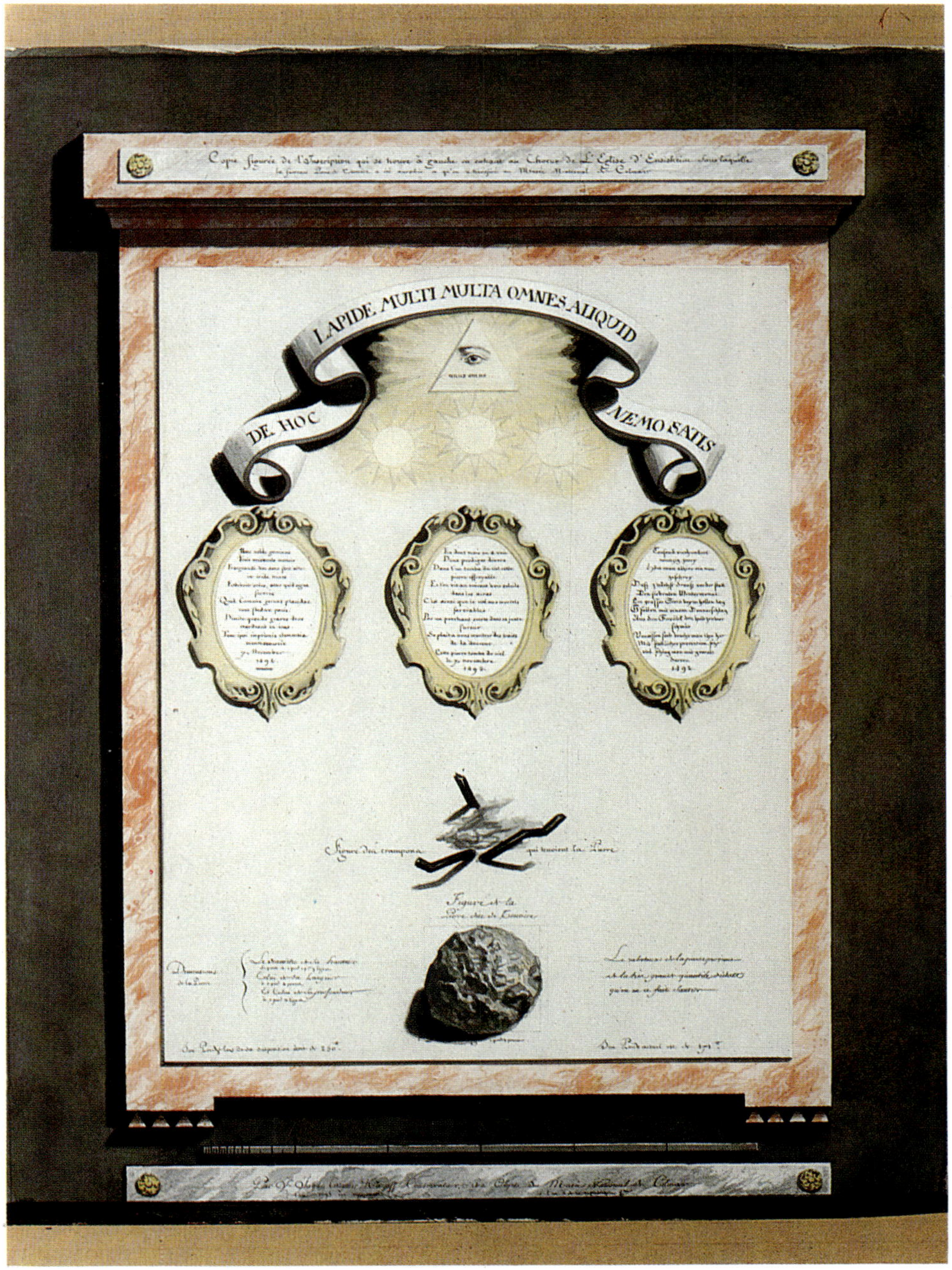

Abb. 1.12
Die ‹Gardiens de la Météorite d'Ensisheim› betrachten sich als Bewahrer des heute noch 55,75 Kilogramm schweren Steinmeteorits. Er gilt als Symbol ihrer Bruderschaft. Ihr erklärtes Ziel ist, durch verschiedene kulturelle Aktivitäten auf die historische Bedeutung der Stadt Ensisheim aufmerksam zu machen.

astronomischen Wissenschaft vorausgesagt habe, an welchen Tagen ein Stein von der Sonne herabfallen werde, und daß dies tatsächlich am hellen Tage in einer Gegend von Thrakien am Aigos-Fluß (Aigos Potamoi) geschehen sei. Dieser Stein wird noch jetzt gezeigt, hat die Größe einer Wagenladung und ist von schwärzlicher Brandfarbe ...». Plinius sagt im gleichen Kapitel: «Daß jedoch Steine häufig herabfallen, wird nicht zweifelhaft sein: im Gymnasium zu Abydos verehrt man aus diesem Grund noch jetzt einen Stein, der zwar nicht sehr groß ist, von dem aber Anaxagoras ebenfalls vorhergesagt haben soll, daß er mitten auf die Erde fallen werde. Ein solcher Stein war auch zu Kassandreia verehrt, das ehedem Potidaia hieß, wohin man aus diesem Grund eine Kolonie gelegt hat. Ich selbst sah einen im Gebiet der Vokontier, der kurz vorher niedergegangen war».
Weiter berichtet Plinius von Milch- und Blutregen, selbst Fleisch solle vom Himmel gefallen sein, welches die Vögel aber nicht fraßen. Interessant ist die Schilderung aus Lukanien, wo es Eisen geregnet habe, ein Jahr bevor M. Crassus mit allen lukanischen Soldaten von den Parthern erschlagen wurde (54 v. Chr.). Das herabfallende Eisen, schildert Plinius, sei von einem Aussehen ähnlich jenem von Schwämmen.
Tatsächlich nahm man im Altertum an, daß die Götter auf den Sternen wohnten und daß Meteorite, in denen man fallende Sterne sah, das Herabsteigen der Götter bedeuteten oder daß diese damit ihr Abbild zur Erde senden würden. Damit wird auch verständlich, warum man jene Göttergesandten mit besonderen Ehren empfing und sie zum Teil in eigens dafür erbauten Tempeln unterbrachte.
Die Verehrung ging so weit, daß man zwischen 300 v. Chr. und 300 n. Chr. Meteorite sogar auf Münzen verewigte (Abb. 1.13-1.16). Zum Beispiel den Stein vom Emisa, der als konisches Objekt auf einem von Pferden gezogenen Wagen unter einem Sonnenschutz dargestellt wird. Die Münze wurde von Antoninus Pius (138-161 n. Chr.) in Emisa, Syrien, geprägt und von Elagabal (218-222) nach Rom gebracht, wo er drei Silber-Denare davon ausgab. Herodot sagt darüber: «. . . ein großer Stein, welcher auf der Unterseite rund ist und darüber gerade zu einer Spitze ausläuft. Er hat fast die

Form eines Konus' und ist von schwarzer Farbe. Das Volk sagt davon im Ernst, daß er vom Himmel gefallen sei».

Von Hatford blieb nichts übrig

Eindrückliche Beschreibungen von Meteoritenfällen nach Ensisheim änderten nichts daran, daß die Wissenschaft die Existenz solcher außerirdischer Körper in Abrede stellte und sie auch dementsprechend behandelte. Aus England ist der folgende Bericht überliefert:

Der Name der Stadt ist Hatford, ungefähr acht Meilen von Oxford. Ueber dieser Stadt, am Dienstag welcher der neunte des gegenwärtigen Monats April 1628 ist, ungefähr fünf Uhr am nachmittag, offenbarte sich dieser übernatürliche gewaltige furchtbare Fingerzeig Gottes. Es ereignete sich dies: Zuerst, als Attacke, ging eine riesige Kanone aus lauter Donner los, als wie eine Warnung vor dem Rest, der noch folgen sollte. Dann, nach einer kleinen Weile war ein zweiter zu hören, und stufenweise ein dritter bis deren zwanzig abgeschossen waren wie nach sehr gutem Kommando in der Schlacht unter arger Bedrängnis.

... am Ende jeder dieser Donnererscheinungen, oder jedem dieser Kanonenschüsse, bahnte sich ein grosser Lärm seinen Weg durch die Lüfte, nicht unähnlich dem Fliegen von Geschossen aus den Mündungen grosser Kanonen; und nach dem Urteil von allen ins Geschehen bezogenen Beobachtern, waren es Donnersteine. Einer von ihnen wurde von vielen Leuten beim Niedergehen auf einen Ort namens Bawlkin Greene beobachtet, der eine und ein halbe Meile von Hatford entfernt liegt.

Die Form des Steins ist dreieckig und zugespitzt am Ende: In der Farbe äusserlich schwärzlich, mit etwas wie Eisen: überkrustet mit einer Schwärze von der Dicke eines Shilling. Im Innern ist er brökkelig, von einer Farbe durchmischt mit einer Art Mineral, durchsichtig wie kleine Glasstückchen.

Was hier im Gentleman's Magazine so wirklichkeitsnah beschrieben ist, wird vom englischen Catalogue of Meteorites als Meteoritenfall registriert. Nach diesem anerkanntermaßen umfassendsten Katalogwerk fielen mindestens drei Steine: einer von 24 Pfund in Hatford, einer mit 26 Pfund in

Abb. 1.13–16
Antike Münzen mit Darstellungen von Meteoriten als Kultobjekte:

Mithridates I., 171–138 v. Chr., Drachme (Silber), Meteorit im Tempel (Omphalos) von Delphi.

Vespasian, 70–79 n. Chr. Tetradrachme (Silber), geprägt in Cypern; Meteorit im Tempel der Venus (Aphrodite) von Paphos, Cypern.

Elagabal, 218–222 n. Chr., Denar (Silber); Darstellung des Steins von Emisa auf einem von Pferden gezogenen Wagen.

Elagabal, 218–222 n. Chr. Tyros, Bronze (Währung unbestimmt); Darstellung der beiden Steine von Astarte.

Die Münzen sind 1,5fach vergrößert abgebildet.

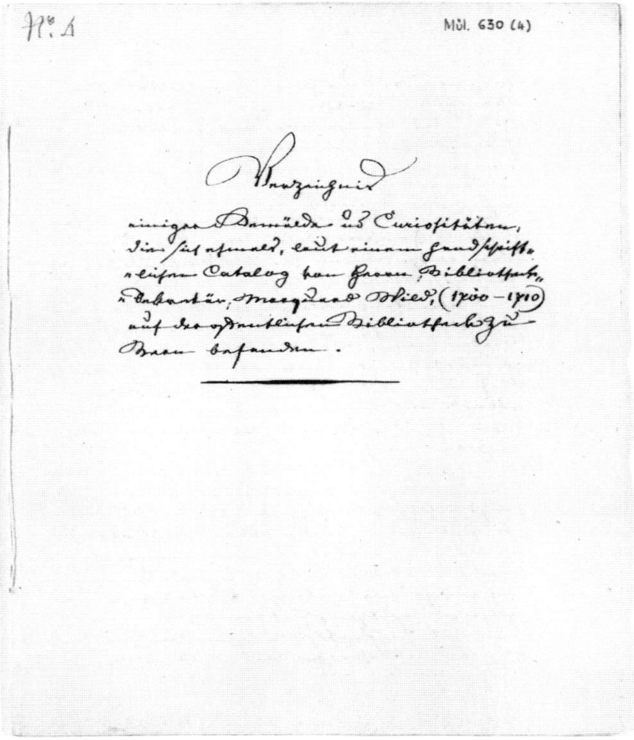

Verzeichniss
einiger Raritäten und Curiositäten,
die sich ehemals, laut einem handschrift-
lichen Catalog von Herrn Bibliothek-
arius, Morgenthaler (1700–1710)
auf der ordentlichen Bibliothek zu
Bern befunden.

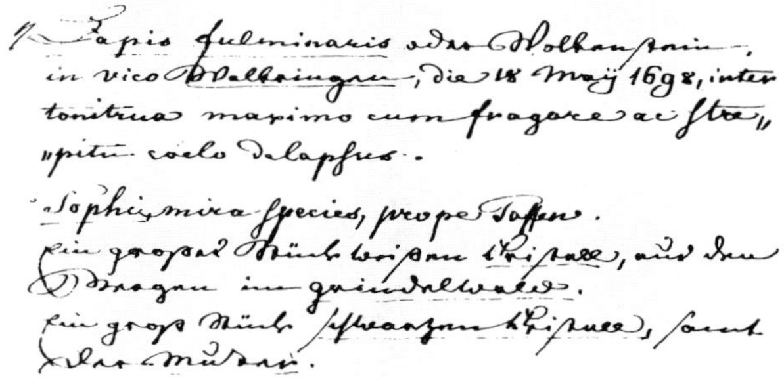

1. Lapis fulminaris oder Wolkenstein,
in vico Walkringen, die 18 Maij 1698, inter
tonitrua maximo cum fragore ac stre-
pitu coelo delapsus.

Sophia mira species, prope Tassen.
Ein grosses Stück weissen Kristalle, aus dem
Drachen im Grindelwalder.
Ein gross Stück schwarzen Kristalle, samt
der Mutter.

Abb. 1.17
Der erste beobachtete Meteoritenfall der Schweiz existiert nur noch als Eintrag ‹Lapis fulminaris oder Wolkenstein in vico Walkringen› in einer Abschrift des nebenstehenden Verzeichnisses von Gegenständen, die zu Beginn des 18. Jahrhunderts aus der ‹ordentlichen Bibliothek zu Bern› verschwanden.

Challow und einer mit 14 Pfund in Balking. Die Gewichte kennt man genau, also wurden die Steine gewogen. Doch erhalten geblieben ist – nichts.

Warum verschwand der Wolkenstein von Walkringen?

Ein ähnliches Schicksal erlitt jener Meteorit, welcher am Dienstag den 18. Mai 1698 nach «überaus starkem Schiessen … und einer grossen Décharge von vielen 1000 Musqueten und heftigem Trommeln» über der Gemeinde Walkringen BE am Abend zwischen 19 und 20 Uhr sein Erscheinen ankündigte.
Der Zürcher Gelehrte Johan Jacob Scheuchzer berichtete darüber in seiner am 12. Mai 1706 erschienenen ‹Wochenschrift›, 1746 auch in der ‹Naturgeschichte des Schweizerlandes›.
Nach den Schallerscheinungen sei «Zu Hinterschwendi, an dem höchsten Orte der bedeutenden Gemeinde, ein schwerer Stein aus der Luft auf einen Acker herunter gefallen, welchen Stein des Hans Blindebachers Magd, die unter einem Baum, etwan 30. Schritte von dem Orte stehend, fallen gesehen, welcher Stein, nach ihrer Aussag, ein Räuchlin erwecket, als er zur Erde niederfallen. Ohnweit von dieser Magd, etwan 6. oder 8. Schritte, stunden zwey Manns-Personen in einem Garten, welche, als sie gefragt wurden, ob sie diesen Stein auch entweders gehört, oder ihn hernieder fallen sehen haben, darauf geantwortet, dass sie zwar den Stein nicht haben hernieder fallen sehen, wie die Magd so ausser dem Garten gestanden, aber das können sie mit Grund der Wahrheit sagen, dass sie nach dem Schiessen ein Rauschen in der Luft gehört, nicht anders, als wenn sich ein Vogel schnell in die Luft schwinge».
Als nun die Magd zusammen mit den Männern am anderen Tag Ausschau hielt, fanden sie nichts als eine Grube in der Erde von etwa einer Handbreite Tiefe. «Da sie sich aber weiters umsahen», fährt Scheuchzer in der Schilderung fort, «um zu sehen, was noch anzutreffen sey, da fanden sie an dem Reinlein dieses Ackers, etwan 8. Schritt von der Grube, einen schwarzen Stein, dergleichen kein

anderer zu sehen ware; worüber sie festiglich glaubten, dass derselbe aus der Luft herunter gefallen sey.»
Sie brachten den Stein dem Pfarrer des Orts, Jakob Dünki, welcher ihn später der Stadtbibliothek Bern zusammen mit einem Fallbericht übergab.
Scheuchzer sah den Meteorit dort nie, es war eine Kopie dieses Fallberichts, die ihm für die Publikation in seiner Wochenschrift vorlag. Zum Glück, kann man rückblickend nur noch sagen, denn bald nach dem Erscheinen der Schilderung waren Stein und Originalbericht aus der Bibliothek verschwunden und tauchten nie wieder auf. Meteorite gab es ja zu Beginn des 17. Jahrhundert noch nicht offiziell, mehr noch, es «gehörte sich nicht», sie überhaupt zur Kenntnis zu nehmen. Der bereits bei Ensisheim erwähnte E. F. F. Chladni hatte jedenfalls auch in Bern eifrig nach dem Stein gesucht – ohne Erfolg. Er schreibt darüber 1819 in seinem Buch über Feuer-Meteore:
«Der Unglaube ging so weit, dass man sogar die meisten in öffentlichen Sammlungen aufbewahrt gewesenen Meteormassen weggeworfen hat, weil man befürchtete, sich lächerlich zu machen und für unaufgeklärt gehalten zu werden, wenn man nur die Möglichkeit der Sache zugäbe. So in Dresden, Wien, Kopenhagen, Verona und ebenso ist in Bern der 1698 bei Waltring (Walkringen d. A.) gefallene Meteorstein nebst der Urkunde verschwunden».
Also existiert der erste beobachtete Schweizer Meteorit nur noch in Scheuchzers Publikation und in der handschriftlichen Abschrift «Verzeichnis einiger Gemälde und Kuriositäten, die sich ehemals, laut einem handschriftlichen Katalog von Herrn Bibliotheksekretär Marquard Wild (1700–1710) auf der ordentlichen Bibliothek zu Bern befanden». In diesem Verzeichnis figuriert der Meteorit von Walkringen als ‹Lapis fulminaris› oder ‹Wolkenstein in vico Walkringen› (Abb. 1.17).

Abbé Bachelay und der Stein von Lucé

Erst langsam, zögernd und nur im stillen Kämmerlein begannen sich einzelne Gelehrte mit den Meteoriten ernsthafter zu befassen. Unter ihnen befand sich auch der französische Geistliche Abbé Bachelay aus Perigué. Ihm überbrachte man einen Stein von 3,5 Kilogramm Gewicht, von dem gesagt wurde, er sei am späten Nachmittag des 13. September 1768 in nahen Lucé (Dept. Sarthe), an der Straße nach Mans, vom Himmel gefallen.
Gewissenhaft sammelte der Abbé alle Einzelheiten des Falls, befragte eine stattliche Anzahl von Augenzeugen und verfaßte schließlich darüber einen Bericht, den er der französischen Akademie der Wissenschaften zur Prüfung und Beurteilung vorlegte. Diese setzte eine Dreier-Kommission zur Untersuchung ein, bestehend aus L. C. Cadet, A. D. Fougeroux und dem Pariser Chemiker Antoine Laurent Lavoisier. Sie stellten in einer oberflächlichen chemischen Untersuchung das Vorkommen des Eisensulfids Pyrit fest und schlossen daraus, daß das Stück ein Klumpen irdischen Pyrits sei. Die Fallbeobachtungen und die schwarze Schmelzrinde des Steins, erklärten sie, seien durch die Einwirkung eines Blitzes hoch oben in der Luft hervorgerufen worden. Eine damals beliebte Erklärung.
Ihr Bericht wurde von der Akademie zustimmend zur Kenntnis genommen und auch die Meinung, wonach solche Steine eben »Donnersteine« seien. Aufgrund dieser Beurteilung sah man in den nachfolgenden Jahren Meteorite nicht mehr als außergewöhnlich an, sondern als erklärbare Phänomene irdischen oder atmosphärischen Ursprungs. Verschiedene ‹Gelehrte› gingen sogar so weit, sie wegzuwerfen oder verschwinden zu lassen.
Die große Gemeinde der Wissenschaftler «machte sich lustig über die Leichtgläubigkeit der Leute, welche sich einbilden, sie hätten Steine vom Himmel fallen sehen», skizzierte 1901 der deutsche Naturwissenschaftler Karl A. von Zittel die Lage am Ende des 18. Jahrhunderts. Man war damals bestrebt, natürliche Ursachen für natürliche Erscheinungen zu finden und lehnte alles Irrationale und Übernatürliche ab. Insbesondere wurde der Gedanke abgelehnt, daß Stücke aus nichtvulkanischem Gestein oder aus Metall tatsächlich vom Himmel fallen könnten. Noch 1790 wunderte sich der Direktor des k. k. Naturalien-Cabinetts zu Wien, Andreas Stütz, über die Ähnlichkeit von Fallschilderungen des Eisenmeteorits von Hraschina, Kroatien, am 26. Mai 1751 und des Steinmeteorits von Eichstädt, Mittelfranken, am 19. Februar 1785. Er sagt: «Dass das Eisen vom Himmel

Abb. 1.18
Ernst Florens Friedrich Chladni (1756–1827). Deutsche Staatsbibliothek Berlin DDR.

gefallen seyn soll, mögen der Naturgeschichte Unkundige glauben, mögen wohl im Jahre 1751 selbst Deutschlands aufgeklärtere Köpfe bey der damals unter uns herrschenden Ungewissheit in der Naturgeschichte und Physik geglaubt haben; aber in unseren Zeiten wäre es unverzeihlich, solche Mährchen auch nur wahrscheinlich zu finden».

Die Bürger von Barbotan glauben an Gespenster

Unterdessen trafen von überall Berichte ein von Funden großer Gediegeneisenmassen, die in Südamerika und in Afrika angeblich vom Himmel gefallen seien. So zum Beispiel in Argentinien: Dort fand Don Rubin de Celis 1783 im Gran Chaco eine 15 Tonnen schwere Eisenmasse, die seit 1576 bekannt gewesen war und unter dem Namen ‹Campo del Cielo› (Himmelsfeld) in die Meteoritenliteratur einging. Vielleicht waren es die Berichte der Einheimischen, die Massen seien vom Himmel gestürzt, die dazu beitrugen, daß Nachrichten über Meteorite gegen Ende des 18. Jahrhunderts auffällig zunahmen.
Dazu kam, daß innerhalb kurzer Zeit, beginnend mit dem Fall von Barbotan, 1789, und endend mit dem Schauer von L'Aigle, 1803, nicht weniger als 9 Meteoritenfälle durch gut dokumentierte Berichte weitherum in Europa bekannt wurden und zahlreiche Diskussionen auslösten.
Am 24. Juli 1790 fiel bei Barbotan in der Gascogne ein Steinhagel mit unzähligen Steinmeteoriten, von denen der größte 9 Kilogramm wog. Der Bürgermeister des Ortes sandte ein von 300 Personen unterschriebenes Protokoll des Ereignisses an die Akademie der Wissenschaften in Paris. Die Mitglieder der gelehrten Körperschaft wußten vorerst nicht, was sie davon halten sollten, bis sich der Physiker Pierre Bertholon 1791 entschloß, im ‹Journal des Sciences utiles› (Journal der nützlichen Wissenschaften) ein Gutachten zu veröffentlichen. Er schrieb: «Wie traurig ist es, einer ganzen Gemeinde zuzuschauen, die den Versuch unternimmt, Volksmärchen durch ein formelles Protokoll zu bestätigen . . .».

Steine auf Siena, Wold Cottage und Benares

Am 16. Juni 1794 zog eine von Osten kommende Feuerkugel über die Toskana und zerplatzte mit Detonationen über Siena, worauf Steine fielen, die nach zeitgenössischen Berichten anfangs sehr bituminös und wie nach Pulver rochen.
Im Jahr darauf fiel neben der Wohnung von Kapitän Topham bei Wold Cottage, Yorkshire, ein 56 Pfund schwerer Steinmeteorit vom Himmel. Der sonderbare Eindringling wurde in der Folge auch im ‹Gloucester Coffee House› in London zur Schau gestellt, wo er nicht wenig dazu beitrug, die Diskussion über die Herkunft solcher ‹Donnersteine› zu beleben. 1796 fiel in Portugal ein Steinmeteorit und 1798 ereigneten sich gleich zwei Fälle: einer am 12. März im Dept. Salles, Frankreich, der zweite wurde am 19. Dezember aus Benares, Uttar Pradesh, Indien, rapportiert.
Es schien, als wollte sich die Natur selber einschalten, um der Wahrheit oder besser noch, der Erkenntnis, zum Durchbruch zu verhelfen.

Reisender in Sachen Meteorite

Die bisher geschilderten Reaktionen auf Berichte über vom Himmel gefallene Steine und Eisen beziehen sich weitgehend auf extreme Standpunkte von Vertretern der damaligen Fachwelt. Sie helfen uns jedoch dabei, das Werk des Begründers der modernen Meteoritenwissenschaften, Ernst Florens Friedrich Chladni (1756–1827, Abb. 1.18), im Kontext des ausgehenden 18. Jahrhunderts zu sehen. Die 1794 veröffentlichte Schrift mit dem etwas umständlichen Titel «Ueber den Ursprung der von Pallas gefundenen und anderer ihr ähnlicher Eisenmassen und über einige damit in Verbindung stehende Naturerscheinungen» enthielt eine alle Erscheinungen der Meteorite umfassende Hypothese, die wir heute noch als gültige Meteoritentheorie würdigen (Abb. 1.20).
Ernst Florens Friedrich Chladni wurde am 30. November 1756 in Wittenberg als Sohn einer angesehenen Theologen- und Juristenfamilie geboren. Er studierte an der Universität seiner Heimatstadt Philosophie und die Rechte, wandte sich aber bald Untersuchungen auf naturwissenschaftlichem Gebiet zu. Ihm gelang es, akustische Schwingungen sichtbar zu machen. Seine Forschungsergebnisse veröffentlichte er 1787 unter dem Titel ‹Entdekkungen über die Theorie des Klanges› und 1802 ‹Die Akustik›. Innerhalb dieser Tätigkeit erfand er sogar ein neuartiges Musikinstrument, das Euphon. Der tonerzeugende Teil waren Glasstäbe, die durch Streichen mit angefeuchteten Fingern in Schwingungen versetzt wurden. Später kam noch das Clavicylinder dazu, bei dem die Schwingungserregung durch eine Walze erfolgte und das man mit Tasten spielte.
Die meiste Zeit seines Lebens verbrachte Chladni als Vortragsreisender in allen größeren Städten Europas. Auf diese Art kam er überall mit bedeutenden Personen in Kontakt und war deshalb auch über alles, was in den Naturwissenschaften gerade vorging, auf dem neuesten Stand. Bei einem Besuch in Göttingen im Januar 1793 wurde Chladni im Gespräch mit dem Physiker G. C. Lichtenberg mit dem Problem der Feuerkugeln konfrontiert. Neben der allgemein verbreiteten Annahme, daß Feuerkugeln «wie die Irrlichter aus irdischen Dün-

Abb. 1.19
Probe des Pallas-Eisens, das später unter dem Namen Krasnojarsk in die Meteoritenliteratur einging. Museum Bally-Prior, Schönenwerd.

Ueber den
Ursprung
der von Pallas gefundenen
und anderer ihr ähnlicher
Eisenmassen,
und über einige damit in Verbindung stehende
Naturerscheinungen.

von
Ernst Florens Friedrich Chladni,
in Wittenberg, der Phil. und Rechte Doctor, der Berliner Gesellschaft Naturf. Freunde Mitgliede, und der königl. Societät der Wissenschaften zu Göttingen Correspondenten.

Riga,
bey Johann Friedrich Hartknoch.
1794.

< Abb. 1.20
Titelblatt der 66 Seiten umfassenden wegweisenden Publikation Chladnis von 1794.

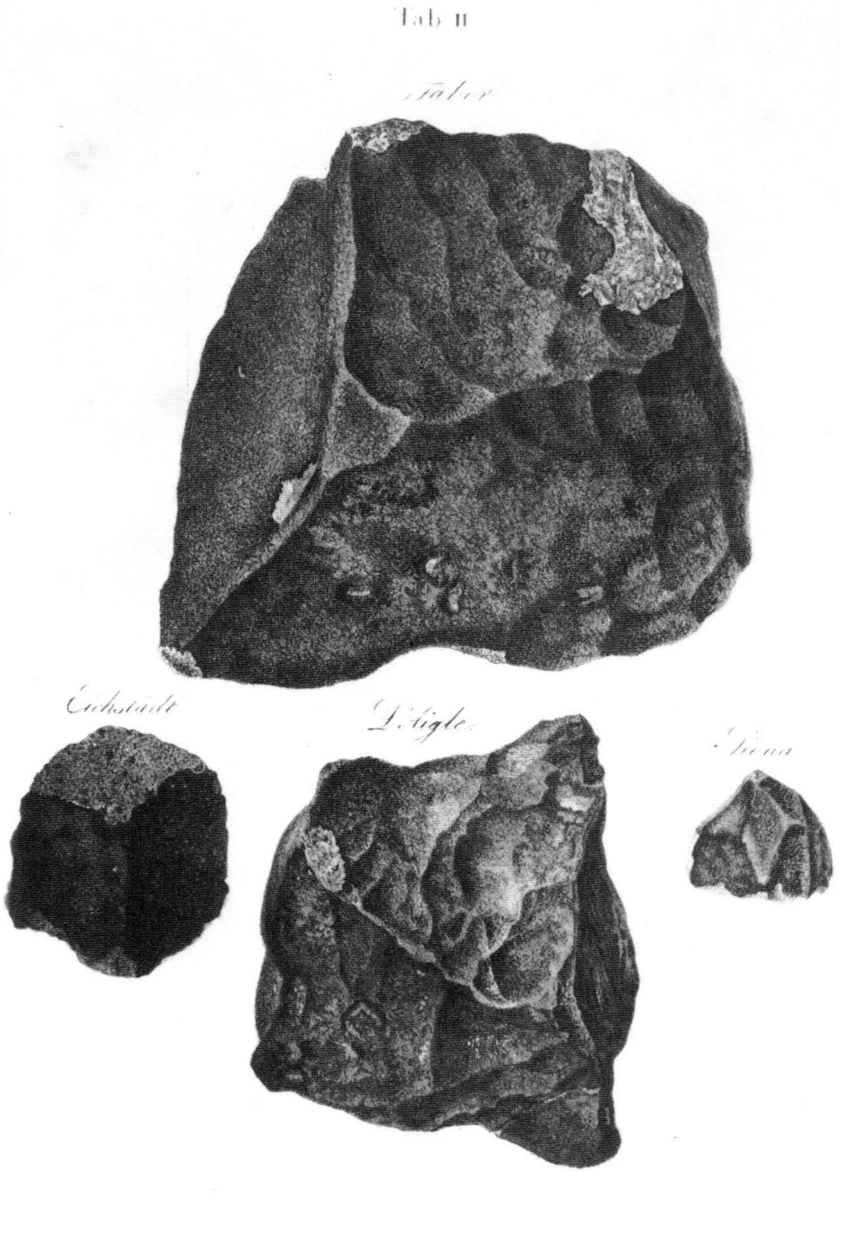

Abb. 1.21
1820 publizierte Carl von Schreibers, ein Freund Chladnis, u.a. diese Tafel mit Proben von vier beobachteten Meteoritenfällen: Tabor, Eichstädt, L'Aigle und Siena.

sten» entstehen würden, vertrat dieser die Ansicht, sie hätten etwas mit Elektrizität zu tun. Diese Meinung gibt Lichtenberg noch 1794 in ‹Erxlebens Naturlehre› wieder, die von ihm bearbeitet wurde. Chladni – kritisch wie er war – gab sich mit dieser Erklärung nicht zufrieden. Er nahm sich des Themas an und betrieb in den Bibliotheken von Göttingen, Leipzig und anderer Städte eingehende Literaturstudien. Diese führten schließlich zur Publikation seiner Schrift im Jahr 1794. «Es ist Chladnis Verdienst, als erster den Zusammenhang zwischen Sternschnuppen (Meteore), Feuerkugeln (Boliden) und den daraus herabfallenden Körpern (Meteorite) sowie gleichartigen Fundstükken, deren Fall aber nicht beobachtet worden war, erkannt zu haben», schreibt G. Hoppe 1976 in einer Würdigung von Chladnis Meteoritentheorie. Chladni gelingt es weiter, den kosmischen Ursprung der Meteorite unter Rückweisung herkömmlicher Entstehungsvorstellungen nachzuweisen, wobei er sich auf Aussagen der Astronomen E. Halley und N. Maskelyne stützen kann. Chladnis Schlußfolgerungen verraten Weitblick und Scharfsinn.

1. Das gesamte Beweismaterial macht es erforderlich, die Ansicht aufzugeben, daß im Weltenraum (Sonnensystem) nur die großen Weltkörper (Planeten, Monde) existieren.
2. Gegenüber der Ansicht der Unveränderlichkeit der Weltkörper ist es wahrscheinlicher, daß es Kräfte gibt, die die Weltkörper verändern, bilden und zerstören.
3. Die Bildung von Weltkörpern kann entweder durch Sammlung vorher vorhandener feiner Teile unter dem Einfluß der Gravitation oder durch Zerstückelung einer präexistierenden großen Masse geschehen.
4. Die bei der Bildung der großen Weltkörper übrig bleibenden kleineren Teile können später auch auf die Weltkörper gelangen, wenn ihre Bahn sie diesen nahebringt.
5. Eisen dürfte ein gemeinsamer Hauptbestandteil bei der Bildung der Weltkörper sein. Auch im Innern der Erde muß eine große Menge Eisen vorhanden sein, da die Schwere der Gesamterde viel größer als die der Oberflächengesteine ist.

Materiell kann Chladni seine Aussagen auf Meteoritenmaterial stützen, das in den Jahrzehnten vor der Publikation gefunden oder beim Fallen beobachtet worden war. Vor allem der Fall von Hraschina bei Agram, Kroatien, über den eine von 7 Zeugen unterschriebene gerichtliche Urkunde vorlag und das sogenannte Pallas-Eisen, das ebenfalls eingehend beschrieben worden war, kamen ihm gelegen.

Das Pallas-Eisen, der spätere Meteorit von Krasnojarsk (Abb. 1.22), erhielt seinen Namen vom Naturforscher und Mitglied der Akademie in St. Petersburg, Peter Simon Pallas (1741–1811). Es war im Jahr 1749 auf einem Berg zwischen zwei rechten Nebenflüssen des Jenissei, etwa 230 km südlich Krasnojarsk, gefunden worden. Pallas hörte davon auf seiner ausgedehnten Reise durch die russischen Provinzen und ließ das Eisen nach St. Petersburg bringen. In seiner Beschreibung teilt er mit, daß die Tataren die Masse als ein vom Himmel gefallenes Heiligtum betrachteten. Chladni, der es als «wie ein grober Seeschwamm löcheriges Eisen, dessen Zwischenräume mit einem spröden, harten, bernsteingelben Glase (Olivin, Anm. d. Autors) ausgefüllt waren» kannte, sah die Gleichartigkeit mit dem Eisen von Hraschina: beide enthalten Silikateinschlüsse. Er baute die beiden Meteorite zusammen mit dem bereits vorher erwähnten von Campo del Cielo geschickt in seine Argumentation über deren meteoritische Natur ein. Zum Schluß seiner Schrift macht er eine Reihe von Vorschlägen zu weiterführenden Untersuchungen, die ihm zur Sicherung seiner These wichtig erschienen. Eine Probe des Pallas-Eisens zeigt Abb. 1.19.

Sein für die Meteoritenkunde bahnbrechendes Werk stieß indes nicht überall auf eitel Zustimmung. Im Gegenteil. Viele namhafte Gelehrte lehnten es ab. Darunter zuerst auch Lichtenberg, der sagt: «Es sey ihm beim Lesen . . . (von Chladnis) Schrift anfangs so zu Muthe gewesen, als wenn ihn selbst ein solcher Stein am Kopf getroffen hätte und er habe anfangs gewünscht, daß . . . (Chladni) sie nicht geschrieben hätte». Mit Genugtuung stellt Chladni aber drei Jahre später fest, daß Lichtenberg offenbar schon seine Meinung geändert hatte. Dieser schrieb nämlich im Göttinger Taschenkalender auf das Jahr 1797: «Der Mond

Abb. 1.22
P. S. Pallas veröffentlichte diese Abbildung des nach ihm benannten Pallas-Eisens 1776 in seinen ‹Reisen durch verschiedene Provinzen des Russischen Reiches›.

(dem er es zuschrieb) sey ein unartiger Nachbar, weil er mit Steinen nach uns werfe».

Wenige führende Persönlichkeiten in Deutschland unterstützten Chladnis Theorie. So unter anderen der Gothaer Astronom F.X. Zach (1754–1832), der Bremer Arzt und Astronom H.W.M. Olbers (1758–1840) und der Freiberger Mineraloge A.G. Werner (1749–1817).

Etwas besser sah es in England aus. Zwei Monate nach Erscheinen von Chladnis Schrift ereignete sich der bereits erwähnte Fall von Siena, 1795 jener von Wold Cottage, Yorkshire, und einer in Benares, Indien, 1798. Das war für den Präsidenten der Royal Society, Sir Joseph Banks (1743–1820) – selber ein passionierter Sammler – Grund genug, Proben von Siena und Wold Cottage untersuchen zu lassen. Er beauftragte damit den jungen Chemiker E.Ch. Howard (1774–1816). Howard besorgte sich weiteres Material vom Britischen Museum sowie bei privaten Sammlern und erhielt Steine von zwei weiteren Fällen (Benares, 1798 und Tabor, Böhmen, 1753) sowie Proben von drei Eisen (Pallas-Eisen, Campo del Cielo und Siratik, welches 1716 im Senegal gefunden worden war). Als Mitarbeiter konnte er den Mineralogen J.L. von Bournon (1751–1825) gewinnen, der sich während der französischen Revolutionswirren in England

aufhielt. Zusammen führten sie die erste systematische Analyse von Meteoriten durch.
De Bournon identifizierte das gelbliche glasartige Material im Pallas-Eisen als Olivin. Er zerkleinerte Proben der Steinmeteorite und fand, daß diese aus vier verschiedenen Hauptkomponenten bestehen: Metallkörner, Sulfidkörner, ‹kuriosen› Kügelchen und der Grundmasse (Matrix). Howard analysierte die verschiedenen Fraktionen und fand, daß sie einander von Stein zu Stein ähnlich sähen, jedoch von allen bekannten irdischen Gesteinen sehr verschieden seien. Er wies in den Metallkörnern Nikkel nach: ein Umstand von besonderer Wichtigkeit, ließ sich doch daraus die Verbindung zu den Eisenmeteoriten ableiten. Im Eisenmeteorit von Campo del Cielo hatte nämlich der französische Chemiker J.L. Proust (1754–1826) ebenfalls Nickel entdeckt. Die Sulfidkörner bestimmte Howard stöchiometrisch als FeS, ein neues Mineral, welches man später zu Ehren von Domenico Troili Troilit nannte. Troili hatte den Fall des Steinmeteorits von Albareto, 1766, beschrieben. Die kuriosen Kügelchen, welche de Bournon entdeckt hatte, waren millimetergroße kugelige Einschlüsse aus Olivin oder Pyroxen, mit oder ohne Glas, welche man heute als Chondren (griech. chondros = Korn, Samen) bezeichnet. Der Name Chondrite für Steine mit solchen Chondren wurde von Gustav Rose (1798–1873) bei der Katalogisierung der Sammlung an der Universität Berlin erstmals verwendet.
Entsprechend bezeichnet man Steinmeteorite ohne solche Chondren als Achondrite.

Das Umdenken beginnt: Es gibt sie doch ...

Howard und de Bournon publizierten ihre Resultate in kurzen Notizen 1801 und in einem ausführlichen Bericht ein Jahr später. Ihre Schlußfolgerungen formulierten sie vorsichtig in den beiden rhetorischen Fragen:
1. «Haben nicht alle gefallenen Steine und was wir Gediegeneisen nennen, den selben Ursprung?»
2. «Sind alle, oder einige, das Produkt oder die Körper von Meteoren?»
Diese Veröffentlichung war die erste Publikation mit wissenschaftlichen Daten über Meteorite. Aber die beiden Londoner Forscher waren nicht die einzigen, die sich mit der Untersuchung von Meteoriten beschäftigten. Als Howard 1802 Paris besuchte, erfuhr er, daß sich auch der Chemiker Nicholas Louis Vauquelin (1763–1829) recht intensiv mit fallenden Steinen beschäftigte und zu ähnlichen Resultaten gekommen war. Howard drängte ihn zur Veröffentlichung, nicht zuletzt, weil er sich endlich auch die Zustimmung der Académie Française erhoffte. Kurz danach wurden weitere Analysen durch Martin Heinrich Klaproth (1743–1817) in Berlin publiziert. Ein deutliches Zeichen dafür, daß man vom Himmel gefallene Steine und Eisenmassen in Wissenschaftskreisen verschiedener Länder allmählich ernstzunehmen begann.
Howards und de Bournons Untersuchungsresultate wurden der Académie Française im Herbst 1802 von M.A. Pictet (1752–1825) in einer Sitzung des Institut National des Sciences et des Arts vorgelesen, wobei er auch auf Chladnis Schrift hinwies. Chladni berichtet darüber 1819: «Ungeachtet man damahls nichts davon wissen wollte, so wurden doch bald Einige aufmerksamer, und fingen an zu vermuthen, dass doch etwas an der Sache seyn möchte ...» Als dann im Jahr 1802 P.S. de Laplace (1749–1827) gar die Vermutung äußerte, daß solche Massen vielleicht Auswürflinge von Mondvulkanen sein könnten, gar Vauquelin auch von der Sache überzeugt war, schien das Eis gebrochen.

Der ‹Steinregen› über der Normandie

Es sah so aus, als wenn sich die Natur nun noch selber in die Diskussion über die Donnersteine einschalten wollte. Chladni berichtet darüber in seinen ‹Feuermeteoren› (1819):
«1803, den 26. Aprill, Nachmittags gegen 1 Uhr, war ein Niederfall von Steinen bey L'Aigle im Departement de l'Orne oder in der ehemaligen Normandie, welcher unter die größten gehört, von denen sich in der Geschichte Nachricht findet, und zu rechter Zeit kam, um so Manchen zum Glauben an das Niederfallen meteoritischer Massen zu nöthigen».
Die Akademie in Paris entsandte den Physiker Jean Baptiste Biot (1774–1862), der als Kommissär die Sache am Ort selber zu untersuchen hatte. Sein

überaus präziser Bericht liest sich so spannend, daß wir daraus die wichtigsten Textstellen wiedergeben (zitiert nach Chladni, 1819):
«Bey heiterem Himmel, mit Ausnahme einiger unbedeutender Wölkchen, sah man zu Caen, Falaise, Pont d'Andemer, ingleichen bey Verneil, Alençon, und überhaupt in Gegenden, die sehr weit voneinander entfernt waren, eine Feuerkugel, die sich schnell von Südosten nach Nordwesten bewegte. Einige Augenblicke darauf hörte man in der Gegend von L'Aigle, in einem Bezirk, dessen Radius mehr als 30 französische Meilen betragen konnte (133,5 km), eine starke Explosion, die 5 bis 6 Sekunden dauerte, und 3 bis 4 Kanonenschüssen und darauf folgendem kleinem Gewehrfeuer, und einem schrecklichen Getöse, wie von vielen Trommeln, ähnlich gefunden ward. Das Meteor, welches dieses Getöse machte, erschien dort nicht als Feuerkugel, sondern vielmehr (. . .) als ein kleines Wölkchen, welches ungefähr die Gestalt eines Rectangels hatte, dessen größte Seite von Osten nach Westen gerichtet war. Dieses Wölkchen schien während der Zeit dieser Erscheinung stillzustehen (weil die Bewegung nach den Zuschauern ging), nur einiges von den Dämpfen, woraus es bestand, entfernte sich nach allen Richtungen durch die aufeinander folgenden Explosionen. Es schien ungefähr eine halbe französische Meile (2,25 km) weit im Nordwesten von L'Aigle entfernt zu sein, und muß sich in einer beträchtlichen Höhe befunden haben, weil die Einwohner von Vassolerie und von Bois-la-ville, welche Orte über eine französische Meile (4,45 km) voneinander entfernt sind, es zu gleicher Zeit senkrecht über sich zu sehen glaubten. In der ganzen Gegend, über welcher das Wölkchen schwebte, hörte man ein Zischen, wie von Steinen, die aus einer Schleuder geworfen werden, und es fielen eine große Menge von Meteorsteinen nieder».
Biot beschrieb die Gegend, auf welcher sich die Steine verbreitet hatten, als eine elliptische Fläche von 11 Kilometer Länge bei einer Breite von 4,5 Kilometer mit einer Ausrichtung der größeren Achse von Südost nach Nordwest. Die größten Steine bis fast 9 Kilogramm Einzelgewicht fielen im Südosten, die leichteren im Nordwesten von L'Aigle. Die Zahl der gefallenen Steine gibt er mit ungefähr 2000 an (Abb. 1.21). Es grenzt fast an ein Wunder, daß bei diesem Steinhagel niemand verletzt und nichts beschädigt wurde; Berichte darüber liegen jedenfalls keine vor.
Der Bürgermeister von L'Aigle, welcher über das Ereignis Bericht erstattet hatte, kam in den Pariser Zeitungen schlecht weg: «Wie ist die Gemeinde von L'Aigle doch zu bedauern, daß sie einen Maire hat, der unaufgeklärt genug ist, um zu glauben, daß etwas vom Himmel fallen könnte», hieß es. Die Schilderung Biot's räumte aber in der Französischen Akademie mit den letzten Zweifeln auf: Es gab nun auch offiziell, gewissermaßen wissenschaftlich gesichert, Meteorite. Die Nase im Wind hatte auch der Pariser Mineralienhändler Lambotin, als er die meisten Steine dieses Falls an Ort und Stelle aufsuchen und aufkaufen ließ und die meisten Sammlungen der Welt damit beliefern konnte. Chladni schreibt dazu «. . . welches im auch zu gönnen ist, weil er die Richtigkeit der Sache früher einsah, und thätiger dafür war, als viele Anderen».

Zwei ungewöhnliche Steine fallen in Alais und Stannern

Die Steinmeteorite, welche bei L'Aigle fielen, waren bezüglich ihrer Zusammensetzung und der Struktur ähnlich jenen, welche man bereits untersucht hatte. Da fielen am 15. März 1806 um 17 Uhr abends bei Alais, Dept. du Gard, zwei sonderbare schwarze Steinbrocken von 4 und 2 kg Gewicht. Sie waren, wie wenn die Natur die junge Wissenschaft der Meteoritenkunde necken wollte, von allem verschieden, was man bisher gesehen hatte. Analysen des Chemikers Louis Jacques Thenard (1777–1857), im selben Jahr veröffentlicht, ergaben, daß sie etwa 2,5 Prozent Kohlenstoff enthielten, weicher und leichter waren, aber doch im ganzen etwa dieselbe Zusammensetzung aufwiesen, wie andere Steinmeteorite. Tatsächlich handelte es sich um die ersten bekannten Steinmeteorite einer seltenen und äußerst wichtigen Gruppe, die später als kohlige Chondrite klassiert werden sollten.
«Der beste Regen sei doch immer der, mit welchem der Himmel unsere Felder und Weinberge tränkt und den Segen fruchtbarer Zeiten sendet», sagt Johann Peter Hebel (1760–1826) in seinem

«Schatzkästlein des Rheinischen Hausfreundes», «aber was sagen wir dazu, wenn es Schwefel oder Blut regnet, wenn es Frösche, Steine oder gar Soldatenhüte regnet?» Schwefelregen ist bei ihm Blütenstaub, Blutregen sind Absonderungen von Schmetterlingsraupen und die Frösche, die es geregnet haben soll, kamen beim sommerlichen Gewitter aus Wald und Hecke zuhauf. Beim Steinregen geht der Kalendermann mit der Zeit und orientiert sein Publikum, das vorwiegend in ländlichen Gegenden zuhause ist, 1806 über die Fälle von Meteorsteinen. Den Ausschlag dazu gab vermutlich der Fall von L'Aigle, den er am Schluß seiner kurzen Betrachtung wiedergibt. 1809 geht er dann im Zusammenhang mit dem Fall von Stannern, Mähren, erneut auf das Thema ein.
«Sonntags, den 22. Mai 1808, sind in Mähren Steine vom Himmel gefallen. Der Kaiser von Oesterreich liess durch einen sachkundigen Mann Untersuchungen darüber anstellen. Dies ist der Befund: Es war ein heiterer Morgen, bis um halb sechs ein Nebel in die Luft einrückte. Die Filialleute von Stannern waren auf dem Weg in die Kirche und dachten an nichts. Plötzlich hörten sie drei starke Knälle, dass die Erde unter ihren Füssen zitterte; und der Nebel wurde auf einmal so dicht, dass man nur 12 Schritte weit zu sehen vermochte. Mehrere schwächere Schläge folgten nach und lauteten wie ein anhaltend Flintenfeuer in der Ferne oder wie das Wirbeln grosser Trommeln. Das Rollen und das Pfeifen, das zwischendrein in der Luft gehört wurde, brachte daher einige Leute auf den Gedanken, jetzt komme die Garnison von Telisch mit türkischer Musik. An das Kanonieren dachten sie nicht. Aber während sie vor Verwunderung und Schrecken einander ansahen, fing in einem Umkreis von ungefähr drei Stunden Regen an, gegen welchen kein Mantel oder Maltersack über die Achseln schützt. Eine Menge von Steinen, von der Grösse einer welschen Nuss bis zur Grösse eines Kindskopfs und von der Schwere eines halben Lotes bis zu 6 Pfund, fielen unter beständigem Rollen und Pfeifen aus der Luft, einige senkrecht, andere wie im Schwung. Viele Leute sahen zu, und die Steine, welche sogleich nach dem Fallen aufgehoben wurden, waren warm. Die ersten schlugen nach ihrer Schwere tief in die Erde. Einer davon wurde zwei Fuss tief herausgegraben. Die spätern liessen es beim nächsten bewenden und fielen nur auf die Erde. Ihrer Beschaffenheit nach sind sie inwendig sandartig und grau und von aussen mit einer schwarzen glänzenden Rinde überzogen. Die Zahl derselben kann niemand angeben. Viele mögen in das Fruchtfeld gefallen sein und noch in der Erde verborgen liegen. Diejenigen, welche gefunden und gesammelt worden, betragen an Gewicht 2½ Zentner. Alles dauerte 6 bis 8 Minuten, und nach einigen Stunden verzog sich auch der Nebel, so, dass gegen Mittag wieder alles hell und ruhig war, als wenn nichts vorgegangen wäre. Dies ist die Gegebenheit. Was es aber mit solchen Steinen, die vom Himmel fallen, für eine Bewandtnis habe, daraus machen die Gelehrten ein Geheimnis, und wenn man sie fragt, so sagen sie, sie wissen es nicht».

Heute wissen wir besser, was sich damals ereignet hatte. Die Steine mit schwarzer glänzender Rinde und inwendig sandartiger, grauer Beschaffenheit, waren Achondrite, sogenannte Eukrite (Kapitel 6).

‹Über Feuermeteore . . .›

Chladni hatte selber erlebt, wie seine Schrift von 1794 aufgenommen wurde und welchen Widerstreit sie in der Fachwelt zum Teil bewirkt hatte. Obwohl die Akustik sein Hauptarbeitsgebiet blieb, machte er sich daran, seine These von 1794 zu untermauern. Auf ausgedehnten Vortragsreisen ließ er keine größere Bibliothek aus und sammelte neues Material über Feuerkugeln und Meteorite. Dieses brachte er 1819 in Buchform heraus unter dem Titel «Über Feuer-Meteore und über die mit denselben herabgefallenen Massen». Er vereinigt darin eine lückenlose Aufzählung von Feuerkugeln, Meteoritenfällen und -funden mit allen entsprechenden Beobachtungsdaten. Auch benützt er die Gelegenheit, bereits publizierte Untersuchungen an Meteoriten zur Stützung seiner Theorie einzubauen. Bei der Lektüre des Buches fragt man sich unwillkürlich, ob Chladni Meteorite eigentlich aus eigener Anschauung gekannt habe, vor allem das Pallas-Eisen. Das Hauptstück konnte er noch nicht gesehen haben, weil seine Schrift im April 1794 erschien, während er erst im Mai des selben Jahres

in St. Petersburg eintraf. Chladni äußert sich 1819 selbst zu dieser Frage:
«Als meine erste Abhandlung (...) im Jahre 1794 erschien, hatte ich ausser Stücken von der Pallasschen Eisenmasse noch nichts von der Art gesehen (so wie ich auch nie die Gelegenheit hatte, eine Feuerkugel selbst zu beobachten). Zuerst sah ich 1798 zu München den bei Mauerkirchen gefallenen Meteor-Stein und bald darauf in Wien Stücke von Meteor-Steinen von Tabor und von Eichstädt sowie die Agramer Eisenmasse im k.k. Naturalien-Kabinett».
Mit Staunen registriert man, daß Chladni – ganz Jurist – seine erste Veröffentlichung über Meteorite gewissermaßen als ‹Indizienbeweis› geführt hatte und daß ihm materiell nur ein einziger Meteorit, eine der von Pallas an etliche Sammlungen versandte Probe des Pallas-Eisens (vergleiche Abb. 1.19), zur Beurteilung vorlag.

Zwei Eisenklumpen fallen beim Kloster Braunau

Nachdem die kosmische Herkunft der Meteorite, mithin deren Bedeutung für die Wissenschaft, allgemein anerkannt war, setzte allenthalben eine rege Sammeltätigkeit ein. Man holte vorhandene Stücke aus den Schubladen und trachtete danach, von neuen Meteoriten Material zu bekommen.
Äußerst geschickt packte es der Abt des Benediktinerklosters Braunau, Joh. Nep. Rotter, in Haupt-

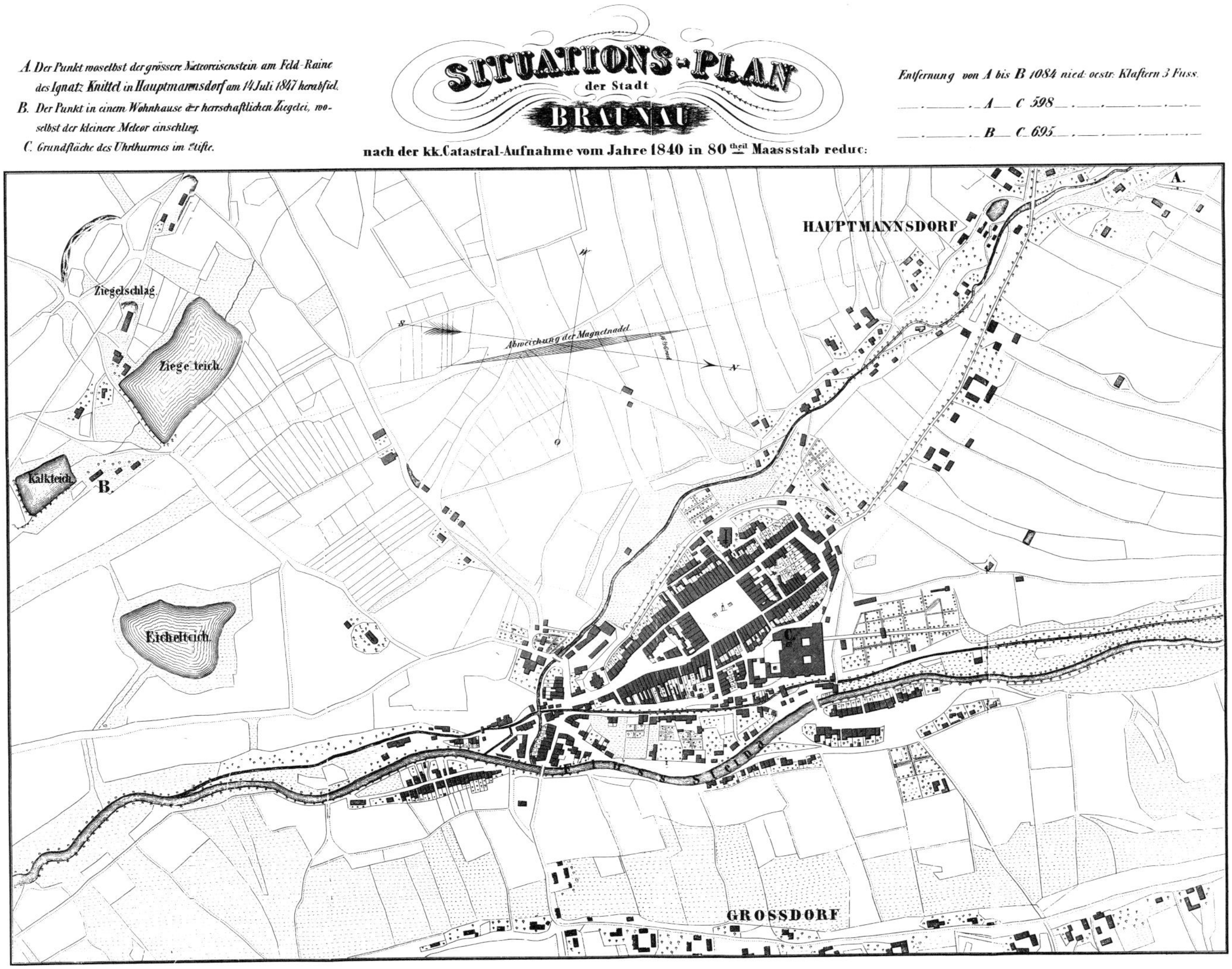

Abb. 1.23
Situationsplan mit den Einschlagspunkten des Meteoritenfalls von Braunau am 14. Juli 1847.

Abb. 1.24
Von den durch Abt Joh. Nep. Rotter verteilten Proben des Braunauer Eisenmeteorits gelangte dieses Stück in den Besitz des Breslauer Botanikers J. G. Göppert. Heute befindet es sich in der von der Universität Freiburg i. Br. 1984 erworbenen Müllbauer-Sammlung.

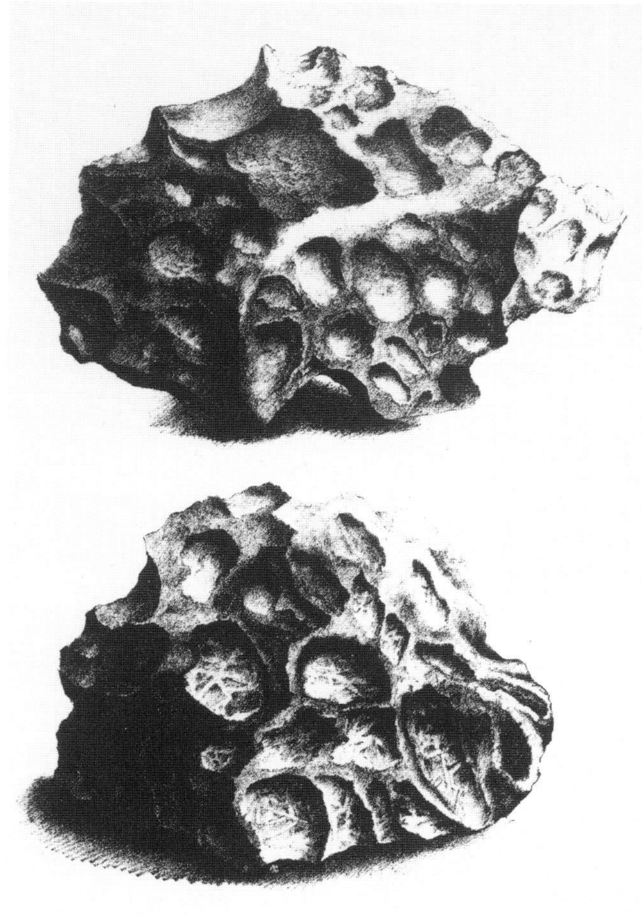

Abb. 1.25 o. r.
Zeitgenössische Darstellung der beiden Braunauer Eisenmassen von 22 kg (oben) und 17 kg. Breite des unteren Stücks ca. 16 cm.

mannsdorf, Böhmen, an. Von den am 14. Juli 1847 gefallenen beiden Eisenmeteoriten im Gewicht von 22 und 17 Kilogramm (Abbildungen 1.23–1.25) behielt er das kleinere Stück. Der größere Brocken wurde zersägt. Die Proben verteilte er an Sammlungen in aller Welt gewissermaßen nach ‹Rang und Würde›. Das Hofmuseum in Wien bekam 2457 Gramm, nach Berlin gingen 1624 Gramm. Die benachbarte Universität Breslau erhielt 1221 Gramm. Der Rest wurde nach einer von ihm erstellten Liste (siehe Tabelle 1.1) verteilt.

Daneben gingen verschiedene Stücke auch an private Sammler. Selbst Alexander von Humboldt erhielt eine Probe. Der Wissenschaftler J. G. Neumann erhielt ein Stück von 57 Gramm – wohl weil er im Braunauer Eisen eine für jene Zeit neue Struktur erkannt hatte, die er ‹Braunauer Linie› nannte. Heute sind diese unter dem Namen ‹Neumannsche Linien› bekannt. Als Gegengabe erhielt Rotter Meteorite aus aller Welt; Proben von insgesamt 22 Fällen oder Funden begründeten die Meteoritensammlung seines Klosters.

Tab. 1.1

	(Gramm)		(Gramm)
Tübingen	1769	Freiberg	33
Prag (Museum)	507 + 255	Leipzig	29
München	588	Rom	27
Paris	554	Belgrad	21
London (British Museum)	553	Marburg/Lahn	21
Dresden	234	Straßburg	21
Calcutta	234	Cambridge	14
Göttingen	200	Washington	14
Budapest	199	Turin	9
Moskau	193	Halle	9
Gießen	131	Bologna	7
Prag (Universität)	126	Stockholm	7
Wien	109	Heidelberg	6
Harvard	105	New Haven	5
Frankfurt a. M.	70	Hamburg	5
Bonn	51	Kopenhagen	2
Greifswald	41		

(Nach: Boschke, 1965)

Allende: Ein modernes L'Aigle ...?

Der Fall von L'Aigle in der Normandie hatte 1803 entscheidend dazu beigetragen, daß Meteorite als außerirdische Körper anerkannt und später auch wissenschaftlich untersucht und ausgewertet wurden. 166 Jahre später hatte ein ähnliches Ereignis derart nachhaltige Auswirkungen auf die wissenschaftlichen Erkenntnisse aus Meteoriten, daß man versucht ist, von einem modernen L'Aigle zu sprechen:

8. Februar 1969: Kurz nach Mitternacht läutete das Telefon beim Herausgeber des ‹El Heraldo› in Chihuahua, Mexiko, Sturm. Eine gleißende Feuerkugel künde das Ende der Welt an, berichteten aufgeregte Anrufer. Der Nachthimmel sei von einem blendenden pulsierenden, blauweißen Licht erhellt, das sich südlich entlang des Horizonts bewege und eine glühende Spur hinter sich herziehe ...

Wie Beobachter später schilderten, zerbrach die Feuerkugel 240 km südlich der Stadt in zwei große Stücke. Diese explodierten in einem Feuerwerk auseinanderfliegender Lichter. Donnergrollen begleitete die Erscheinung und dann fielen Tausende von Steinen und Steinchen vom Himmel zur Erde nieder.

Den ersten Stein fand man am folgenden Tag ein paar Schritte von einem Haus entfernt im Dorf Pueblito de Allende. Er hatte sich beim Einschlag leicht in den Boden eingegraben.

El Heraldo brachte das Ereignis auf der ersten Seite. Weitere Regionalzeitungen zogen nach und schon bald setzte ein dem Goldrausch vergleichbarer ‹meteorite-rush› ein.

Wissenschaftler, Mineraliensammler und eigentliche ‹meteorite-hunters› (Meteoritenjäger) suchten das Gelände ab und bargen unzählige Fragmente des Falls von der Größe einer Haselnuß bis zum schwersten bekannten Block mit einem Gewicht von 110 kg, der beim Aufprall zerbrach. Das aufgefundene Material schätzt man auf wahrscheinlich 2 Tonnen; noch einmal soviel dürfte nach Ansicht vieler Fachleute im Bereich der Streuellipse (siehe Kapitel 4) noch im Boden liegen. Die Meteorite dieses Falls wurden nach dem Fundort ‹Allende› benannt. Bereits nach den ersten Untersuchungen war den Wissenschaftlern klar, daß sie mit dem Steinmeteorit von Allende (Abb. 1.26) zum ersten Mal eine bis dahin besonders seltene Art in großer Menge für Untersuchungszwecke zur Verfügung hatten. Und tatsächlich haben zahlreiche Forschungsarbeiten am Meteorit von Allende zu grundlegend neuen Erkenntnissen in der Meteoritenforschung geführt. Wir werden darauf in den Kapiteln 6 und 7 zurückkommen.

Abb. 1.26
Aufgeschnittenes Einzelexemplar des kohligen Chondrits Allende (Fall 8. 2. 1969) aus dem Museum Bally-Prior, Schönenwerd.

Abb. 2.1
Feuerkugel über Jackson Lake, Wyoming und den Tetons im Hintergrund. Ein geistesgegenwärtiger Amateurfotograf hielt das seltene Ereignis (siehe Text) am 10. August 1972 im Bild fest.

2

STEINE UND EISEN AUS DEM WELTRAUM

Meteore werden durch staubfeine Partikel erzeugt, die mit hoher Geschwindigkeit aus dem interplanetaren Raum in die Erdatmosphäre eindringen und eine leuchtende Flugbahn erzeugen.
Ist der Meteor heller als der hellste Planet, spricht man auch von Feuerkugeln. Die erzeugenden Körper sind Meteoroide, welche durch die Reibungshitze beim Atmosphärendurchflug zum größten Teil vernichtet werden.
In seltenen Fällen ist die eindringende Masse jedoch groß genug, daß Reste davon auf die Erdoberfläche einschlagen und als Meteorite gefunden werden können.

Meteoritenfälle

«Haarscharf an der Erde vorbei...», kommentierte Luigi G. Jacchia vom Astrophysikalischen Observatorium der Smithsonian Institution in Scientific American (8/74) eine Feuerkugel, die am 10. August 1972 von Utah (USA) in nördlicher Richtung bis über die Provinz Alberta (Kanada) raste und unvermittelt wieder verschwand. Jacchia war einer der wenigen geschulten Beobachter, welche an jenem schläfrigen Sommernachmittag Zeugen eines äußerst seltenen Himmelsereignisses wurden. Ein Meteoroid – so werden kleinere feste Körper aus dem Weltraum genannt – hatte die Erde gestreift. Das Objekt fiel aber nicht als Meteorit auf die Erdoberfläche; war auch nicht durch die Reibungshitze in der Atmosphäre zersprungen, sondern entwischte der Erdanziehung und flog wieder in den Raum zwischen den Planeten zurück. Donnerartige Schallerscheinungen begleiteten die Feuerkugel (Abb. 2.1), die einen längeren ‹Rauchschweif› hinter sich her zog. Ein weiterer geistesgegenwärtiger Beobachter in Montana vermaß die Höhe der Rauchspur mit einem Theodoliten und auch von oben kam unerwartete Schützenhilfe: Ein militärischer Satellit registrierte mit seinem Infrarot-Radiometer den Durchflug des fremden Objekts durch die Atmosphäre.

Die Auswertung der Beobachtungen ergab, daß das Meteoroid die Ekliptikebene von Süden nach Norden unter einem Winkel von 15 Grad kreuzte und die Erde von hinten überholte. Seine Anfangsgeschwindigkeit relativ zur Erde erhöhte sich durch die Einwirkung der Erdanziehungskraft. Der Besucher aus dem All trat über Beaver, Utah, mit einer Geschwindigkeit von ca. 15 km/s in die Atmosphäre ein, näherte sich der Erdoberfläche bis auf 58 km Höhe über Montana und verließ nach 101 Sekunden Flugzeit und einer zurückgelegten Entfernung von 1500 km unseren ‹Luftraum› über Alberta zwischen Calgary und Edmonton. Als Ergebnis seines ‹Besuchs› erhielt der Meteoroid eine neue Flugbahn mit einem sonnennächsten Punkt (Perihel) auf der Erdumlaufbahn und dem am weitesten von der Sonne entfernten Punkt (Aphel) in der Mitte des sogenannten Asteroidengürtels zwischen den Planeten Mars und Jupiter (Kapitel 7). Jacchia's Annahmen zufolge hatte das Objekt einen Durchmesser von rund 13 Meter und eine Masse von schätzungsweise 4000 Tonnen, was einem Steinmeteoroid mit der Dichte von 3,5 g/cm³ entsprechen würde.

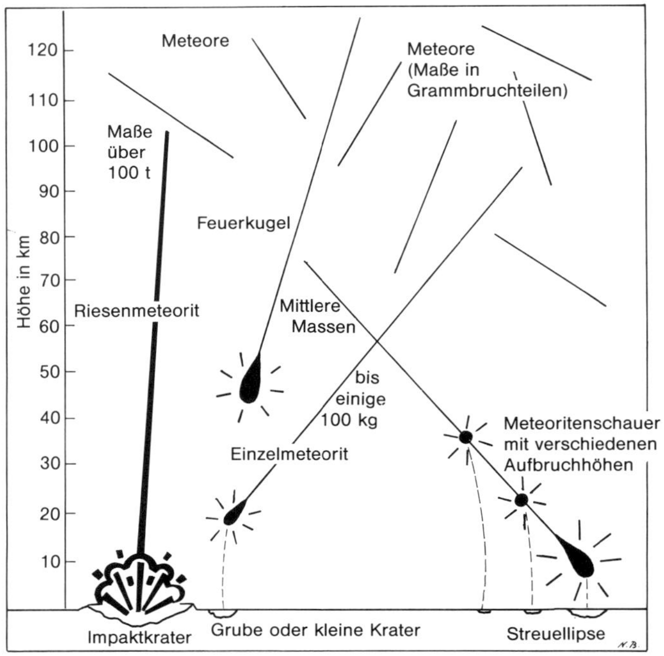

Abb. 2.2 > Schematische Übersicht über Meteore und Feuerkugeln sowie Meteorite verschiedener Massen. Angedeutet sind außerdem die durch Meteoriteneinschlag entstehenden massenabhängigen Einschlagsspuren auf der Erdoberfläche. (Verändert nach Hoppe, 1979).

So selten ein Ereignis dieser Größenordnung ist, darf nicht vergessen werden, daß die Erde täglich von Materie aus dem Weltraum getroffen wird. Man schätzt den Massenzuwachs auf täglich Tausende von Tonnen. Der allergrößte Teil davon erreicht den Erdboden in Form von kosmischem Staub. Das sind Partikel von Hundertstel-Bruchteilen eines Millimeters, deren Massen/Oberflächenverhältnis derart klein ist, daß sie den Flug durch die Lufthülle aus physikalischen Gründen unversehrt überstehen und den Erdboden als Mikrometeorite erreichen.

Wenn Meteoroide beim Eintreten in die Lufthülle Sandkorn- bis Stecknadelkopfgröße haben (ca. 1 g), erzeugen sie einen Meteor. Sie leuchten bei mittleren geozentrischen Geschwindigkeiten von 30 bis 70 km/s zwischen 300 und 100 km Höhe auf, ziehen je nach Anfangsgröße eine mehr oder weniger lange Bahn und erlöschen bereits in Höhen von etwa 80 bis 30 Kilometer wieder (Abb. 2.2). Das Leuchten wird vom Physiker so erklärt: Was wir

am Himmel sehen, ist nicht ein durch Reibung mit den Luftschichten bedingtes Verglühen solcher Staubpartikel, wie dies oft angenommen wird. Vielmehr wird die im Teilchen steckende Bewegungsenergie teilweise dazu verbraucht, Atome von Luftteilchen zu ionisieren. Sie verlieren also vorübergehend Elektronen. Bei der Wiedervereinigung von Atomkernen und Elektronen wird Licht ausgestrahlt (Rekombinationsleuchten).
Meteore kann man in jeder Nacht beobachten, denn ihre Zahl ist wesentlich größer, als oft angenommen wird. Tagesperiodische Schwankungen des Auftretens hängen mit der Eigendrehung der Erde (Tageszeit) und der Bewegungsrichtung der Erde auf ihrer Bahn um die Sonne zusammen. Befindet sich der Beobachter auf der ‹Vorderseite› unseres Planeten, in ‹Fahrtrichtung› (0 Uhr bis 12 Uhr), sieht er mehr Zusammenstöße mit Kleinstmeteoroiden als bei einem Aufenthaltsort auf der ‹Rückseite› (12 Uhr bis 0 Uhr). Dies erklärt die Häufigkeit von Meteoren in den frühen Morgenstunden. Bezüglich des jahreszeitlichen Vorkommens von Sternschnuppen sind wiederum verschiedene Häufungsmaxima festzustellen. Das ist darauf zurückzuführen, daß ein großer Teil der Meteore in Form fester staubfeiner Materienreste aus Kometenkernen anfällt, welche ja treffend auch als ‹dreckige Schneebälle› bezeichnet werden. Dieser Staub bewegt sich auf Kometen-Umlaufbahnen. Kreuzt die Erde nun solche schlauchförmige Meteorstaubströme, nimmt sie einen Teil davon auf und wir sehen solche Staubkörnchen am Nachthimmel als Meteore oder Sternschnuppen aufleuchten.
Die wichtigsten Meteorströme sind in Tabelle 2.1 aufgeführt.
Ist der Meteor heller als der hellste Planet, spricht man auch von Feuerkugeln oder Boliden, die je nach Intensität sogar am Tag gesehen werden können. Es sind Fälle bekannt, in denen die Helligkeit von nächtlichen Feuerkugeln ausgereicht hätte, um bequem Zeitung zu lesen.
Vor dem Meteoroid bildet sich ab einer Höhe von etwa 100 km eine Stoßwelle aus einem Gemisch von Luft und verdampfter Materie, die stark erhitzt und ebenfalls ionisiert (elektrisch aufgeladen) wird. Daraus entsteht eine helle leuchtende Gas-

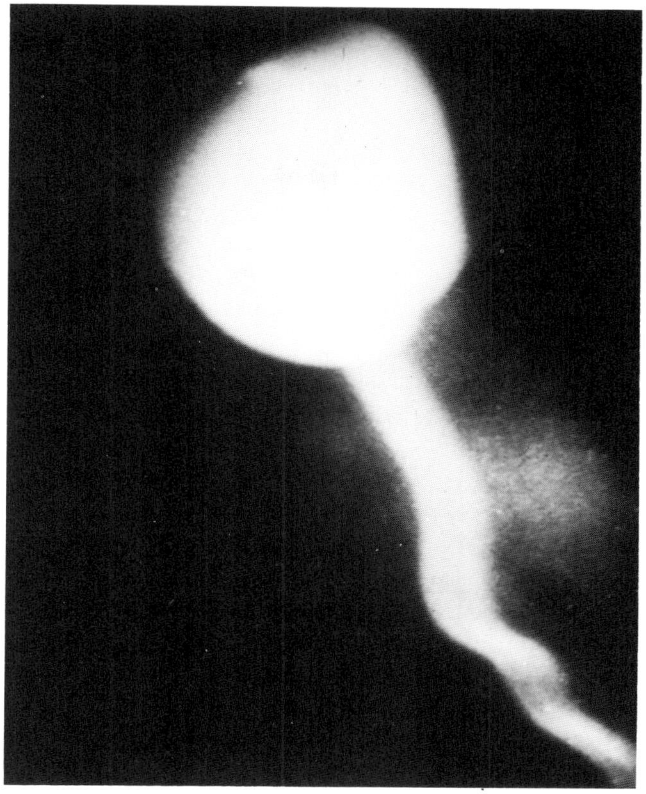

Abb. 2.3
Feuerkugel vom 24. März 1933 über Neu Mexiko. Zum Zeitpunkt der Aufnahme befand sich der leuchtende Gasball in etwa 12 km Höhe. Der verdrehte Schweif zeigt Richtungsänderung an. Nach dem Erlöschen der Erscheinung fielen bei Pasamonte, Neu Mexiko, 75 Steine im Gesamtgewicht von 4 kg.

kugel (Abb. 2.3), die scheinbare Größen im km-Bereich (z.T. durch Überstrahlung bedingt) erreichen kann, oft aber einen Durchmesser von mehreren hundert Metern hat. Der die Erscheinung verursachende sehr viel kleinere Meteoroid wird durch die Reibungshitze oberflächlich aufgeschmolzen und verliert dadurch mehr als die Hälfte seiner ursprünglichen Masse. Das abgetragene Material – Reste davon können noch lange nach dem Durchflug als ‹Rauchfahne› sichtbar sein – wird stark erhitzt und teilweise verdampft, so daß Spektralfarben sichtbar sind (Linienspektren), wie sie leuchtende Gase aussenden. Dabei fallen hauptsächlich zwei chemische Elemente auf: Eisen und Natrium; ebenfalls festgestellt wurden die Linienspektren von Nickel, Calcium, Magnesium, Mangan, Chrom und Silizium. Am häufigsten neben weiß oder ‹blendend hell› werden Feuerbälle als grünliche Gaskugeln (z.B. Vilna, Alberta, 5.2. 1967) geschildert. Dies kann damit zusammenhängen, daß das menschliche Auge für die Farbe Grün besonders empfindlich ist. Bekannt sind aber auch

gelbliche Erscheinungen (z.B. Barwell, England, 24. 2. 1965). Eher seltener wird von orangefarbenen bis roten Feuerkugeln berichtet (z.B. Peace River, Alberta, 31. 3. 1963).
Feuerkugel-Beobachtungen werden von astronomischen Instituten und Sternwarten sorgfältig gesammelt und zum Teil publiziert. Nicht zuletzt darum, weil man nie so genau weiß, ob vielleicht noch ein Meteoritenfall stattfand. So auch am Montag, 19. November 1984. Um 20.30 Uhr beobachtete man bei bedecktem Himmel über Ostösterreich Lichterscheinungen, die an eine sehr helle Feuerkugel, verbunden mit einem möglichen Meteoritenfall, denken ließen. In Kasten bei St. Pölten, Mönichkirchen, Neunkirchen, Scheibbs N. Oe. sowie Hollenthon, Oberwart, Pinkafeld und Pöttelsdorf, sah man sehr intensive Lichtausbrüche, teilweise zwei- bis dreimal kurz hintereinander, die man einem über der Hochnebeldecke sehr schnell fliegenden Objekt zuschrieb. Explosionsartiger Knall und dumpfer Donner wurde aus Mönichkirchen 15 Sekunden nach der Lichterscheinung rapportiert. Meldungen über ähnliche Schallerscheinungen gingen bei der Universitäts-Sternwarte in Wien auch von Krummbach und Pitten N. Oe. ein. In Breitenau und Pinkafeld war es sogar ein Doppelknall, «der die Vögel auffliegen ließ». Grelles Aufleuchten, verbunden mit einer Bodenerschütterung wurde aus Bad Fischau gemeldet.
Die Erscheinung wurde auch in der Lufthansamaschine LH 328 auf dem Flug von München nach Istanbul registriert. Das Flugzeug befand sich nordwestlich von Klagenfurt auf 10000 m Höhe, als das sonst abgedunkelte Cockpit plötzlich für 2–3 Sekunden hell erleuchtet war. Beide Piloten sahen in etwa 10 Uhr Position ein blauweißes Objekt das, wie brennendes Magnesium, blendend hell strahlte und sich «wie ein Meteoroid bewegte». Es bestand aus einem Hauptteil, der von mehreren glühenden kleineren Teilen begleitet war. Die Piloten hatten den Eindruck, daß es sich beim Aufglühen über ihrer Flughöhe befand, beim Erlöschen darunter. Obwohl viele und gute Beobachtungen der Feuerkugel vorlagen, konnte kein Fall eines Meteorits festgestellt werden.
Anders dagegen am 14. November 1985. Ein greller Feuerball erleuchtete um 18.17 Uhr den Abendhimmel im östlichen Niedersachsen und löste bei etlichen Boulevard-Blättern am nächsten Tag UFO-Alarm aus. Das Objekt wurde erstmals in 100 km Höhe zwischen Hannover und Bremen festgestellt. Etwa 5 Sekunden lang nahm die Helligkeit stark zu bis auf etwa 100 mal größere Strahlungsintensität als zu Beginn. Nach zwei weiteren Lichtausbrüchen (etwa Vollmondhelligkeit) zerplatzte die Feuerkugel und erlosch in 20 km Höhe knapp hinter der Landesgrenze bei Salzwedel, Kreis Magdeburg, DDR. Das eindrückliche Schauspiel beobachteten mehr als 200 Augenzeugen im Westen der DDR. Diese berichteten von grollenden und pfeifenden Geräuschen und einem lauten Explosionsknall. Rund 1,5 Minuten nach dem Erlöschen der Feuerkugel hörte ein Anwohner in Hohenlangenbeck, südlich von Salzwedel, wie etwas prasselnd durch die Zweige nahegelegener Bäume fiel. Am folgenden Tag fand der Amateurastronom Patric Scharff einen 43 g schweren, schwarz berindeten Stein, welcher von Fachleuten als Meteorit identifi-

Tabelle 2.1
Die wichtigsten Meteorströme

Bezeichnung	Lage des Radianten	Zeitraum	Maximum	stündl. Anzahl	mittl. geozentr. Geschw. km/s	Herkunft
Quadrantiden	Bootes	1. 1.– 4. 1.	3. 1.	145	42,7	planetarisch
Hydraiden	Wasserschlange	12. 3.– 5. 4.	25. 3.	15		ekliptikal
Virginiden	Jungfrau	1. 3.–10. 5.	3. 4.	20	30,8	ekliptikal
Lyriden	Leier	12. 4.–24. 4.	22. 4.	40	48,4	Komet 1861 I
η Aquariden	Wassermann	29. 4.–21. 5.	5. 5.	120	64	Komet Halley
Scorpius-Sagittariiden	Skorpion-Schütze	20. 4.–30. 7.	14. 6.	20		ekliptikal
δ Aquariden	Wassermann	25. 7.–10. 8.	3. 8.	40	30	ekliptikal
Perseiden	Perseus	20. 7.–19. 8.	11. 8.	300	60,4	Komet 1862 III
Cygniden	Schwan	25. 7.– 8. 9.	16. 8.	15	26,6	planetarisch
Cepheiden	Cepheus	18. 8.	18. 8.	10		planetarisch
Pisciden	Fische	16. 8.– 8.10.	12. 9.	15		ekliptikal
Draconiden	Drache	8.10.–10.10.	9.10.	var.	23,1	Komet Giacobini-Zinner
Orioniden	Orion	11.10.–30.10.	19.10.	50	66,5	Komet Halley
Tauriden	Stier	24. 9.–10.12.	13.11.	25	31	Komet Encke?
Leoniden	Löwe	14.11.–20.11.	17.11.	var.	72,0	Komet 1866 I
Geminiden	Zwillinge	5.12.–19.12.	12.12.	50	36,5	ekliptikal
Ursiden	Kl. Bär	17.12.–24.12.	22.12.	10	35,2	Komet Tuttle?
Velaiden	Segel	5.12.– 7. 1.	29.12.	12		planetarisch

Die stündliche Anzahl der Objekte bezieht sich auf das ganze Himmelsgewölbe. Der Radiant soll dabei im Zenit liegen. Die tatsächliche Zahl ist das 0,3fache der genannten Häufigkeit, multipliziert mit dem Cosinus des Zenitabstandes des Radianten.

(nach Herrmann, 1973)

ziert wurde. Dies war der erste beobachtete Meteoritenfall auf das Staatsgebiet der DDR.

Beim Atmosphärendurchflug werden Meteoroide äußerlich sehr stark erhitzt. Dabei entsteht die für Meteorite typische Schmelz- oder Fusionskruste. Weil aber Wärmeleitung ein langsamer Prozeß ist, bleibt das Innere des Körpers auf seinem nur Sekunden dauernden Flug kalt. Untersucht man den Meteorit später im Labor, können Gefügeveränderungen infolge thermischer Einwirkung bei Eisen im cm-, bei Steinen im mm-Bereich festgestellt werden. In den meisten Fällen wird der Körper durch Schmelz- und Abtragungsprozesse (Ablation) bereits in der Luft zerstört. Größere Meteoroide mit einer Eintrittsgeschwindigkeit von 11 bis 30 km/s überstehen den Atmosphärendurchflug. Zwischen 12 und 30 km Höhe beobachtet man oft explosionsartige Erscheinungen, wobei der Meteoroid in viele Stücke zerplatzen kann (Aufbruchzone). Am Ende ihrer sichtbaren Bahn haben der Meteoroid oder auch seine Bruchstücke durch die Abbremsung infolge Luftreibung ihre kosmische Geschwindigkeit verloren und setzen den Flug mit 3 bis 6 km/s fort. Die Abbremsung ist dabei proportional der Querschnittsfläche und die zu vernichtende Energie ist abhängig vom Volumen des Meteoroids. Nach weiterer Verlangsamung erfolgt am Hemmungs- oder Endpunkt schließlich freier Fall auf die Erde, wo die Stücke als Meteorite gefunden werden können.

Mit Daten von beobachteten Meteoritenfällen ermittelte man diese Fallgeschwindigkeiten bei Massen von 1 bis 100 kg mit 125 bis 250 m/s (freier Fall in Luft, abhängig von der Oberfläche und dem Luftwiderstand). Ab etwa 10 Tonnen Masse (abhängig vom Eintrittswinkel) reicht die Erdatmosphäre nicht mehr aus, den Meteoroiden abzubremsen. Der Hemmungspunkt wird auf die Erdoberfläche verlegt oder theoretisch sogar darunter, was bedeutet, daß der außerirdische Körper mit nur teilweise verlangsamter kosmischer Geschwindigkeit einschlägt. Ab etwa 100 Tonnen Masse ist die Bewegungsenergie des Meteoroids so groß, daß er beim Aufprall verdampft. In beiden Fällen entstehen Einschlagskrater, die in Kapitel 4 besprochen werden.

Tabelle 2.2 zeigt die Zusammenhänge zwischen Eintrittswinkel, Anfangs- und Endgeschwindigkeit sowie Anfangs- und Hemmungspunkthöhen von 19 verschiedenen Flugbahnen.

Das Niedergehen eines Meteorits ist, wie wir bereits gesehen haben, in den meisten Fällen eine spektakuläre Angelegenheit. Der Fall ist aber nicht nur von Leuchterscheinungen begleitet. Nach vielen Augenzeugenberichten ist das Ereignis stets gefolgt von mannigfaltigen Schallerscheinungen, die von ‹Kleingewehrfeuer› über Kanonenschüsse bis zu Explosionen und Donnergrollen reichen. Das mag nicht zuletzt dazu beigetragen haben, daß man Meteorite verschiedentlich auch als Donnersteine bezeichnete.

Solche Schallphänomene werden verständlich, wenn man sich die auftretenden Geschwindigkeiten (Tabelle 2.2) vor Augen hält. Selbst wenn ein eindringender Körper keine Eigengeschwindigkeit hätte, würde er durch die Gravitation bei Atmosphäreneintritt mit 11,2 km/s beschleunigt, ein

Tabelle 2.2
Bahndaten von 19 verschiedenen Meteor- und Meteoroidenbeobachtungen

Name z.T. nach Catalogue of Meteorites	Typ *	⌀ Winkel zwischen Horizont u. Flugb.	Geschwindigkeit Eintritt in km/s	Geschwindigkeit Endpunkt in km/s	Höhe 1. Beob. km	Höhe Endpunkt km	Länge der Flugbahn km	Meteoritenmasse kg
Sikhote-Alin	I	41°	14,5		–	5	–	23000
Paragould	S	14°	19		45	8	153	405
Zhovtnevyi	S	43°	18		124	8	158	107
Přibram	S	43°	20,9	~7	98	13,3	124	9,5
Braunau	I					15?		41
Treysa	I	55°	>20		83	16	81	63
Pasamonte	S	12°	20		141	17	670	4
Lost City	S		14,2	3,5	86	19,5		17
Orgueil	S	18°			280?	22	721	~10
Bjurböle	S	24°			135	24	329	330
Bruderheim	S	40°	15		48	26	40	303
40617, Prairie Netw.	F		13,2	4,2	80	26		
Aarhus	S	20°	15		143	31	304	0,7
New York-Quebec	F	4°	17,0		67	33	500	–
1242, Harvard	M	51°	12,2	8,1	75	37	60	–
27471, Ondrejov	M		26,0	13,2	87	41		–
Pultusk	S	44°			178?	42	186	~250
19816, New Mexico	M	44°	20,7	9,2	91	47	62	–
1.11.1956, Alberta	M		13,0		69	64	~7	–

* S: Steinmeteorite; I: Eisenmeteorite; F: Feuerkugel; M: Meteor (nach: Buchwald, 1975)

Abb. 2.4
Schall- und Lichterscheinungen bei Fall des Eisenmeteorits von Treysa, BRD, am 3. April 1916. In der inneren Zone hörten 52 Beobachter laute Detonationen; innerhalb des größeren Kreises sahen 40 Beobachter die Lichterscheinung, hörten aber nichts. (Nach Buchwald, 1975).

Abb. 2.5 >
Förster Huppman aus Rommershausen mit dem von ihm gefundenen Eisenmeteorit von Treysa.

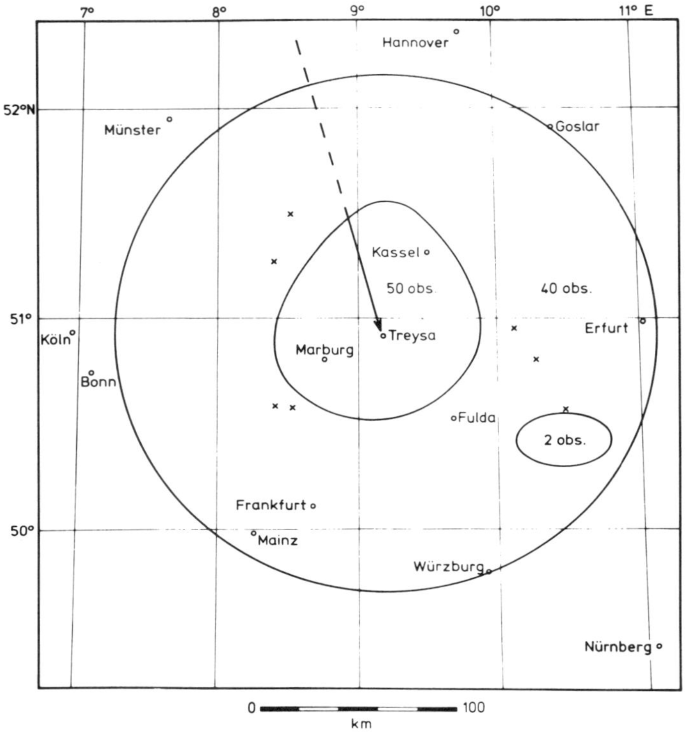

Wert, der durch die Entweichgeschwindigkeit aus dem Schwerefeld der Erde (Kapitel 7) gegeben ist. Bereits dieser für Meteoroide niedrige Wert entspricht 33facher Schallgeschwindigkeit. Die dabei auftretenden Überschalldetonationen werden über große Gebiete hinweg wahrgenommen. Das war zum Beispiel auch beim Meteorit von Treysa der Fall. Die von Alfred Wegener akribisch zusammengetragenen Schall- und Sichtmeldungen sind in Abbildung 2.4 grafisch dargestellt, der Meteorit ist in Abbildung 2.5 zu sehen.

Das Niedergehen des Treysa-Eisens wurde in einem inneren Hörbereich mit 60 km Radius von 52 Personen als mehrere laute Detonationen wahrgenommen, während in 95 und 120 km Entfernung noch vereinzelte Meldungen vorlagen. Gesehen wurde die Feuerkugel von zahlreichen Beobachtern in einem Umkreis von 250 km Radius.

Auch der Steinmeteorit, der am Abend des 16. Augusut 1928 im bernischen Utzenstorf in ein Haferstoppelfeld einschlug, kündigte sich mit Licht- und Schallerscheinungen an. Ein 15jähriger Schüler sah während etwa 4 Sekunden eine «feurige Kugel, ungefähr von der Größe des Mondes. Diese senkte sich, scheinbar langsam, von Ost nach West, dem Erdboden zu». Bäuerin Marie Egger hörte «eine heftige Erschütterung . . ., zugleich langanhaltendes, in 5–6 Intervallen nach Osten sich fortpflanzendes Donnerrollen». Als man 11 Tage später das Stoppelfeld in der Nähe des Hofes umpflügte, kamen in einem etwa 25 cm tiefen Loch 3 Bruchstücke eines schwarz berindeten Steins im Gesamtgewicht von 3422 Gramm zum Vorschein. Der Steinmeteorit von Utzenstorf (Abb.

Abb. 2.6
Größeres Stück des Steinmeteorits von Utzenstorf BE. Vorderseite. Deutlich sichtbar sind die Fließ-Strukturen der Schmelzrinde. Breite 18 cm. (Sammlung NHMB).
Abb. 2.7 u.r.
Seitenansicht des Meteorits von Krähenberg, Pfalz. Die Brustseite (oben) war beim Flug durch die Atmosphäre vorn und zeigt ausgeprägte Schmelzerscheinungen (Remaglypten). Breite 30 cm. Historisches Museum der Pfalz, Speyer.

2.6) gehört wie etwa jener von Krähenberg (Abb. 2.7) oder das Eisen von Cabin Creek zu jenen Meteoriten, die beim Atmosphärendurchgang eine feste Orientierung behielten. Sehr schön kann bei solchen orientierten Meteoriten zwischen Vor- und Rückseite unterschieden werden. Die meist gewölbte Vorderseite zeigt im Gegensatz zur Rückseite mehr oder weniger ausgeprägte Schmelz- und Fließerscheinungen (Remaglypten). Solche kennt man, wenn auch nicht so ausgeprägt, von Hitzeschildern bei Raumkapseln.
Aber nicht immer wird das Niedergehen des Meteoroids direkt beobachtet, wie das Beispiel des Meteorits von Kiel zeigt. Am 26. April 1962, gegen 13.45 Uhr, vernahm Karl Eschmat, Pächter des Anwesens Vermehren in Kiel-Pries von seinem Wohnraum aus ein plötzliches lautes Krachen auf dem über ihm gelegenen Dachboden. Er ging der Ursache des Geräuschs aber erst am folgenden Tag nach, nachdem er im Dach des Hauses in Firstnähe ein etwa 10 cm großes Loch entdeckt hatte. Beim Durchsuchen des Estrichs fand er einen faustgroßen schwarzen Stein, der ihm außerordentlich schwer erschien. Das 737 Gramm schwere Stück wurde an der Universität Kiel als Meteorit identifiziert.
In den meisten Fällen wird der Verlauf der Flugbahn als gerade bis schwach gekrümmt bezeichnet. Daß ein Meteoroid beim Fall aber auch durchaus «eigene Wege gehen kann», beweist das Beispiel von Prambachkirchen in Oberösterreich vom 5. November 1932. Die ausgewerteten Beobachtungen ergaben, daß der Stein in 14 km Höhe in zwei Teile zerbrach. Eines der Stücke mit einem Endgewicht von 2125 Gramm flog einen Kreisbogen von 10 km Radius und veränderte seine Flugrichtung dabei um mehr als 180 Grad, bevor es auf den Erdboden einschlug.

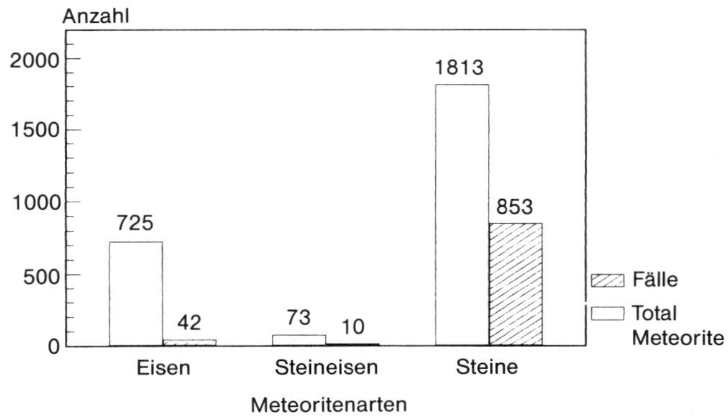

Abb. 2.8
Fallhäufigkeit von Meteoriten (Catalogue of Meteorites, 1985).

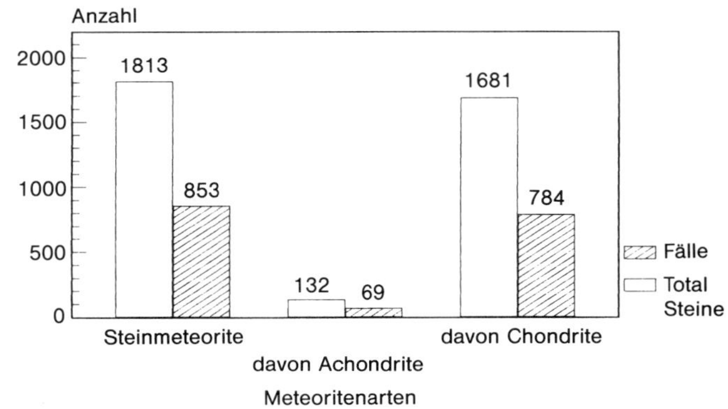

Abb. 2.9 >
Fallhäufigkeit von Steinmeteoriten (Catalogue of Meteorites, 1985).

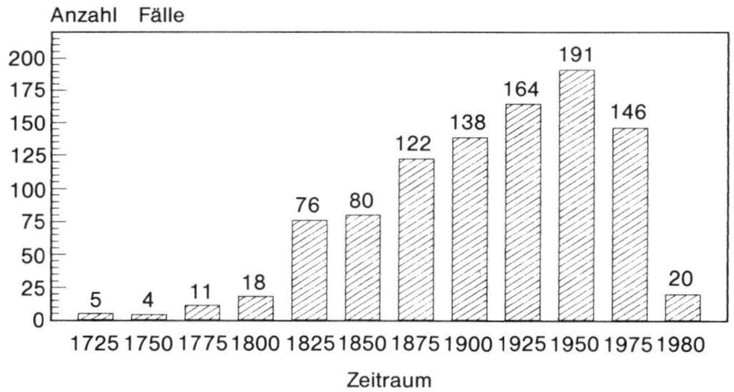

Abb. 2.10
Beobachtete Meteoritenfälle von 1725 bis 1980 (bis 1975 in 25-Jahres-Perioden).

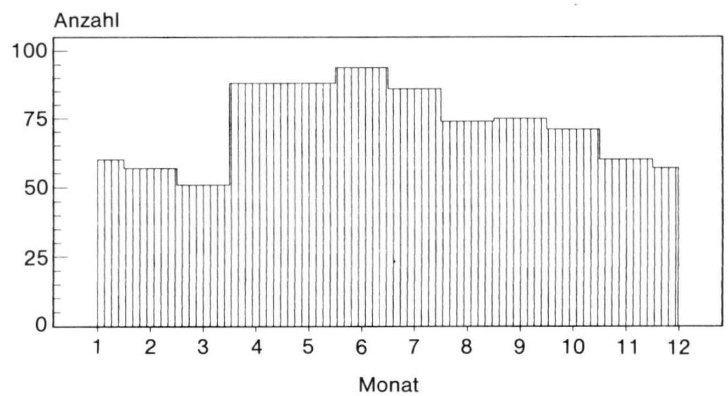

Abb. 2.11 >
Jahreszeitliche Verteilung von 867 beobachteten Fällen (Werte aus Hughes, 1981).

Häufigkeit von Meteoritenfällen

Wie groß ist nun die Chance, einen Meteoroiden beim Niedergehen beobachten zu können? Gering, lautet die Antwort. Ein Blick auf die entsprechenden Zahlen soll dies illustrieren.

Aus Extrapolationen des Kanadischen Meteoritenüberwachungsnetzes (Canadian Camera Network) schätzt man die jährliche Einfallsrate auf weltweit 19000 außerirdische Körper (39 pro 1 Mio. Quadratkilometer und Jahr) die eine Fundmasse von mindestens 0,1 kg besitzen. Davon haben 4100 (8 pro 1 Mio. qkm und Jahr) eine Minimalfundmasse von 1 kg und 830 (1,6 pro 1 Mio. qkm und Jahr) eine solche von 10 kg. Das ist nicht viel, wenn man dann noch bedenkt, daß über zwei Drittel unseres Planeten von Ozeanen bedeckt sind und vom verbleibenden Rest ein großer Teil wüstenhaft, gebirgig oder bewaldet ist. Auf diesen Hintergrund projiziert wird es verständlich, daß nur wenige Meteorite gefunden und noch weniger beim Niedergehen beobachtet werden. Von den 2784 Eintragungen im gedruckten englischen Catalogue of Meteorites (1985) sind 905 Fälle und 1706 Funde. Der Rest gilt als zweifelhafte Meldungen. Wir beziehen uns bei diesen Zahlen auf die Buchform des Katalogs, weil die 1987 erschienene elektronische Version (Kapitel 6) nicht jedermann zugänglich ist.

Wenn man sich nun vor Augen hält, daß diese 905 Fälle praktisch aus den letzten 200 Jahren stammen, wird klar, warum die Beobachtung eines Meteoritenfalls ein so seltenes Ereignis ist: Eine Überschlagsrechnung zeigt, daß dies weltweit nicht mehr als 4,5 beobachtete Fälle pro Jahr sind. – Die berühmte Nadel im Heuhaufen.

Es scheint, daß die geographische Verteilung gleich groß ist, wenn auch Statistiken ein anderes Bild ergeben. Dieses beruht jedoch darauf, daß Meteoritenfälle am ehesten aus Gebieten mit dichter Besiedelung, hohem Bildungsniveau der Bevölkerung und gut entwickelter landwirtschaftlicher Tätigkeit gemeldet werden. Vor allem die Bevölkerungsdichte spielt eine wesentliche Rolle. Berechnungen haben die folgenden Zahlen beobachteter Fälle

pro Million Quadratkilometer und Jahr ergeben: USA: 0,18, Europa: 0,30, Nordindien: 0,51 und Japan: 0,66 (ohne Hokkaido).
Die Fallhäufigkeiten der verschiedenen Meteoritentypen (Klassifikation siehe Kapitel 6), die beobachteten Meteoritenfälle von 1725–1980 sowie die jahreszeitliche Verteilung von 867 Fällen sind in den Abbildungen 2.8–2.11 dargestellt.

Automatische Kamerastationen lauern auf Feuerkugeln

Ein Feuerball heller als der Vollmond erschien am 3. Januar 1970 in den frühen Abendstunden sekundenlang über dem amerikanischen Mittelwesten. Im Staat Oklahoma waren außerdem im Umkreis von 60 Meilen mehrere Explosionen wahrgenommen worden. Gunther Schwartz, den das Ereignis besonders anging, hörte davon bei den 10 Uhr Abendnachrichten. Als Außendienst-Verantwortlicher eines in sieben amerikanischen Bundesstaaten angelegten Systems von 16 Kamerastationen (Prairie Network), die automatisch helle Meteore und Feuerkugeln aufzeichneten, lauerte er in Lincoln (Nebraska) seit 1965 wie eine Spinne im Netz auf die Beute: eine meteoritenträchtige Feuerkugel. Sofort verständigte er den Leiter des Network-Projekts am Astrophysikalischen Observatorium der Smithsonian Institution, Richard McCrosky. Dieser informierte die 9. US-Air Force Wetteraufklärungsstaffel und bereits 18 Stunden nach dem Ereignis stieg eine Maschine in Oklahoma City auf, um in 18 Kilometern Höhe die noch mit dem Wind in Richtung Atlanta und Georgia driftenden Ablationsteile des Meteoroids einzusammeln.
Ein Aufwand, der durch die Auswertung der inzwischen entwickelten Filme durchaus gerechtfertigt war. Denn diese Daten waren für Meteore außergewöhnlich. Die Oklahoma-Feuerkugel trat mit 14 km/s in die Erdatmosphäre ein, verlangsamte sich auf 10 km/s in einer Höhe von 25 km und auf 3,5 km/s beim Erlöschen auf der Hemmungspunkthöhe von 19,5 km. Als mutmaßlichen Aufschlagspunkt hatte McCrosky mit seinen Helfern den Weiler Lost City, Cherokee County, Oklahoma berechnet. Die Suche nach dem Meteorit war eigentlich wegen des Schneesturms nach dem Fall aussichtslos. Gunther Schwartz brach dennoch auf ins 800 Kilometer entfernte Zielgebiet und fand mit sehr viel Glück, sechs Tage nach dem Fall und nur 800 Meter von der berechneten Aufschlagsstelle in Lost City entfernt, mitten auf der Straße (!) einen schwarz berindeten Steinmeteorit. Zum Hauptstück von 9,8 kg kamen nach der Schneeschmelze noch drei weitere Fragmente.
Der Meteorit von Lost City war der erste, der aufgrund gezielter Auswertung fotografischer Aufnahmen gefunden wurde. Bahnbereiter für dieses damals neuartige System der Feuerkugel-Überwa-

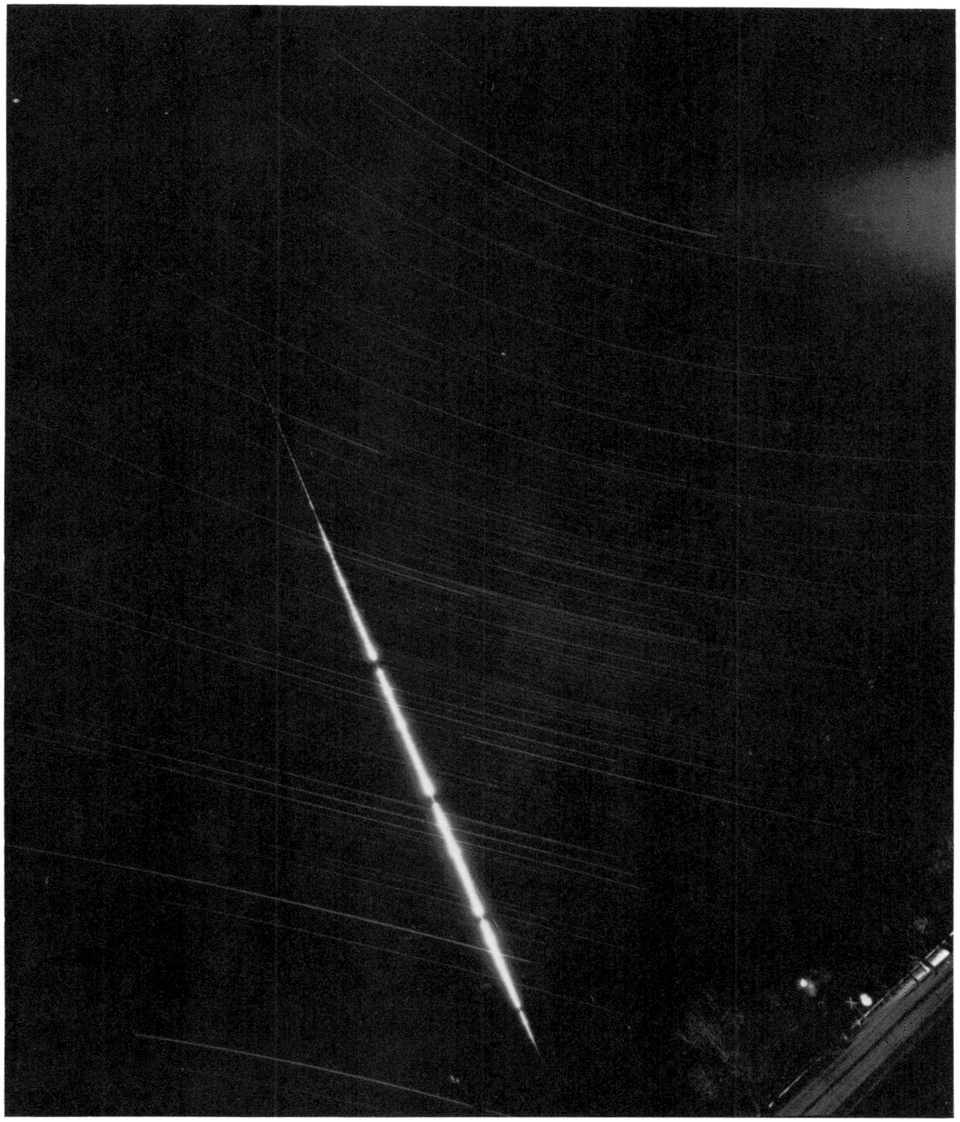

Abb. 2.12
Feuerkugel von Lost City. Die Aufnahme erfolgte am 3. Januar 1970 durch die Kamerastation von Homini, Oklahoma, welche zum 16 Stationen umfassenden Prairie-Network gehörte. Der Bolide hinterließ auf dem Film während neun Sekunden seine Leuchtspur. Die Sternspuren gehören zu den Sternbildern Taurus, Orion und Canis Major.

Abb. 2.13
Rekonstruktion des Meteorits von Lost City, dessen Leuchtspur auf Abb. 2.12 zu sehen ist. Das große Stück (9,8 kg) ist die am 9. Januar 1970 auf der Straße sichergestellte Masse, die beiden andern kamen nach der Schneeschmelze zum Vorschein. Das vierte Fragment ist auf der Abbildung nicht zu sehen. Sammlung U.S.N.M.

Abb. 2.14 u.r.
Meteor-Ortungsstation, wie sie vom Max-Planck-Institut für Kernphysik in Heidelberg eingesetzt wurde. Zuoberst befindet sich der Kamerakasten, darunter der Parabolspiegel und unter der Plattform links ist die Steuerung zu sehen.

chung war der tschechische Astronom Z. Ceplecha. Bereits in den 50er Jahren entwickelte er ein ähnliches Verfahren mit Kamerastationen in der CSSR. Die Feuerkugel, aus der schließlich der Meteorit von Pribram am 7. April 1959 niederfiel, hatte er mit 11 Kameras fotografiert. Die 5 Fragmente des Meteorits wurden aber gefunden, bevor man den Aufschlagspunkt aus den Auswertungen ermittelt hatte. Ceplechas Aufnahmen waren jedoch für die Bahnberechnungen von unschätzbarer Bedeutung, lieferten sie doch zum ersten Mal konkrete Hinweise auf die interplanetare Herkunft des Meteoroids. Die Wissenschaftler verfügten nun schon über die Daten von zwei Umlaufbahnen.

Der nächste und vorläufig letzte ‹Fang› gelang in Kanada beim Fall des Meteorits von Innisfree, Alberta, am 5. Februar 1977. Aufgrund der Aufnahmen und Daten des kanadischen Beobachtungsnetzes (Canadian Camera Network) fand man innerhalb von 3 Monaten neun Fragmente des Steinmeteorits im Gesamtgewicht von 4,58 kg. Mit den Daten konnte man wiederum die Umlaufbahn des Meteoroids rekonstruieren. Diese reicht in ihrem sonnenfernsten Punkt, wie die Bahnen von Pribram und Lost City, in den Bereich zwischen den Planeten Mars und Jupiter (Asteroidengürtel), was neue Anhaltspunkte für die Herkunft der Meteorite (siehe Kapitel 7) ergab.

Das prinzipielle Funktionieren solcher Überwachungssysteme wollen wir am Beispiel des seit 1968 bis Ende 1987 betriebenen süddeutschen Beobachtungsnetzes etwas näher ansehen.

23 Kamerastationen waren mit einem mittleren Abstand von 87 Kilometer zu einem flächendekkenden Meteoritenortungssystem zusammengeschlossen. Es umfaßte etwa den Bereich von der

schweizerisch-österreichischen Landesgrenze im Süden bis ungefähr 51 Grad nördlicher Breite. Die einzelnen Stationen wurden vom Max-Planck-Institut für Kernphysik in Heidelberg koordiniert, das auch für die Wartung verantwortlich zeichnete. Besonders wertvoll war die intensive Zusammenarbeit mit den 17 Ortungsstationen in der Tschechoslowakei. Damit wurde jedoch nicht ‹nur› die Zahl der Beobachtungsstandorte vergrößert. Die meßtechnische und rechnerische Auswertung simultaner Meteoraufnahmen (mindestens 2 Stationen) erfolgte sogar im Astronomischen Institut in Ondrejov, CSSR, das weltweit gesehen über die größten Erfahrungen in der Meteorauswertung verfügt. Bis Ende 1987 hat das ‹European Network› zahlreiche Aufnahmen und ein riesiges Datenmaterial über Meteore und Feuerkugeln geliefert. Einen beobachteten Meteoritenfall, der sich in Gesellschaft der Meteorite von Pribram, Lost City und Innisfree gut ausnehmen würde, hat es nicht erbracht.

Eine Station zur Überwachung des nächtlichen Himmels über Süddeutschland ist auf Abb. 2.14 zu sehen. Etwa 2 Meter über dem Boden befindet sich auf einem Dreibein ein konvexer Parabolspiegel von 36 cm Durchmesser und einer Scheitelbreite von 7 cm. Das sich darauf abbildende Himmelsgewölbe wird mit einer Leica MD-Kleinbild-Kamera senkrecht von oben fotografiert.

Zwischen Spiegel und Kamera rotiert ein Unterbrecher (shutter) in Segmentform und unterbricht die Belichtung alle 12,5 Sekunden. Der Spiegel und das Kameragehäuse werden beheizt, um Schnee und Wasser zu beseitigen. Eine Station ist weit genug von Häusern, Bäumen etc. entfernt, damit freier Horizont gewährleistet ist. Die Belichtung erfolgt, von einer Schaltuhr gesteuert, 90 Minuten nach Sonnenuntergang und endet 90 Minu-

<< Abb. 2.15
Parabolspiegel der Meteor-Ortungsstation Nr. 24, auf welchem der nächtliche Himmel abgebildet wird.

< Abb. 2.16
Blick in den Kamerakasten: Eine Leica MD-Kleinbildkamera fotografiert über den Parabolspiegel das Himmelsgewölbe.

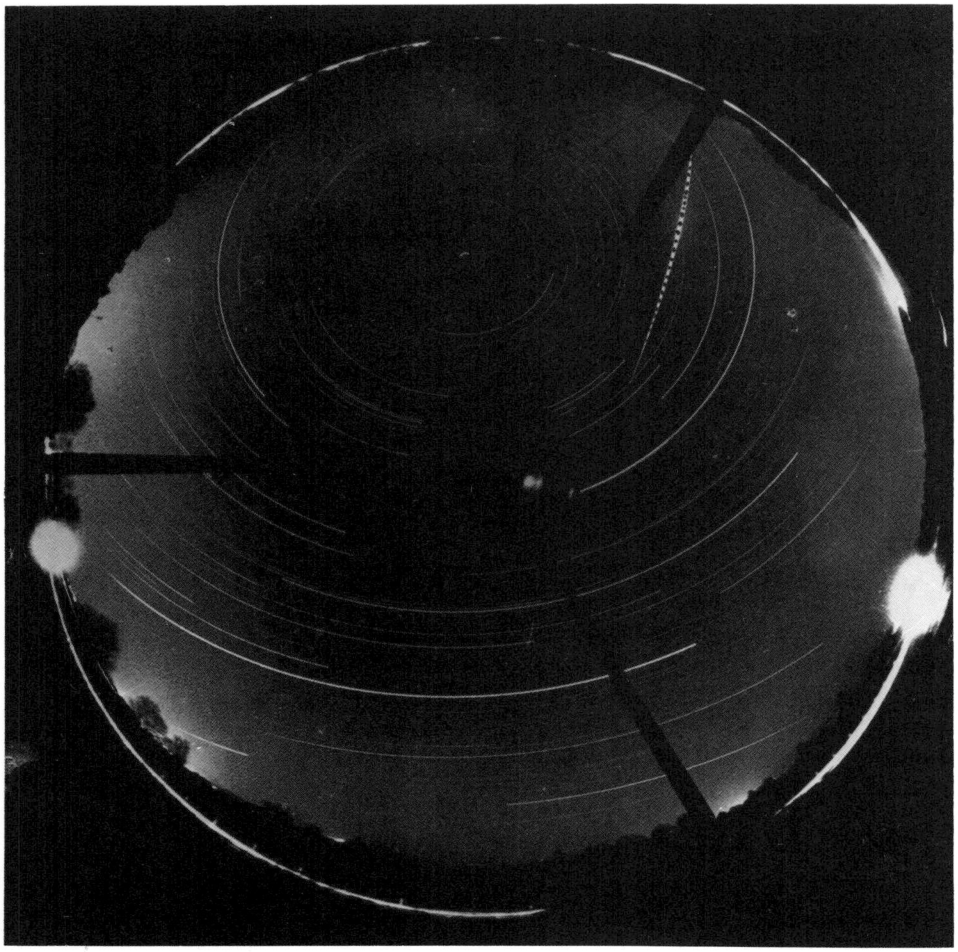

Abb. 2.17
Beispiel einer Meteoraufnahme des süddeutschen Überwachungsnetzes. Die schwarzen Unterbrüche in der Lichtspur verursachte ein im 12,5 Sekundentakt rotierendes Unterbrechersegment.

ten vor Sonnenaufgang. 5 Tage vor und nach Vollmond arbeitet die Kamera nicht. Die Fixsterne und Planeten zeichnen sich auf dem Schwarzweißfilm (125 ASA, 22 DIN) als Kreise ab, während ein Meteor oder eine Feuerkugel einen geraden Strich hinterlassen. Dieser wird durch das rotierende Segment unterbrochen, was bei der Auswertung Rückschlüsse auf die Geschwindigkeit zuläßt. Es werden Meteore ab einer scheinbaren Helligkeit von −6 abgebildet.
Bei der Drucklegung dieses Buches stand allerdings noch nicht fest, ob und wie das süddeutsche Überwachungsnetz fortgeführt wird. Wie vom Max-Planck-Institut für Kernphysik in Heidelberg verlautete, ist vorgesehen, dieses durch Astroamateure eventuell in reduziertem Umfang weiter zu betreiben.

Meteoritenfunde

Als Funde werden alle jene Meteorite bezeichnet, die nicht beim Fallen beobachtet worden sind. Häufig sind es Landwirte, die beim Bearbeiten des Bodens auf ortsfremde sonderbar schwere Steine oder gar Eisenbrocken aufmerksam werden, diese beiseite legen und irgendwann jemandem zeigen, der sie als Meteorite erkennt. Auf diese Art entdeckte man den 5. Meteorit der Schweiz auf dem Twannberg (siehe weiter unten). Auch Forstleute und Flurhüter haben schon Meteorite gefunden und sie der wissenschaftlichen Bearbeitung zugeführt. 1977 las ein Geologe bei der Feldarbeit in Ybbsitz, Niederösterreich, einen 15 kg schweren Steinbrocken auf, der 1980 als Steinmeteorit identifiziert wurde. Gelegentlich sind es sogar Hobbysammler, denen ein Fund gelingt. Mit allerlei Suchinstrumenten ausgerüstet, versuchen sie ihr Glück überall wo sie hinkommen. So fand in Langwies, Graubünden, ein deutscher Meteoritensammler durch Zufall im Geschiebe eines Seitenbachs der Plessur einen nur 16,5 Gramm schweren Steinmeteorit.
Eine Einteilung der Meteorite in Fälle und Funde ist gar nicht so trivial, wie dies auf den ersten Blick aussehen mag. «Selten sind sie, also was soll's?», könnte man dagegen einwenden. Viele Funde sind jedoch stark beeinträchtigt, wenn sie Hunderte (Steinmeteorit) oder gar Tausende von Jahren (Eisenmeteorit) im oder auf dem Erdboden, womöglich noch in feuchter Umgebung, gelegen haben. Wasserlösliche Minerale verschwinden und selbst die widerstandsfähigeren Mineralanteile verändern sich durch Verwitterung. Metallische Komponenten oxidieren (rosten) und werden außerdem durch die in den Böden vorhandenen Chloridverbindungen infolge Korrosion abgebaut (Kapitel 8). Die künstliche Ansäuerung des Bodens in Mitteleuropa wird diesen Vorgang noch verstärken.
Wohl sind auch Funde von Meteoriten für die Wissenschaft sehr wertvoll, weil es sich dabei um sehr seltene Arten handeln kann. Man muß sich aber bewußt sein, daß ihre Untersuchung verwitterungsbedingt oft nur unter erschwerten Umständen möglich ist.
Abbildung 2.19 zeigt die Fälle und Funde von Me-

teoriten einiger europäischer Länder. Es fällt auf, daß in Mitteleuropa fast ausnahmslos die Zahl der beobachteten Fälle überwiegt. Frankreich liegt an der Spitze mit 60 Fällen und nur 4 Funden, gefolgt von Italien mit 27 Fällen und 3 Funden, Westdeutschland mit 22 Fällen und 8 Funden, und England mit 10 Fällen und gar keinem Fund. Österreich hat 3 Fälle und 2 Funde. Nur in der Schweiz halten sich die Funde und Fälle mit je 3 die Waage. Wie ist dieser Umstand zu erklären? Beobachten die Franzosen und Engländer denn so gut, daß sie gar keine unbeobachteten Fälle haben, welche beim späteren Entdecken zu Funden würden? Nehmen wir die von den Kanadiern aus den Daten ihres Camera-Networks ermittelte Meteoriteneinfallsrate von 38 Körpern mit einem Fundgewicht über 100 Gramm pro 1 Mio. Quadratkilometer und Jahr. Diese Schätzung liegt im unteren Bereich dessen, was in der einschlägigen Literatur zu finden ist. Andere Fachleute (z. B. Hughes, 1980) gehen bis auf 60, respektive 90 Meteorite pro gleicher Zeit- und Flächeneinheit. Mit den kanadischen Werten hätten wir *pro Jahr* in Frankreich 21, Italien 11,4, Westdeutschland 9,4, England 5, Österreich 3,2 und in der Schweiz 1,5 Meteorite, die gefunden werden könnten. Selbst wenn sich die Kanadier um einen Faktor 10 verschätzt hätten, müßten aus den letzten 100 Jahren in Frankreich 210, Italien 114, Westdeutschland 94, England 50, Österreich 32 und in der Schweiz 15 Meteorite über 100 Gramm gefunden werden können. Daß dem nicht so ist, zeigt Abbildung 2.19 mit aller Deutlichkeit. Offenbar spielen topographische, regionalgeologische und meteorologische Gegebenheiten eine wesentlich größere Rolle. Betrachten wir die Alpenländer, in deren Äcker oft mehr Steine als Kartoffeln vorhanden sind und die zu einem großen Teil gebirgig, gar unwegsam, nicht zu erfolgreicher Meteoritensuche einladen. Auch tragen die hohen Niederschlagsmengen und die starken jahreszeitlichen Temperaturschwankungen nicht zu einer langen Erhaltung von Steinmeteoriten bei. England und Frankreich sind von der Natur im Verlauf geologischer Zeiträume mit Steingeröllen ebenfalls reich bedacht worden, so daß wir auch hier nicht umhin kommen, Meteoritenfunde als Riesenzufälle zu werten.

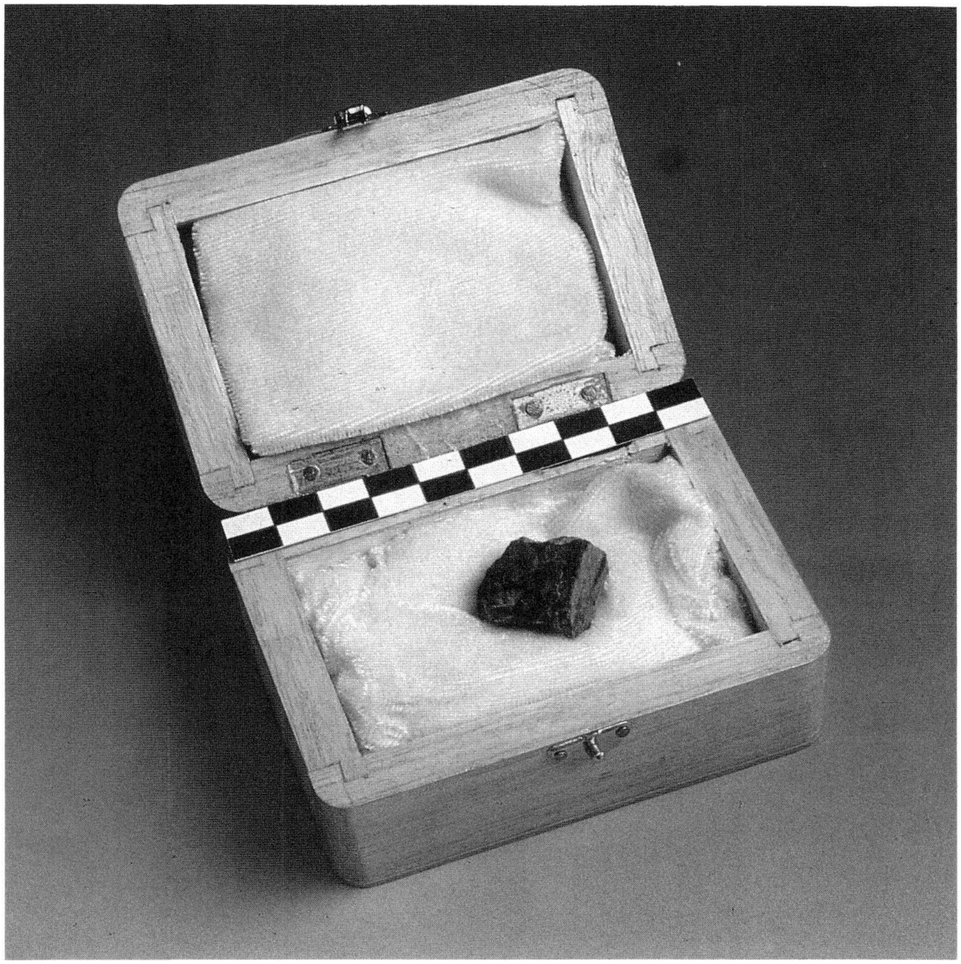

Abb. 2.18
16,5 Gramm schwer ist der Steinmeteorit ‹Langwies›, den ein deutscher Meteoritensammler 1985 im Geschiebe eines Seitenbachs der Plessur fand.

Das Durcheinander ist komplett, wenn wir unseren Blick über europäische Grenzen schweifen lassen und die weltweite Verteilung der Meteoritenfunde auf Abbildung 2.20 ansehen. Mit hoher Bevölkerungsdichte, intensiver landwirtschaftlicher Bearbeitung des Bodens sowie ebener, steinfreier

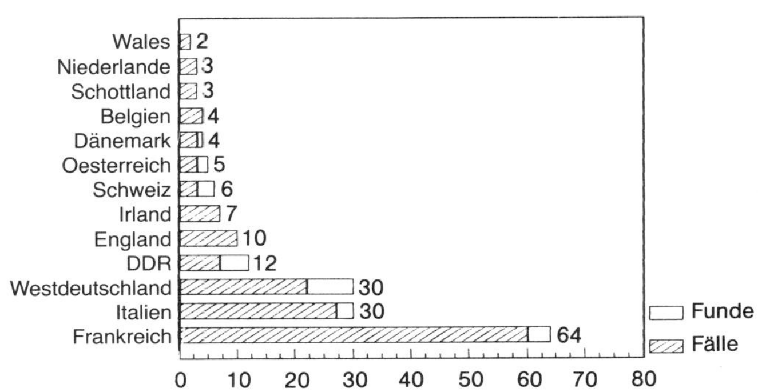

< Abb. 2. 19
Die Meteoriten einiger europäischer Länder. Stand: September 1986 (Catalogue of Meteorites, 1985 und Meteoritical Bulletin bis Nr. 64).

Beschaffenheit des Geländes können die dargestellten Fundhäufigkeiten allein nicht erklärt werden.
Sehr auffällig ist die große Anzahl von Meteoritenfunden in den USA, vornehmlich den Präriestaaten und dem ariden (trockenheißen) Südwesten sowie eine Häufung im nicht dicht besiedelten westlichen und südlichen Teil Australiens. Die USA stehen mit insgesamt 795 Funden weltweit an erster Stelle, gefolgt von Australien mit 204 Funden, der UdSSR mit 75 Funden, Mexiko mit 55, Chile sonderbarerweise mit 35 und Südafrika mit 23 Meteoritenfunden. Wo aber sind die Meteoritenfunde im stellenweise dicht bevölkerten China? – Sehen wir uns diese Gebiete etwas näher an.
Seit Ende der 60er Jahre fand man in den Sandhügeln und Landstrichen von Roosevelt County und Curry County, Neu Mexico, USA, die starker Winderosion ausgesetzt sind, über 130 Meteorite. Zahlenmäßig repräsentieren diese als ‹Roosevelt Co.› bezeichneten Meteoritenfunde neben Stücken aus einer weiteren Fundregion in Libyen, Nordafrika, vermutlich die bedeutendsten Konzentrationen solcher Körper außerhalb der Antarktis (Kapitel 3). Ihre Untersuchung, die immer noch im Gang ist, wird ohne Zweifel beitragen zum Verständnis der Verteilung von Meteoritentypen, der Erhaltung unter terrestrischen Bedingungen und der Konzentrationsmechanismen, die unter bestimmten Umständen (Oberflächenbeschaffenheit des Bodens) stattfinden können.
In den Präriestaaten der USA ist die hohe Funddichte vor allem mit der Geschichte der Region erklärbar. Klimatisch wurde die Erhaltung von Meteoriten, vorwiegend Steinmeteoriten, begünstigt. Dazu kommt die Beschaffenheit und Farbe des Bodens, der auf große Strecken fast steinfrei ist. Plötzliche Besiedelung der riesigen Flächen, die Jahrtausende lang Grasland waren, und intensive landwirtschaftliche Tätigkeit haben zum Auffinden vieler Meteorite geführt. Daß diese als solche aber überhaupt erkannt wurden, ist das Verdienst von Harvey H. Nininger, einem ‹Meteoritenjäger› aus Passion. Bereits zu Beginn der 20er Jahre dieses Jahrhunderts wandte sich der damals 36jährige Biologielehrer aufgrund eines Artikels in ‹Scientific Monthly› dem noch weitgehend unbekannten Fachgebiet zu. Auf der Suche nach Meteoriten aus einer Feuerkugel, welche am 9. November 1923 über Kansas zu sehen war, fand er bei Coldwater, Comanche County, zuerst einen 18,4 kg schweren, stark verwitterten Eisenmeteorit, der, so schloß er aufgrund des Erhaltungszustandes, unmöglich aus der Feuerkugel herabgefallen sein konnte. Also suchte er weiter und fand 1924 in der gleichen Umgebung zwei angewitterte Steinmeteorite, denen später noch weitere aus demselben Gebiet bis zu einem Gesamtgewicht von 11 kg folgen sollten. Von nun an bildeten Meteorite seinen Lebensinhalt. Nininger machte sich zusammen mit seiner Familie und einer gehörigen Portion Verbissenheit, Ausdauer und Erfindungsgabe auf die Meteoritensuche. Seine Erfolge blieben bis heute unerreicht. Bevor er am 1. März 1986 im biblischen Alter von 99 Jahren starb, konnte er auf ein den Meteoriten gewidmetes Leben zurückblicken. Während seiner aktiven Zeit fand er zahlreiche Einzelstücke von ingesamt 226 neuen Meteoriten, schrieb 4 Bücher, 3 Broschüren und über 150 kürzere Arbeiten über Meteorite. Das Geheimnis seines Erfolgs war die bereits erwähnte Geschichte des amerikanischen Mittelwestens zusammen mit der Idee, daß durch gründliche Aufklärung der Landbevölkerung eigentlich Meteorite zum Vorschein kommen müßten. Jahrzehntelang tingelte er von Farm zu Farm, von Dorf zu Dorf und hielt Vorträge über Meteorite. Er zeigte den Farmern, auf was sie bei der Suche achten sollten und machte aus seiner Absicht, solche ‹Boten des Himmels› zu guten Preisen zu kaufen, durchaus kein Hehl. Die Ausbeute honorierte seine Bemühungen mehr als reich und es gibt heute wohl keine größere Meteoritensammlung, die nicht Nininger-Stücke in ihren Beständen hätte.
Ein weiterer neuralgischer Punkt auf unserer Weltkarte (Abb. 2.20) ist Chile. Warum sollten ausgerechnet in diesem schmalen Landstrich entlang der pazifischen Küste von Südamerika besonders viele Meteorite gefunden werden? Ein Blick in den britischen Meteoritenkatalog verdichtet das Bild. Von den insgesamt 43 aus Chile bekannten Meteoriten handelt es sich bei 39 um Eisenmeteorite. Und – sonderbar: 11 davon gehören zu der seltenen Gruppe der Hexaedrite (siehe Kapitel 6). Sie

wurden ausnahmslos in Gegenden mit Salpetersteinbrüchen gefunden und gelangten auf zum Teil verschlungenen Pfaden in amerikanische und europäische Sammlungen. Die Vermutung liegt nahe, daß es sich nicht um 11 verschiedene Hexaedrite handelt, sondern daß diese, vor unbekannter Zeit als Meteoritenschauer (siehe Kapitel 4) niedergehend, von wenigen Meteoroiden stammen. Chemische Untersuchungen (Spurenelemente) dieser chilenischen Hexaedrite scheinen zu bestätigen, daß es sich um nur 4 verschiedene Ausgangskörper (Nord-Chile-Gruppe: 8; weitere: 3) handelt. Die auch sonst verhältnismäßig hohe Meteoritenzahl des Andenlandes ist mit reger Prospektionstätigkeit auf Salpeter und Erze erklärbar.
Ein weiterer, sonderbarer Umstand in der Fundverteilung ist auf der anderen Seite der Erdkugel sichtbar. Wie ein Band ziehen sich Meteoritenfundpunkte quer durch ganz Zentralasien. Was hat es damit auf sich? Die Erklärung gelingt hier einfacher als beim ‹Fall Chile›. Die auf den ersten Blick verblüffende Anhäufung von Meteoritenfunden entlang einer Linie steht direkt mit der transsibirischen Eisenbahn in Verbindung. Diese verkehrstechnisch wichtige Lebensader hat entlang ihrer Route zahlreiche Dörfer entstehen lassen, was wiederum die Bevölkerungsdichte und seit dem Bau bis heute die Zahl der Meteoritenfunde erhöhte.

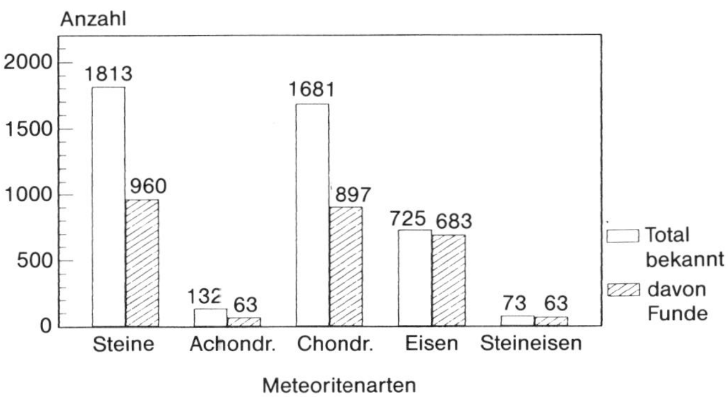

< Abb. 2.21
Verteilung der Funde auf die einzelnen Meteoritenarten (Catalogue of Meteorites, 1985).

Daß die Volksrepublik China auf unserer Meteoriten-Weltkarte (Stand: 1981) fast als weißer Fleck erscheint, hat politische Gründe. In der letzten Ausgabe des Catalogue of Meteorites, 1985, sind bereits 35 chinesische Fälle und 32 Funde enthalten. Bis Juni 1987 (Meteoritical Bulletin Nr. 65) wurden 9 weitere Meteoritenfälle gemeldet, und in

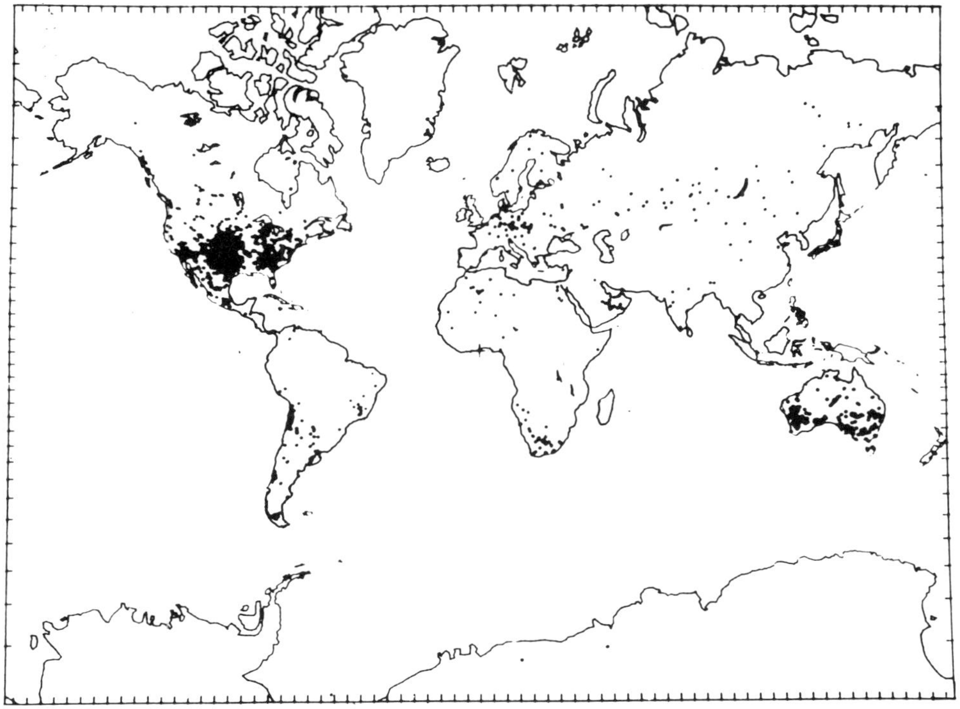

Abb. 2.20
Zylindrische Mercator-Projektion der Weltkarte mit der geographischen Verteilung (schwarze Punkte) von Meteoritenfunden. Die Antarktis ist auf dieser Karte nicht berücksichtigt. (Aus Hughes, 1981).

einer Publikation von 1987 (Meteoritics, Vol. 22, Nr. 1) sind 371 Meteoritenfälle und -funde aus der älteren chinesischen Literatur bis zum Ende der Ching Dynastie (1911) zusammengestellt. Das sind ingesamt bereits 445 Fälle/Funde aus dem Land hinter der chinesischen Mauer. Seit den 70er Jahren findet ein reger Austausch wissenschaftlicher Information mit dem Westen statt, so daß sich in nächster Zeit die Zahlen über Meteorite in China noch erhöhen dürften.
In Südafrika ist es vor allem eine Reihe von Großmeteoriten, die durch die intensive Prospektionstätigkeit auf Gold- und Diamantenvorkommen zum Vorschein kamen, und im an sich bevölkerungsschwachen Süden von Australien gibt es eine ähnliche Erklärung. Suchaktionen der Bergbauschule von Kalgoorlie und des Westaustralischen Museums in Perth haben eine reiche Meteoritenernte erbracht. Doch das allein ist es nicht. Gewisse Gegenden in Australien sind für die Meteoritensuche geradezu geeignet. So etwa die Nullarbor Plane im südöstlichen Teil West-Australiens. Meteorite verwittern im wüstenhaften Klima dieser Ebene nur langsam und, was für eine erfolgreiche Suche noch

Abb. 2.22
1966 fand man in der australischen Nullarbor Plane 12 km N der Bahnstation Mundrabilla zwei Großmeteorite von 16 und 6,1 Tonnen. Das kleinere der zusammenpassenden Fragmente, Mundrabilla II, sägte man im Max-Plank-Institut für Kernphysik in Heidelberg entzwei und machte es der wissenschaftlichen Untersuchung zugänglich. Auf der Abbildung sind durch Wüstenwind bedingte höckerig-löcherige Abtragungen von Meteoritenmaterial erkennbar. Breite des Meteorits: 1,4 m.

wichtiger ist, größere Exemplare (Abb. 2.21) werden auf dem rötlichen steinarmen Boden schon fast mit dem Feldstecher als solche erkannt.
Für kleinere Meteoritenfragmente gilt aber auch hier sprichwörtlich: «Ohne Fleiß kein Preis», doch ist die Suche, verglichen mit den übrigen bereits genannten Regionen der Welt, immer noch erfolgversprechend.

Ein 460 Millionen Jahre alter Steinmeteorit aus Schweden

Wenn wir im Rahmen dieses Buches einmal in erdgeschichtlichen Zeiträumen denken wollen und dazu den Maßstab der Millionen in die Hand nehmen, müssen wir uns zwangsläufig fragen: Warum hat man noch nie in geologisch älteren Ablagerungsgesteinen (Sedimenten) nach fossilen Meteoriten gesucht? Solche, die vor Hunderten von Millionen Jahren fielen und wie die Ammoniten oder andere Versteinerungen bis heute erhalten geblieben sind? Im englischen Catalogue of Meteorites wird man bei einer diesbezüglichen Nachsuche nur gerade bei Brunflo, Zentralschweden, fündig.
An diesem Ort der schwedischen Provinz Jämtland gewann man industriell ca. 460 Millionen Jahre alte rote Kalkgesteine des Unter- bis Mittel-Ordovizium für Bauzwecke. Als 1952 Arbeiter einen großen Block aus dem Rödberget-Steinbruch zersägten, fiel ihnen in einer Gesteinsplatte ein fremdartiger schwarzer Einschluß auf. Die Platte wurde geschliffen, poliert und dem Palaeontologischen Institut der Universität Uppsala zur Untersuchung übergeben. Ein Petrograph identifizierte den

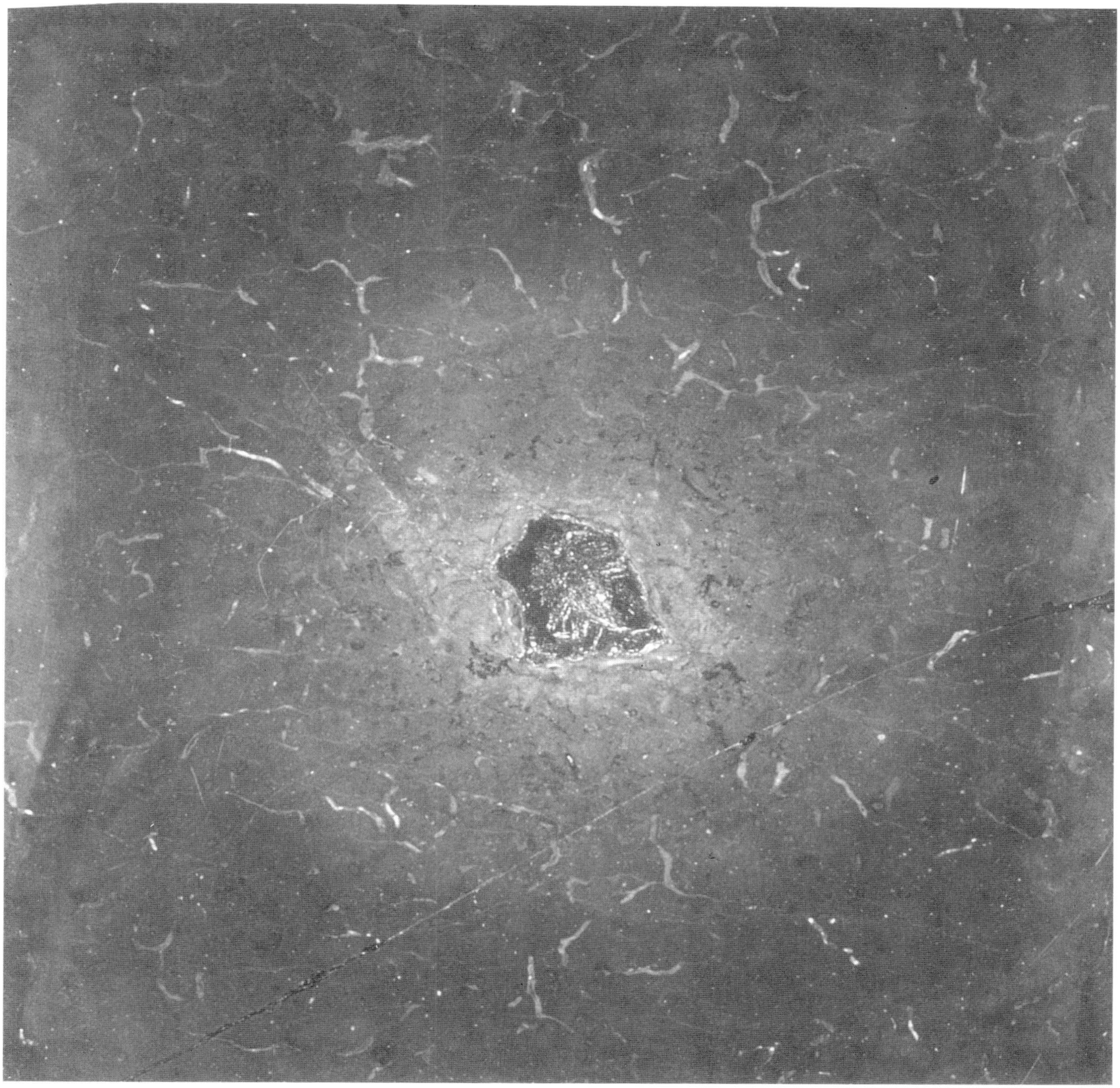

Abb. 2.23
Ausschnitt der polierten Kalksteinplatte mit dem Meteorit von Brunflo, Schweden. Der Meteorit mißt 11 × 9,5 cm. Links ist der versteinerte Gehäuserest eines ordovizischen Orthoceraten (Kopffüßler, Ordnung der Nautiloiden) zu sehen. Brunflo ist mit 460 Millionen Jahren der älteste bekannte und erste fossile Meteorit der Erde.

Mikrostrukturen des Steinmeteorits von Brunflo.

V Abb. 2.24
Porphyritisches Chondrum. Auflicht.

VV Abb. 2.26
Radiales (Pyroxen?)-Chondrum. Auflicht.

V Abb. 2.25
Gestreiftes (Olivin?)-Chondrum. Auflicht.

VV Abb. 2.27
REM-Aufnahme eines Chromitkornes mit idiomorpher Ausbildung. Der Maßstab-Balken rechts mißt 20 μm.

Mit Ausnahme des Chromits sind alle gezeigten Strukturen in Brunflo der Umbildung zum Opfer gefallen und durch Sekundärmineralien ersetzt worden (Pseudomorphose).

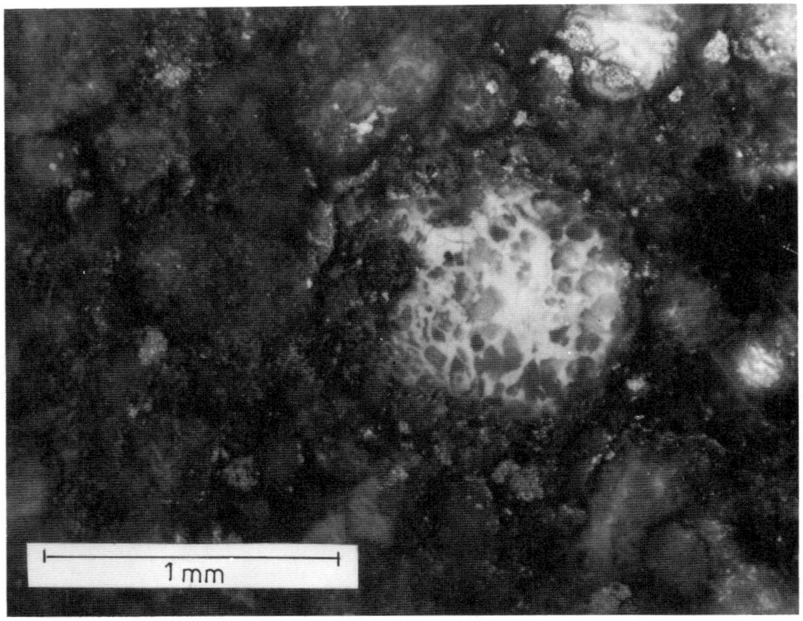

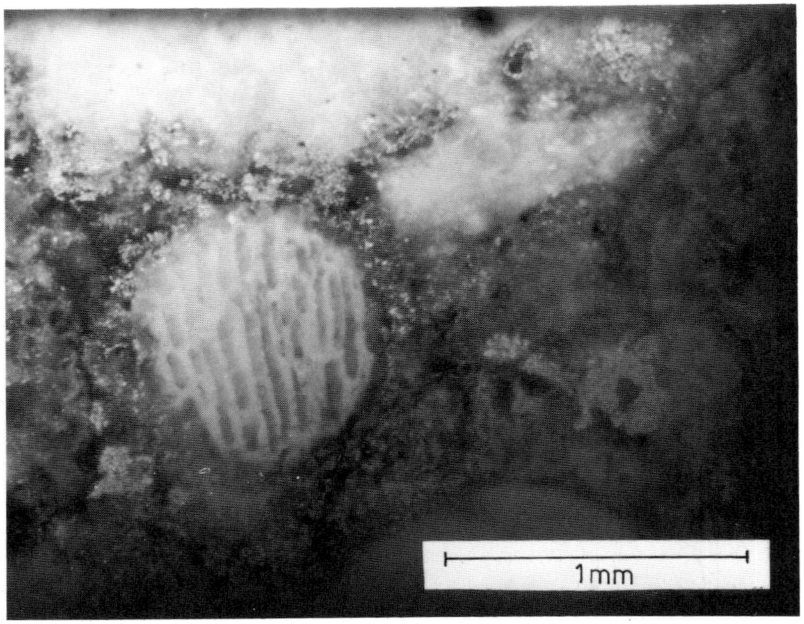

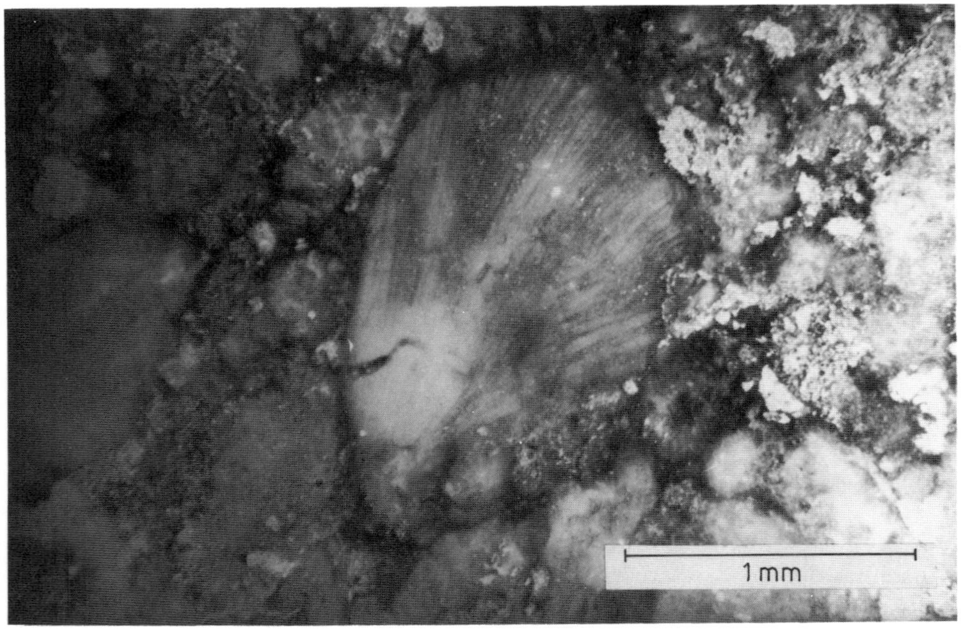

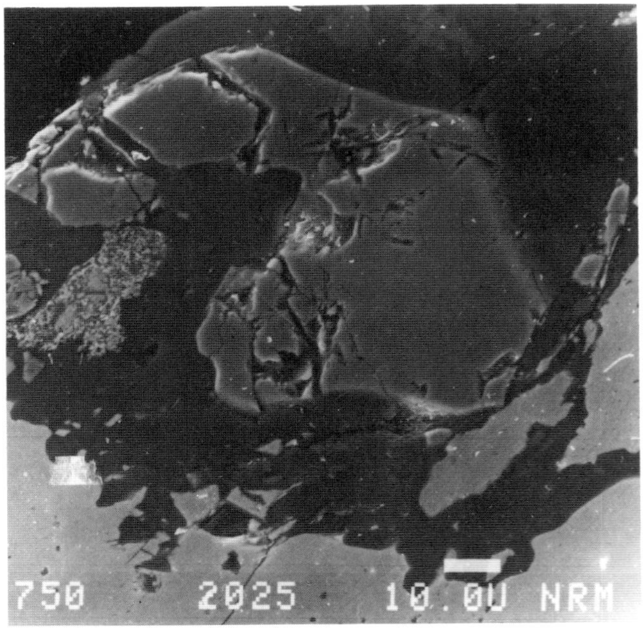

Einschluß als stark metamorphes (umgebildetes) Mg-Fe-Silikat-reiches Gestein. Die Platte wurde für die nächsten 25 Jahre beiseite gelegt. Nachdem die Siljan-Ringstruktur in Schweden als möglicher Meteoriteneinschlagkrater (siehe Kapitel 4) in den 70er Jahren diskutiert wurde, kam Per Thorslund von der Universität Uppsala auf die Idee, der Einschluß in der Kalkplatte vom Rödbrottet-Steinbruch könnte ein Meteorit sein. Eine diesbezügliche Untersuchung zusammen mit Frans Wickmann von der Universität Stockholm enthüllte kügelchenähnliche Strukturen (Chondren), wie sie aus gewissen Steinmeteoriten bekannt sind. Von der Struktur her lassen sich die in Brunflo gefundenen Chondren in porphyritische (Gesteinsglas mit Mineralbeimengungen), Harfenchondren (Olivin) und radiale Chondren (Pyroxene) unterscheiden, wobei klar gesagt werden muß, daß vom ehemaligen Mineralbestand nichts mehr vorhanden ist. Dieser wurde durch Sekundärmineralien wie Calcit, Schichtsilikate, Baryt und Apatit ersetzt. Einziges Material, das nicht der Umbildung zum Opfer fiel, ist der für Steinmeteorite ebenfalls typische Chromit.
Die bisher vorliegenden Untersuchungsresultate bestätigen jedenfalls: Brunflo ist der erste gesicherte fossile Meteorit der Welt.
Er ist auf der Vorderseite der 30 mm dicken polierten Platte als unregelmäßiges Fünfeck zu sehen. Bereits 1952 wurde er auch auf der Rückseite durch vorsichtige Präparation freigelegt. Die Umrisse sind typisch für Meteorite, welche auf ihrem atmosphärischen Flug aufbrechen und als kantige, durch Ablation leicht gerundete Fragmente gefunden werden. Die Platte enthält nur einen Teil des Steinmeteorits. Wo ist die andere Hälfte dieses wissenschaftlich außerordentlich bedeutsamen Stücks geblieben? Der Steinbruch ist heute nicht mehr in Betrieb; das Personal zum Teil weggezogen. Prof. Wickmann dazu: «Wenn das Gegenstück schon beim Sägen als für die Weiterverarbeitung untauglich befunden worden ist, hat man es zerkleinert und später als Straßenschotter verwendet! Es gibt freilich eine ganz kleine Chance, daß irgendwo in einem Gebäude eine polierte Platte mit dem fehlenden Stück existiert.»

Harpunen, Waffen und Werkzeuge aus meteoritischem Eisen

Die Verteilung der Meteoritenfunde auf die einzelnen Klassen (Kapitel 6) ist in Abb. 2.21 zu sehen. Sie unterscheidet sich wesentlich von jener der Fälle in Abbildung 2.8.
Während etwas mehr als die Hälfte aller Steinmeteorite zu den Funden gezählt werden müssen, sind es bei den Eisen- und Steineisenmeteoriten fast alle. Das hängt damit zusammen, daß diese erstens eine wesentlich höhere Verwitterungsbeständigkeit haben als die Steinmeteorite, was wiederum eine höhere Verweildauer auf oder im Erdboden bedeutet. Durch längere Zeiträume werden aber auch die Fundmöglichkeiten besser. Zweitens sind Eisen- und Steineisenmeteorite durch ihr hohes Gewicht, Magnetismus und den metallisch klingenden Ton beim Anschlagen mit dem Hammer leichter als solche zu identifizieren. Sie fallen auf, wenn sie hervorgepflügt werden. Die leichte Erkennbarkeit hat unter anderem dazu geführt, daß der Meteorit von Krasnojarsk, UdSSR, als Pallas-Eisen eine führende Rolle in der Begründung von Chladni's Meteoritenthese gespielt hat.
Wir können sogar davon ausgehen, daß meteoritisches Eisen zu den ersten Metallen gehörte, welche den urgeschichtlichen Menschen zur Verfügung standen. Ausführliche metallurgische Untersuchungen an 74 Eisenobjekten – Messer, Schaber, Harpunen und Äxte – aus archäologischen Grabungen in Grönland belegen dies deutlich. 33 dieser Werkzeuge von Fundpunkten nördlich der Melville Bucht sind meteoritischen Ursprungs und stammen von kleineren Fragmenten des Cape York-Schauers, welcher sich in der Umgebung der Inuit-Siedlung Savigsivik vor mehr als 3000 Jahren ereignete. (Inuit wurden früher auch als Eskimos bezeichnet. Das Wort Eskimo stammt aus der kanadischen Algonkin-Sprache und bedeutet ‹Fleischesser›. Ethnologisch richtig ist aber die Bezeichnung Inuk für die Einzahl- und Inuit für die Mehrzahlform). Diese Cape-York-Fragmente wurden durch Kaltverformung mit Basaltschlagsteinen (Steinhämmer) weiterverarbeitet. Ein reger Tauschhandel des meteoritischen Eisens läßt sich bis in die kanadische Hudson Bay verfolgen.

Bei den Werkzeugen aus dem Bereich der Disko-Bucht waren die Hälfte aus irdischem Gediegeneisen, das auf der Insel Disko vorkommt; die andere Hälfte war Schmiede-Eisen. Im Süden bestanden alle 10 untersuchten Werkzeuge aus Schmiede-Eisen. Dieses stammt zum Teil von nordischen Siedlern, welche seit dem 12. Jahrhundert bis zum 77. Breitengrad vordrangen. Ab 1575 spielen auch Walfänger aus Holland, Spanien und England eine Rolle als Lieferanten von Nägeln und anderen Metallteilen, die die Inuit verarbeiteten.
Auch die in den heutigen USA und in Kanada lebenden Indianer kannten Meteoriteneisen von Eigenfunden. Die 150 kg schwere Eisenmasse des Meteorits von Wichita County, Texas, war schon den Spaniern bekannt, die allerdings nichts damit anfangen konnten. Indianer aus dem Stamm der Comanche bemühten sich ebenfalls, das sonderbare Stück mit großen Feuern zu schmelzen. Als dies nicht gelang und auch andere Versuche, das Eisen zu zertrennen, mißlangen, wurde der Meteorit von Wichita County beim Tipi des Medizinmannes als Heiligtum verehrt. Ebenso erging es

Abb. 2.28
Briefmarkenausgabe von 1978 zum 100jährigen Bestehen der ‹Commission for Scientific Research in Greenland›. Der Fellschaber (Ulo) aus meteoritischem Eisen ist vor dem Hintergrund einer polierten und geätzten Platte des Cape York Eisenmeteorits dargestellt. (Aus Buchwald, 1985).

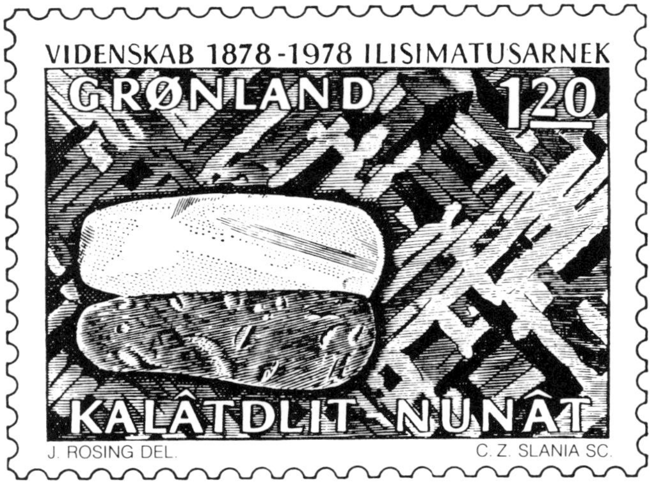

Abb. 2.29
Archäologen haben bei Ausgrabungen in Nordgrönland diese Werkzeuge mit Klingen aus meteoritischem Eisen gefunden. Die Harpunenspitze ganz rechts besteht aus Schmiedeeisen und ist wohl durch Tauschhandel mit skandinavischen Siedlungen im Süden Grönlands in den Besitz der Polar-Inuit gekommen. (National Museum Kopenhagen).

dem Meteorit von Willamette bei den Klackamas-Indianern in Oregon und dem Eisen von Navajo in Arizona. Stücke des Meteorits von Iron Creek, Kanada, wurden als Wegzoll zwischen den Schwarzfuß- und den Cree-Indianern gehandelt, solche des Red River-Meteorits, Texas, als Stammestribut von den Pawnee-Indianern. Von diesen ist bekannt, daß Meteorite für sie mystische Bedeutung hatten. Kleinere Fragmente wurden in den Medizinbeuteln als Glücksbringer sorgfältig verwahrt. Ein 61,5 kg schwerer Eisenblock von Canyon Diablo, Arizona, war bei Camp Verde von Pueblo-Indianern regelrecht beigesetzt worden. Man fand ihn in einem Steinkistengrab, eingeschlagen in eine kunstvolle Decke. Noch wesentlich ältere Funde von Waffen aus meteoritischem Eisen kennt man aus Ägypten und Mesopotamien. Im British Museum in London wird ein 5000jähriger Dolch aus dem Grab des ägyptischen Herrschers Tutanchamun (1343–1353 v. Chr.) aufbewahrt, der vielleicht als Geschenk des Hethiterkönigs an den Nil gelangt sein mag. Die Hethiter verstanden sich schon früh auf Eisenverarbeitung.
Zwei korrodierte Eisenklingen einer archäologischen Grabung von 1928 stammen aus einem Königsgrab von Ur, Chaldäa. Man datierte sie in die Zeit von 2500 v. Chr.
Das Eisen von Tamentit, Algerien, fand bei arabischen Eingeborenen Verehrung und jenes von Thunda, Queensland, bei den australischen Aborigines. Aus Malaysia kennt man Krise (Dolche) mit Klingen aus meteoritischem Eisen; Zeremoniendolche mit in ‹Sandwich-Schmiedetechnik› (abwechselnd 1 Lage normales, 1 Lage meteoritisches Eisen) hergestellten Klingen stammen aus tibetischen Kunstschmiedewerkstätten.

Der Meteoritenschatz der grönländischen Inuit

Die grönländischen Meteoritenfunde der Cape York-Gruppe gehören zu den bedeutendsten der Welt, sowohl was ihre Anzahl als auch das Gewicht der Einzelmeteorite betrifft. Tabelle 2.3 enthält eine Zusammenstellung der verschiedenen Massen dieser Gruppe.
Der Polarforscher Robert E. Peary benützte den nordwestlichen Teil von Grönland als Basis für

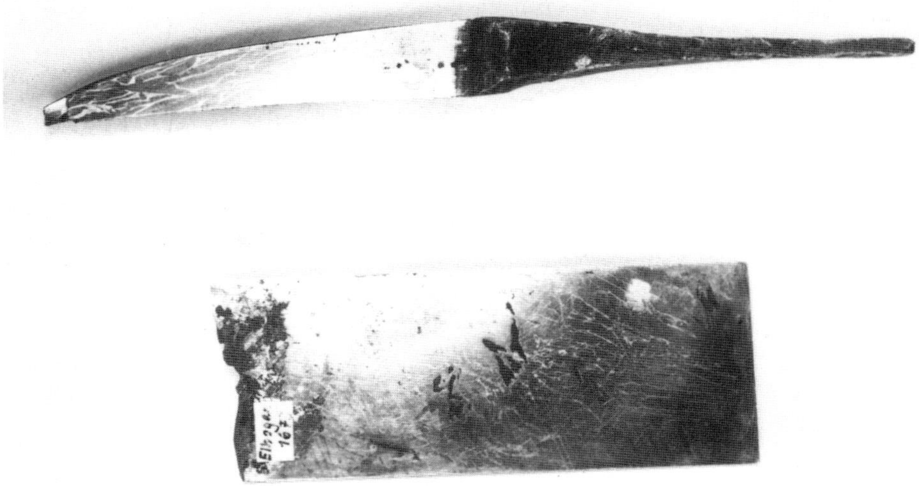

Abb. 2.30
Im Nachlaß von E. F. F. Chladni befindet sich ein geschmiedetes Messer aus Material des Eisenmeteorits von Elbogen (heute Loket), CSSR. Darunter ist eine polierte Platte des gleichen Meteorits zu sehen. Länge des Messers 83 mm. (Museum für Naturkunde Berlin).

Tabelle 2.3
Die 10 größten Einzelmeteorite der Cape York-Gruppe

Name	Jahr	Masse kg	Höhe über Meer m	Distanz zum Meer m	Fundort
Ahnighito	1894	30880	24	100	Meteorite Island (2)
Woman	1894	3000	30	500	Saveruluk (3)
Dog	1894	407	24	500	Saveruluk (4)
Savik I	1913	3402	270	1000	Saveqarfik (5)
Akpohon	1914	1,66	–	–	Ellesmere Land *
Northumberland	1928	0,29	–	–	Northumberland *
Thule	1955	48,6	–	–	Thule
Savik II	1961	7,8	5	10	Saveqarfik (6)
Agpalilik	1963	20140	75	500	Agpalilik (1)
Tunorput	1984	250	–1	im Meer	Meteorite Island (2)

* Von Inuit transportiert
Daten nach Buchwald (1975, 1985, 1987). Stand 1. Juni 1987.
Von archäologischen Ausgrabungen kennt man weitere 13 Fragmente der Cape York-Gruppe im Gewicht von 2 bis 711 Gramm (Buchwald, 1985)

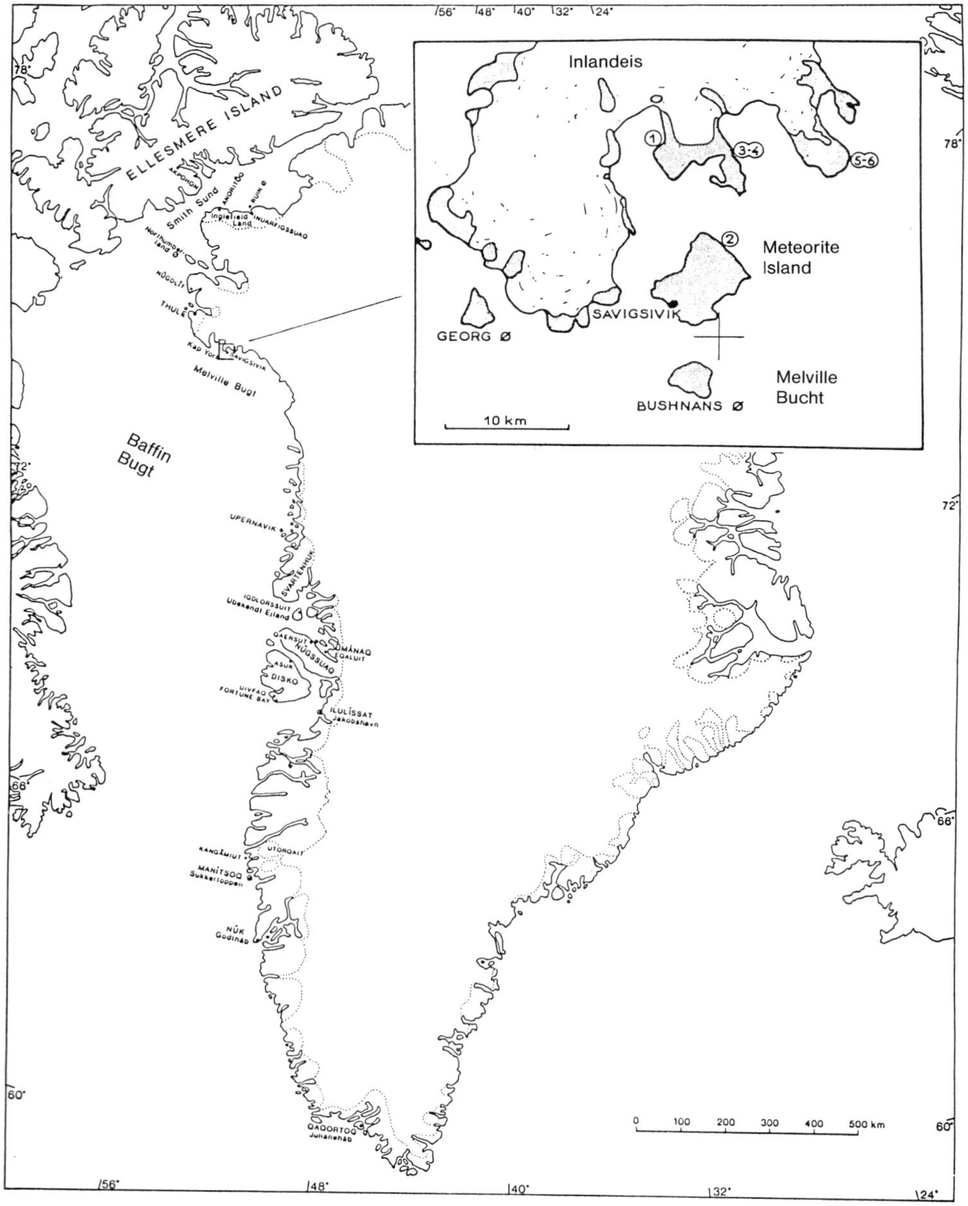

Abb. 2.31
Karte von Grönland mit vergrößerter Darstellung des Cape York Fundgebiets bei der Melville Bucht. Die Nummern im kleinen Kärtchen beziehen sich auf die in Tabelle 2.3 aufgeführten Einzelmeteorite der Cape-York-Gruppe.

seine Polarexpeditionen. Er freundete sich mit der kleinen Population von Thule-Inuit rasch an, welche ihn 1894 in der Melville-Bucht zu 3 großen Eisenmeteoriten führten. Peary erkannte die Bedeutung der Funde und veranlaßte deren Überführung nach New York. Der ‹Hund› (400 kg), die ‹Frau› (3 Tonnen) und das ‹Zelt› (31 Tonnen) können heute in der Meteoritenausstellung des American Museum of Natural History bewundert werden.

1913 fanden Inuit einen vierten Meteorit dieser Familie, Savik (3,4 Tonnen), welchen man im Herbst 1925 nach Kopenhagen transportierte. 1914 entdeckte W. E. Eckblaw von der ‹Crocker Land Expedition› auf Ellesmere Island, 500 km in nordwestlicher Richtung von Cape York auf kanadischem Gebiet, ein weiteres Fragment, Akpohon (1,66 kg), das von den Inuit offensichtlich hierher transportiert worden war, und 1928 erhielt der Polarforscher Knud Rasmussen von Inuit der Northumberland-Inseln, 250 km von Cape York entfernt, einen 292 Gramm schweren Eisenmeteorit, den man später, wie Akpohon, als zur Cape-York Gruppe gehörig erkannte. Die beiden letzten Fragmente sind von den Einheimischen als Rohstoff für die bereits erwähnte Werkzeugherstellung aufgesammelt worden. Daß die Cape-York Meteorite während Inuitgenerationen als Rohmaterial-Lieferanten für Gerätschaften dienten, geht auch aus dem Umstand hervor, daß man rund um die ‹Frau› eine dicke Schicht von gebrauchten Basalthämmern fand, jeder von mehreren Kilogramm Gewicht, welche zum Abschlagen von Teilen des Meteorits dienten. Jede Schlittengruppe mußte von weit her mühsam neue Basaltgerölle antransportieren, denn man wußte sehr wohl, daß die umliegenden Gneiße für solche Zwecke viel zu brüchig waren.

1955 fanden amerikanische Glaziologen auf einem Nunatak (aus dem Gletschereis hervorragender Bergrücken) in der Nähe von Thule ein Meteoritenfragment von 48,6 kg.

1961 entdeckte der Inuk Auge Suerssaq nur 600 m von der Savik-Fundstelle entfernt ein weiteres Fragment, Savik II (7,8 kg). Der bedeutendste Fund nach Anighito aber gelang dem dänischen Metallurgen Vagn F. Buchwald im Sommer 1963 nach systematischer Kartierung bekannter Fund-

plätze und Meteoritensuche im unwegsamen Cape-York Gebiet. Buchwald über die Entdeckung von Agpalilik (20,14 Tonnen): «Ich hatte die Gelegenheit, die Inseln und Halbinseln zwischen der Melville Bucht und Cape York zu besuchen. Diese Regionen sind extrem unzugänglich, aber dank der Hilfe eines amerikanischen Militärhelikopters des Thule-Luftwaffenstützpunktes und einer Gruppe von Inuit mit einem Motorboot war eine systematische Suche nach Meteoriten möglich. Ich inspizierte die bereits bekannten vier Hauptfundstellen, erkennbar an den herumliegenden blauschwarzen Basalthämmern und fand eine neue 20 Tonnen-Masse – später nach dem Fundort ‹Agpalilik› genannt – die bisher auch den Inuit unbekannt war.»
Finden ist die eine Sache, die Bergung eines Eisenklotzes von 2,1 Metern Durchmesser und 1,6 Metern Länge dagegen ein riesiges Problem, wenn man sich die Fundumstände vor Augen hält. Agpalilik lag an einem Abhang zwischen großen Gneißbrocken und war teilweise sogar von solchen bedeckt. Der untere Teil des Meteorits war im Permafrostboden (Kies, Sand, Ton und Eis) fest verankert. Die Geröllhalde des Fundortes war 11, manchmal 12 Monate im Jahr mit Schnee und Eis bedeckt und die Meeresküste lag in 500 Meter Entfernung.
Nun galt es, eine 20 Tonnen Eisenmasse über eine ca. 15 Grad geneigte Blockhalde auf einemSpezialschlitten in Richtung Küste so zu verschieben, daß sie nicht ins Rutschen kam und womöglich ins Meer gefallen wäre. Durch Studien an einem Modell im Maßstab 1:10 erarbeitete man sich einen Überblick über mögliche auftretende Schwierigkeiten und machte sich 1964 mit einer kleinen Expedition von Kopenhagen aus wieder auf die Reise in Richtung Grönland. Doch bereits 30 km vor der Melville Bucht wurde Buchwald mit seiner Gruppe durch starke Vereisung gestoppt. Die ‹M/S Elfy North› konnte sich nur mit Hilfe eines U.S. Eisbrechers den Weg zur Rückkehr bahnen. 1965 stießen die Dänen zum Meteorit vor, gruben ihn aus und brachten ihn auf einem vorfabrizierten Spezialschlitten an die Küste. 1966 verhinderte das Eis eine Bergung und erst 1967 gelang es der ‹M/S Edith Nielsen›, durch die auf keiner Seekarte verzeichneten, von Eisbergen gefährdeten Gewässer

Abb. 2.32
Der dänische Metallurge V. F. Buchwald, 1963, neben Savik I (3,401 Tonnen) und einer kleinen Probe des von ihm im gleichen Jahr entdeckten 20 Tonnen schweren Eisenmeteorits Agpalilik.

Abb. 2.33
Agpalilik im August 1963, kurz nach seiner Entdeckung durch V. F. Buchwald. Grönländische Induit befreiten die im Permafrostboden steckende 20 Tonnen Masse von einer oberflächlichen Deckschicht aus Gneißgeröllen.

Abb. 2.34
Modellversuch im Maßstab 1:10. Die Bergung von Agpalilik stellte die Dänen vor mannigfaltige Probleme, galt es doch, eine 20 Tonnen Eisenmasse über eine ca. 15 Grad geneigte Geröllhalde in Richtung Küste zu verschieben, daß sie sich nicht selbständig machte und ins Meer fiel.

bis zum Fuß des Inland-Eises unter Agpalilik vorzudringen. Der Meteorit wurde mit Hilfe eines amerikanischen Lastschiffes verladen und erreichte unter großem Jubel der dänischen Bevölkerung Kopenhagen im September 1967.

Aber schon sah sich Buchwald mit einem neuen, ungewohnten Problem konfrontiert: Wie schneidet man einen derart großen Eisenmeteorit entzwei? «Erst als ich sah, wie man in Arzo, Kanton Tessin, den Marmor sägt, kam ich auf die Idee, eine ähnliche Technik auch bei Eisenmeteoriten anzuwenden», erklärte Buchwald sein Vorgehen. Im Oktober 1970 schnitt man aus Agpalilik mit Hilfe eines umlaufenden Drahtseiles und Carborundum-Schlamm in zwei je 195 Stunden dauernden Schnitten eine 1,4 Quadratmeter große, 560 kg schwere und 5 cm dicke Scheibe heraus. Mit zusätzlichen Schnitten zerteilte man den kleineren Rest des Meteorits in 6 weitere Scheiben und Endstücke von 428, 445, 658, 698, 840 und 893 kg. Die Restmasse von 15,5 Tonnen ist im Hof des Mineralogischen Museums in Kopenhagen zu bewundern. Untersuchungen der Schnitte zeigen, daß Agpalilik der Kern eines rund 2 m großen Eisen-Kristalls (Taenit, Kapitel 6) darstellt und somit der größte auf der Welt bekannte Eiseneinkristall ist.

Der vorläufig letzte Fund eines Cape York-Meteorits gelang im September 1984 dem einheimischen Jäger Jeremias Petersen aus der Siedlung Savigsivik. Das Besondere an ‹Tunorput›, wie der neue 250 kg schwere Meteorit heißt, war, daß Petersen ihn in Strandnähe im Meer bei Ebbe fand. Bei Flut war der Brocken mit der Form eines ‹schlafenden Hundes› von Wasser bedeckt. Tunorput ist somit der erste Meteorit überhaupt, der aus der See geborgen werden konnte. Tunorputs Untersuchung erfolgt in Kopenhagen. Anschließend soll der Meteorit als Ausstellungsobjekt nach Nuuk, Grönland, zurückgebracht werden. Die Cape York Meteorite gehören alle zum gleichen Fall. Bei keinem der Stücke stellte man in der Fundumgebung Einschlagsspuren (siehe Kapitel 4) fest. Man nimmt daher an, daß sie auf küstennahes Inlandeis fielen und im Lauf der Jahrtausende durch Klimaschwankungen am Fallort bis auf den anstehenden festen Untergrund durchschmolzen. Wesentlicher Transport durch Gletscher wird auf-

Abb. 2.35
August 1965. Die ausgegrabene Agpalilik-Masse wurde – mit Stahlseilen gesichert – auf einem vorfabrizierten Spezialschlitten zur 500 Meter entfernten Küste transportiert.

Abb. 2.36
August 1967. Ein Lastschiff der amerikanischen Luftwaffe brachte Agpalilik zur vor der Küste wartenden ‹M/S Edith Nielsen›, welche mit ihrer außerirdischen Fracht im September 1967 in Kopenhagen einlief.

Abb. 2.37
Oktober 1970: Mit Hilfe eines umlaufenden Drahtseils und Carborundumschlamm als Schneidemittel trennte man von Agpalilik an der Technischen Hochschule Kopenhagen eine 5 cm dicke Scheibe und mehrere kleinere Stücke ab.

Abb. 2.38 V
560 kg schwere geschliffene und polierte Scheibe (1,3 × 1,8 m) des Cape York Eisenmeteorits Agpalilik. Die linke Hälfte ist außerdem angeätzt worden. Das Stück ist in Fundlage abgebildet. Die dunklen länglichrunden orientierten Einschlüsse bestehen aus Troilit (Schwefeleisen).

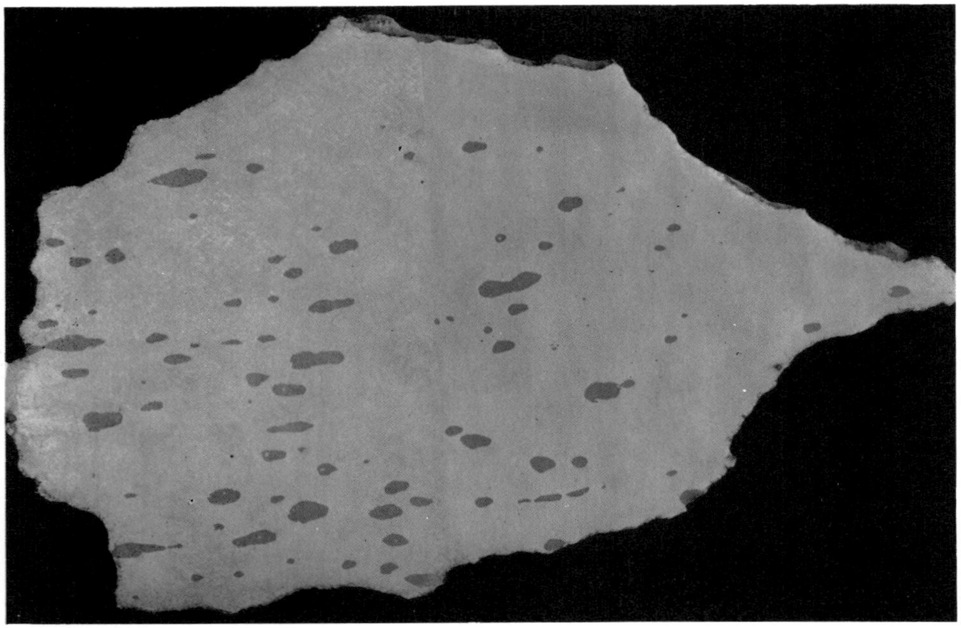

grund fehlender Spuren an den Meteoriten ausgeschlossen. Der den Meteoritenschauer verursachende Meteoroid trat nach Buchwalds Schätzung mit einer Masse von vielleicht 200 Tonnen in die Erdatmosphäre ein und zerplatzte auf seinem Flug von Nordwesten nach Südosten in eine unbekannte Anzahl Fragmente, von welchen über 58 Tonnen in einer Streuellipse von 100 × 15 km Ausdehnung aufgefunden wurden. Der Rest fiel wohl ins Meer oder liegt noch teilweise an unzugänglichen Stellen unter Eis und Geröll begraben. Eine Rekonstruktion von Form und Größe des Meteoroids war bis jetzt nicht möglich, weil noch immer verschiedene wesentlichen Fragmente zum großen Meteoriten-Puzzle fehlen.

Der Eisenmeteorit aus dem Haferfeld

Geradezu unscheinbar und bescheiden mutet nach diesem Abstecher in grönländische ‹Meteoriten-Superlative› der Fund des fünften schweizerischen Meteorits an.
Aufgrund von Öffentlichkeitsarbeit mit Zeitungsartikeln und Museumsführungen erhielt der Autor, Konservator am Museum Bally-Prior in Schönenwerd, kurz vor Weihnachten 1984 zahlreiche Päckchen. Nicht etwa mit Geschenken, sondern mit vermeintlichen Meteoritenproben. Vom Flaschenboden über Schlackenstücke bis zu Schwefelkiesknollen (Pyrit, Markasit) war alles vertreten – nur kein Meteorit. Anfangs 1985 traf dann noch ein Brief ein, in dem der Absender, ein Landwirt von Twannberg, einem Dorf über dem Bielersee, den Fund eines vermeintlichen Meteorits meldete. Er schrieb: «Als Landwirt habe ich kürzlich beim Pflügen auf meinem Acker einen ‹Stein› gefunden. Da dieser im Verhältnis zu seiner Größe (etwa wie ein 1 kg Brotlaib) viel zu schwer ist (17 kg) muß ich annehmen, daß es sich um einen Meteorit handelt.» Das klang nach all den eingesandten Pseudometeoriten vielversprechend. Groß war die Freude daher im Sommer 1985, als sich bei einem Besuch des Autors auf dem Twannberg herausstellte, daß der fragliche Eisenbrocken mit größter Wahrscheinlichkeit tatsächlich ein richtiger Meteorit ist. Die Abklärung der Fundumstände ergab folgendes Bild: Am 9. Mai 1984 hatte Landwirt Werner Chri-

sten auf dem Twannberg, unweit seines Hofes ‹Gubmatt›, Gemeinde Twann, ein Haferstoppelfeld umgepflügt und für die Saat hergerichtet. Seine Frau Margrit las die größten Steine zusammen und brachte sie auf einen nahen Lesesteinhaufen. Da stieß sie plötzlich auf einen eigenartig schweren Brocken, den sie, neugierig geworden, zwecks späterer Begutachtung am Ackerrand deponierte. Zuerst lag der bauernbrotgroße ‹Stein› bei den Christens auf einem Bord in der Küche und wurde gelegentlich von Besuchern berührt und bestaunt. Er verschwand dann für einige Zeit im Keller, wo ihn die Bauernfamilie aber nicht etwa vergaß. Die Bäuerin wußte: Irgend etwas am ‹Stein›, der eigentlich eher einem Eisenbrocken glich, war anders. Andreas Christen, der Sohn, hatte das sonderbare Ding auch schon mit der Schmirgelscheibe getestet und eigentlich hätte man ganz gerne mehr über diesen seltsamen Gast erfahren. Die Finder waren daher gerne einverstanden, den ‹Stein› wissenschaftlich untersuchen zu lassen.
Wir sägten in der Werkstätte des Instituts für Kristallographie und Petrographie an der ETH Zürich

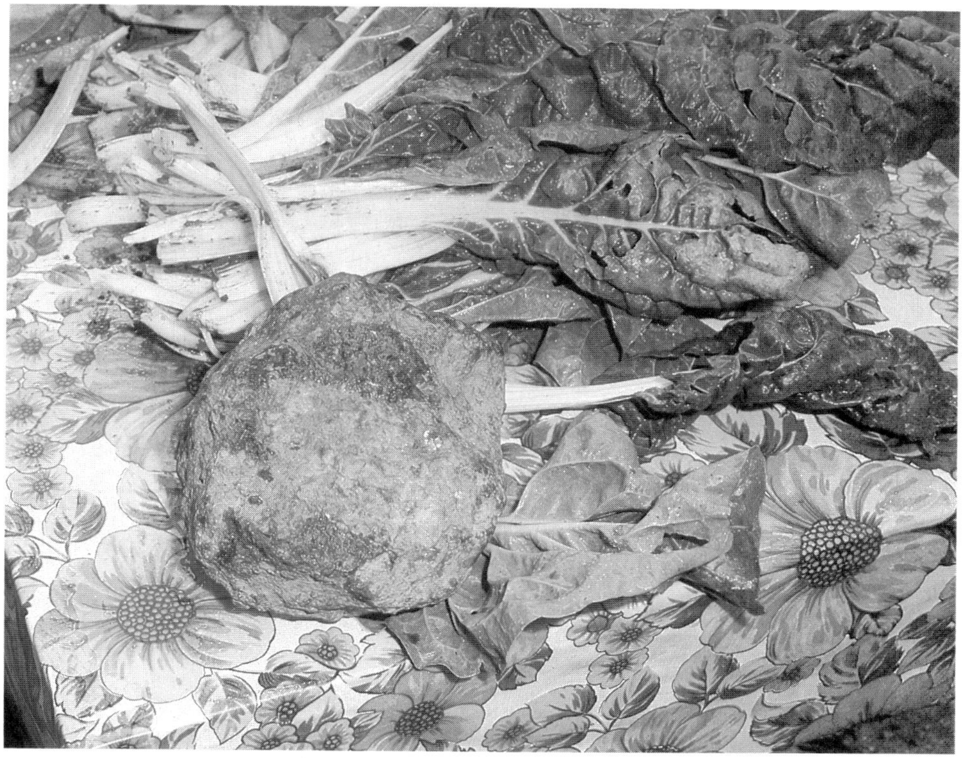

Abb. 2.39
Twannberg: So präsentierte sich der 5. Schweizer Meteorit dem Autor, als er ihn 1985 auf dem Hof ‹Gubmatt› im Weiler Twannberg (Gemeinde Twann BE) zum ersten Mal sah. Die Fundmasse des 2. Schweizer Eisenmeteorits beträgt 15,915 kg.

Abb. 2.40
Geschliffene, polierte und angeätzte Scheibe von Twannberg. Die unregelmäßigen dunklen Einschlüsse sind skelettierte Kristalle des nur aus Meteoriten bekannten Minerals Schreibersit. Breite der Scheibe 16 cm.

ein rund drei Kilogramm schweres Stück ab: Im Innern waren eindeutige und typische Kristalleinschlüsse von Schreibersit (siehe Kapitel 6) zu sehen. Dieses Mineral wurde bisher nur aus Meteoriten beschrieben. Es bestand kein Zweifel mehr: das Stück vom Twannberg war außerirdischer Herkunft. Nach weiteren Untersuchungen an der ETH Zürich (P. Signer), der Universität Köln (U. Herpers), der Dänischen Technischen Hochschule (V. F. Buchwald) und der Universität von Kalifornien, Los Angeles (J. T. Wasson), konnten wir den nach seinem Fundort benannten neuen Meteorit ‹Twannberg› im ‹Meteoritical Bulletin› (Nr. 64, September 1986) als Neufund publizieren. Der 15,915 kg schwere Eisenklotz vom Twannberg ist nach dem 1886 gefundenen Meteorit ‹Rafrüti› erst der zweite Eisenmeteorit und insgesamt der fünfte von sechs schweizerischen Meteoriten.
Eine Zusammenstellung der Meteorite in der Schweiz, Deutschland und Österreich gibt Tabelle 2.4.

Nach den bisher gemachten Ausführungen über die Seltenheit von Meteoritenfällen und -funden kann man sich mit Recht fragen: «Gibt es eigentlich eine Region auf der Erde, wo man Meteorite bei systematischer Suche mit einer gewissen Zuverlässigkeit finden kann?» Ein Gebiet mit hoher Meteoritenkonzentration haben wir bereits kennengelernt (Roosevelt Co., Neu Mexiko). Die libyschen Vorkommen fanden auch kurz Erwähnung. Die einzigen Gegenden der Welt, von denen bisher noch nicht die Rede war, sind die beiden riesigen Polarregionen. Auch sie müssen als mögliche Meteoritenfundstellen wie jeder andere Teil des Globus' in Betracht gezogen werden.
Tatsächlich hat sich der Kontinent rund um den Südpol, die Antarktis, seit 1969 als wahres Tiefkühllager von Tausenden von Meteoriten erwiesen.

Tabelle 2.4
Gesicherte Meteorite der Schweiz, Deutschlands und Österreichs

Name	Fall/Fund	Typ	Gesamtgewicht
Schweiz			
Chervettaz, Waadt	30.11.1901	Stein	750 g
Langwies, Graubünden	1985	Stein	16,5 g
Rafrüti, Bern	1886	Eisen	18,2 kg
Twannberg, Bern	1984	Eisen	15,915 kg
Ulmiz, Freiburg	25.12.1926	Stein	76,5 g
Utzenstorf, Bern	16.8.1928	Stein	3,422 kg
Deutschland			
Barntrup, Nordrhein-Westfalen	28.5.1886	Stein	17 g
Benthullen, Niedersachsen	1951	Stein	17 kg
Bitburg, Rheinland-Pfalz	1805	Eisen	1500 kg
Breitscheid, Hessen	11.8.1956	Stein	ca. 1 kg
Bremervörde, Niedersachsen	13.5.1885	Stein	7,25 kg
Darmstadt, Hessen	Fall vor 1804	Stein	100 g
Dermbach, Suhl	1924	Eisen	1,5 kg
Eichstädt, Bayern	19.2.1785	Stein	3 kg
Emsland, Niedersachsen	1940	Eisen	19 kg
Erxleben, Sachsen-Anhalt	15.4.1812	Stein	2,25 kg
Forsbach, Nordrhein-Westfalen	12.6.1900	Stein	240 g
Gütersloh, Nordrhein-Westfalen	17.4.1851	Stein	ca. 1 kg
Hainholz, Nordrhein-Westfalen	1856	Steineisen	16,5 kg
Hungen, Hessen	17.5.1877	Stein	112 g
Ibbenbühren, Nordrhein-Westfalen	17.6.1870	Stein	2 kg
Kiel, Schleswig-Holstein	26.4.1962	Stein	737,6 g
Klein-Wenden, Erfurt	16.9.1843	Stein	3,25 kg
Krähenberg, Rheinland-Pfalz	5.5.1869	Stein	16,5 kg
Linum, Potsdam	5.9.1854	Stein	1,862 kg
Mainz, Rheinland-Pfalz	1850/52	Stein	1,5 kg
Marburg, Hessen	1906	Steineisen	3 kg
Mässing, Bayern	13.12.1803	Stein	1,6 kg
Menow, Potsdam	7.10.1862	Stein	10,5 kg
Meuselbach, Thüringen	19.5.1897	Stein	870 g
Nenntmannsdorf, Dresden	1872	Eisen	12,5 kg
Nieder Finow, Frankfurt	vor 1950	Eisen	287 g
Obernkirchen, Niedersachsen	1863	Eisen	41 kg
Oesede, Niedersachsen	30.12.1927	Stein	3,6 kg
Oldenburg, Niedersachsen	10.9.1930	Stein	16,6 kg
Ortenau, Baden-Württemberg	27.2.1671	Stein	verschollen
Pecklesheim, Nordrhein-Westfalen	3.3.1953	Stein	117,8 g
Pohlitz, Gera	13.10.1819	Stein	3 kg
Ramsdorf, Nordrhein-Westfalen	26.7.1958	Stein	4,682 kg
Rodach, Bayern	19.9.1775	Stein	verschollen
Salzwedel, Magdeburg	14.11.1985	Stein	43 g
Schönenberg, Bayern	25.12.1846	Stein	8 kg
Simmern, Rheinland-Pfalz	1.7.1920	Stein	1,2 kg
Steinbach, Karl-Marx-Stadt	1724	Steineisen	98 kg
Stolzenau, Niedersachsen	Fall 1647	Stein	verschollen
Tabarz, Erfurt	1854	Eisen	55,7 g
Treysa, Hessen	3.4.1916	Eisen	63 kg
Unter-Mässing, Bayern	1920	Eisen	80 kg
Österreich			
Lanzenkirchen, N. Oesterreich	28.8.1925	Stein	5 kg
Mauerkirchen, O. Oesterreich	20.11.1768	Stein	19 kg
Mühlau, Tirol	1877	Stein	5 kg
Prambachkirchen, O. Oesterreich	5.11.1932	Stein	2,125 kg
Ybbsitz, N. Oesterreich	1977	Stein	15 kg

(Daten aus: Catalogue of Meteorites, 1985; Meteoritical Bulletin bis Nr. 64, Sept. 1986)

Kurz vor der Drucklegung dieses Buches fiel am 1. März 1988 25 Kilometer vor Berlin in Trebbin, DDR-Bezirk Potsdam, ein 1250 Gramm schwerer Steinmeteorit (nach ersten Untersuchungen ein Achondrit), der beim Einschlag in ein Gewächshaus in 16 größere und zahlreiche kleinere Fragmente zerbrach.

Abb. 3.1
Kontinent der Extreme: Hochaufragende Felswände und bizarr geformte Schneeverwehungen sind in der Antarktis ebenso zu finden, wie endlos scheinende Schnee- und Eiswüsten.

3

DIE METEORITENFUNDE IN DER ANTARKTIS

Bis 1970 kannte man auf der ganzen Erde etwa 2300 Meteorite. Seit der Entdeckung der antarktischen Vorkommen in den Blaueisfeldern bestimmter Regionen rund um den Südpol hat sich diese Zahl mit über 9000 Fragmenten, die zwischen 1200 und 2700 Einzelfälle darstellen, praktisch verdoppelt.
Unter Tiefkühlbedingungen haben die antarktischen Meteorite Hunderttausende von Jahren überdauert. Man fand unter ihnen Meteoritentypen, die bisher sehr selten waren oder überhaupt einmalig sind.
Zu den bedeutendsten Funden gehören fünf Meteoritenfragmente vom Mond sowie Meteorite, bei welchen eine Herkunft vom Mars diskutiert wird. Aus der Untersuchung der antarktischen Meteorite gewann man eine Fülle neuer Erkenntnisse, zu denen man ohne diese Proben nicht gekommen wäre.

Dezember 1969: Erstaunt bückt sich der japanische Glaziologe Renji Naruse, Mitglied einer japanischen Forschungs-Expedition, in der Nähe der antarktischen Queen Fabiola Berge (von den Japanern Yamato Mountains genannt) und nimmt einen ungewöhnlichen, schwarz berindeten Stein vom Eis auf. Acht Gesteinsfragmente, die alle innerhalb einer Fläche von 5 × 10 km auf dem bläulich schimmernden Eis einfach so da liegen, werden im Verlauf der Expedition routinemäßig ebenfalls aufgesammelt und nach Tokio gebracht. Dort stellt man bei der Untersuchung fest, daß es sich um Meteorite handelt.
Die Antarktis mit einer Oberfläche von 14 Millionen km^2 und kalten, trockenen Umweltbedingungen als Meteoritenfundregion ...?
Tatsächlich: Was vom Nationalen Polarinstitut Tokio bei dieser ‹10. Japanese Antarctic Research Expedition (JARE 10)› eigentlich mit der Anlage eines Triangulationszuges zur Messung von Eisbewegungen begonnen hatte, sollte in den nachfolgenden Jahren zur Entdeckung der bedeutendsten Meteoritenvorkommen der Welt führen. Tabelle 3.1 zeigt, daß bis 1969 nur 4 Meteorite in 6 Fragmenten bekannt waren, die gewissermaßen als Nebenprodukte von früheren Südpolexpeditionen entdeckt wurden. Die einzelnen Fundorte sind auf der Karte Abbildung 3.2 eingezeichnet. Kurzbezeichnungen der Fundorte sind in der Bildlegende erläutert.
1912, in der heroischen Zeit der Antarktis-Erforschung, fand eine Gruppe unter der Leitung des australischen Entdeckers Sir Douglas Mawson in Adelie Land einen Steinmeteorit von knapp 1 kg Gewicht. Mitglieder der 6. Sowjetischen Antarktisexpedition fanden 1961 bei Lazarev im südlichen Teil der Humboldt Mountains zwei Eisenmeteorite von 8 und 2 kg. Im Januar 1962 brachte eine Expedition des U.S. Geological Survey von den Thiel Mountains zwei Steineisen-Meteorite von 22,7 und 9 kg Gewicht nach Amerika zurück. J. R. Heiser und D. C. Barnett – Ingenieure einer amerikanischen Antarktis-Forschungsgruppe – lasen in den Neptune Mountains 1964 einen Eisenmeteorit von 1,070 kg auf.
Verblüfft nahm daher die Fachwelt 1973 am Meeting der Meteoritical Society in Davos von den 1969er Funden aus der größten Eiswüste der Welt Kenntnis. Japanische Wissenschaftler beschrieben an diesem Treffen der Meteoritenfachleute vier der neugefundenen Meteorite. Besonders ein Zuhörer bei der mündlichen Präsentation im Auditorium, William Cassidy von der Universität Pittsburgh, USA, wunderte sich sehr darüber, daß die 4 neu vorgestellten Steinmeteorite alle zu verschiedenen Typen gehörten und aus einem bemerkenswert kleinen Gebiet von 50 km^2 stammten. «Normalerweise», sagte Cassidy, «sind Meteorite solcher Fund-Konzentrationen einzelne Bruchstücke eines Meteoritenschauers (Kapitel 4), stammen vom gleichen Ausgangskörper und gehören somit zum gleichen Typ. Hier aber handelte es sich offensichtlich um 4 verschiedene Meteorite innerhalb eines engen Fundbezirkes». Cassidy und seine japanischen Kollegen folgerten, daß in der Antarktis ein Konzentrationsmechanismus im Spiel sein müsse, der in engem Zusammenhang mit dem Eispanzer des ‹Kalten Kontinents› zu suchen sei. Meteorite,

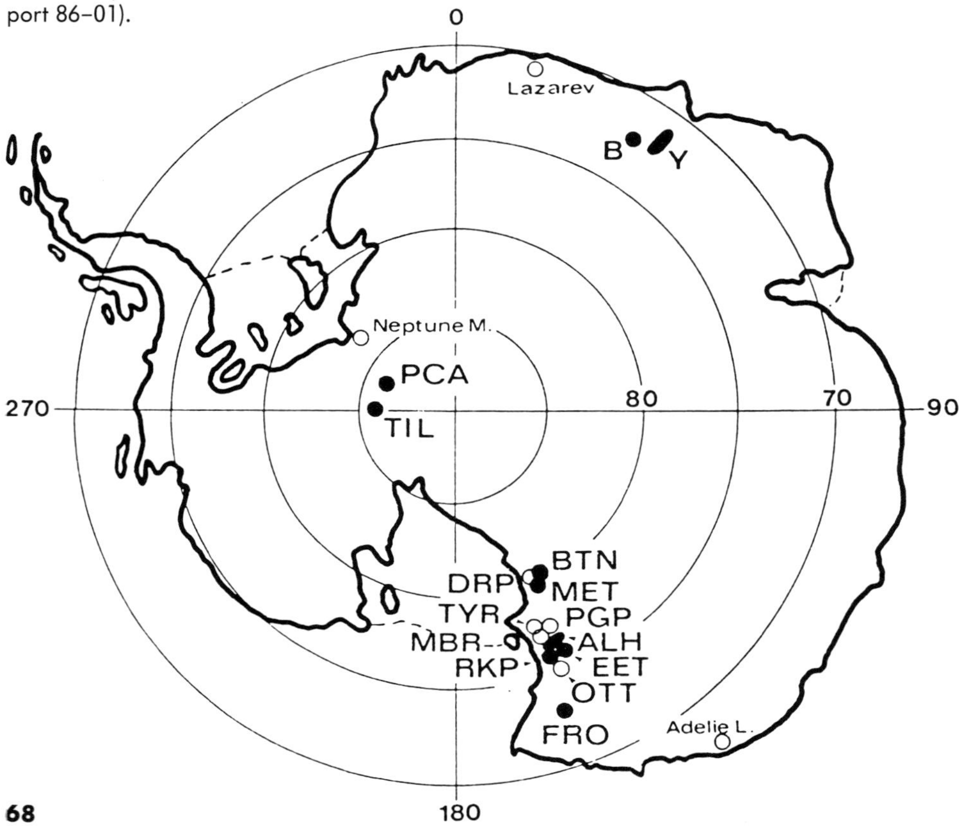

Abb. 3.2
Karte der Fundlokalitäten antarktischer Meteorite. Die Abkürzungen bedeuten: ALH, Allan Hills; B, Belgica; BTN, Bates Nunatak; DRP, Derrick Peak; EET, Elephant Moraine; FRO, Frontier Mountain; ILD, Inland Forts; MBR, Mount Baldr; MET, Meteorite Hills; OTT, Outpost Nunatak; PCA, Pecora Escarpment; PGB, Purgatory Peak; RKP, Reckling Peak; TYR, Taylor Glacier; TIL, Thiel Mountains; Y, Yamato Mountains. Die nicht abgekürzten Namen beziehen sich auf Meteoritenfunde vor 1969. (LPI Technical Report 86-01).

Tabelle 3.1
Antarktische Meteoritenfunde 1912–1987

Jahr	Fundorte	Anzahl
1912	Adelie Land	1
1961	Lazarev	2
	Thiel Mts.	2
1964	Neptune Mts.	1
1969/70	Yamato	9
1973/74	Yamato	12
1974/75	Yamato	663
1975/76	Yamato	308
1976/77	Allan Hills	9
	Mt. Baldr	2
1977/78	Allan Hills	310
	Purgatory Peak	1
1978/79	Allan Hills	262
	Bates Nunatak	6
	Derrick Peak	15
	Meteorite Hills	28
	Reckling Peak	4
1979/80	Allan Hills	53
	Belgica	5
	Reckling Peak	11
	Elephant Moraine	10
	Yamato	3676
1980/81	Allan Hills	32
	Outpost Nunatak	1
	Reckling Peak	67
	Yamato	13
1981/82	Allan Hills	378
	Yamato	133
1982/83	Allan Hills	45
	Elephant Moraine	17
	Pecora Escarpment	32
	Thiel Mts.	18
	Taylor Glacier	1
	Yamato	211
1983/84	Allan Hills	161
	Elephant Moraine	207
	Inland Forts	1
	Yamato	43
1984/85	Allan Hills	265
	Frontier Mts.**	42
	Yamato	58
	Elephant Moraine	9
1985/86*	Allan Hills	159
	Beardmore Glacier	210
1986/87*	Beardmore Glacier, Lewis Cliff	570
Total		8063

* Provisorische Zahlen, Stand: Februar 1987
Daten: LPI Techn. Report 86-01, Ant. Met. News Letter Vol. 10, No. 1

** Von der deutschen Expedition GANOVEX IV der Bundesanstalt für Geowissenschaften und Rohstoffe, Hannover, 1984/85 gefunden.

so überlegten sie, fallen auf Eis, ein dynamisches Medium, das durch Fluß ständig in Bewegung ist. Gerade in dieser Eisbewegung könnte, wie auch immer, der Grund für die Meteoritenkonzentration liegen. Dann aber wäre es naheliegend, daß erhöhte Meteoritenansammlungen auch an anderen Orten des Kontinents der Extreme anzutreffen sein müßten. Aufgrund dieser Überlegungen entschlossen sich die Japaner, im antarktischen Sommer 1973–74 bei den Yamato Bergen, 300 km von der japanischen Syowa Antarktis-Station in Enderby Land, eine eigentliche Meteoritenexpedition durchzuführen. Diese erbrachte weitere 12 Fragmente. Vom Erfolg ermutigt startete man von Tokio aus in der folgenden antarktischen Sommersaison 1974–75 zu erneuter Suche und fand zur großen Überraschung aller Beteiligten 663 Meteorite. Die Ernte von 1975–76 betrug weitere 308 Funde, sodaß die japanische Ausbeute von nur 4 Expeditionen bei der unglaublichen Zahl von 992 neuen Meteoritenproben angelangt war. Diese stammten alle von einer nur 300–400 km² großen Fläche des auf 4000 km² geschätzten Yamato-Eisfeldes.

Blaueisfelder geben ihre Schätze preis

Blaueisfelder treten im Randbereich der antarktischen Eisbedeckung als bares (blau schimmerndes) Eis auf. Auf ihnen werden – mit Ausnahme einiger isolierter Einzelfunde an anderen Orten – die meisten Meteorite entdeckt. Blaueisfelder entstehen dadurch, daß die in Form von Schnee üblichen geringen Niederschlagsmengen von etwa 100 mm pro Jahr durch starke, zum Teil orkanartig meist aus südlicher Richtung absteigende (katabatische) Winde weggefegt werden. Es findet daher keine Akkumulation von Schnee mit neuer Eisbildung statt. Ganz im Gegenteil: Durch windgetriebene Eisteilchen wird die Blaueisoberfläche wie bei einem Sandstrahlgebläse oder durch Sublimation (Übergang vom festen in gasförmigen Zustand ohne flüssige Phase) abgetragen und die außerirdischen Besucher erblicken wieder das Licht des antarktischen Tages. Befindet sich ein Meteorit dann einmal auf der Oberfläche des Eisfeldes, wird er nicht mehr durch Schnee zugedeckt. Kleine Meteo-

Abb. 3.3
William Cassidy hat aus dem niedrig fliegenden Helikopter einen kleinen Meteorit entdeckt und sammelt ihn vom Blaueisfeld auf.

rite können höchstens vom Wind bis zum nächsten Hindernis verfrachtet und dort von Suchtrupps gefunden werden. L. Schultz vom Max-Planck-Institut für Chemie, Mainz, schätzt, daß rund 50 Prozent der gefundenen Meteorite Direktfälle sind, die auf stagnierende Eisflächen fielen und durch den oben beschriebenen Vorgang wieder auf die Eisoberfläche gelangten.

Durch die beim Flug in der Atmosphäre gebildete dunkle Schmelzkruste sind Meteorite auf den Blaueisfeldern sehr gut zu erkennen und fallen schon auf, wenn sie nur die Größe einer Erbse oder in Ausnahmefällen eines Reiskorns haben.

Das heißt aber nicht, daß alle Blaueisfelder der Antarktis hohe Meteoritenkonzentrationen aufweisen. Im antarktischen Sommer 1980/81 suchte eine Expeditionsgruppe in der Nähe des David-Gletschers nördlich der Allan Hills und fand nur einen einzigen Meteorit. Besondere Umstände (alte Eisfelder, die sich nicht mehr bewegen) sind also nötig, damit auf bestimmten Blaueisflächen hohe Meteoritenkonzentrationen (siehe unten) auftreten.

William Cassidy – beeindruckt durch die japanischen Funde bei den Yamato-Bergen – versuchte nun im Mai 1974 mit Hilfe der amerikanischen ‹National Science Foundation (NSF)› ebenfalls ein antarktisches Meteoritensuchprogramm zu starten. Sein Plan war, von der US-Basis McMurdo die in Helikopterreichweite liegenden Eisfelder systematisch nach möglichen Meteoritenvorkommen zu untersuchen. Die erste ANSMET-Expedition (ANtarctic Search for METeorites) begann 1976–77 als Gemeinschaftsprojekt zwischen den USA und Ja-

pan. Aus den Vereinigten Staaten war, neben Cassidy von der Universität Pittsburgh, Edward Olsen vom Field Museum of Natural History in Chicago mit von der Partie; aus Tokio stieß der Leiter der erfolgreichen japanischen Expedition, Keizo Yanai vom National Institute of Polar Research dazu. Man vereinbarte, die Funde hälftig an die beiden Nationen aufzuteilen.
Geplant war eine Serie von Basis-Lagern, von denen aus die Forscher Meteorite suchen wollten. Sein erstes Camp schlug das Dreier-Team beim ‹Wright Upper Glacier› auf und begann die Erkundung in der Nähe des Mt. Baldr-Berges. Cassidy: «Ich bat den Heli-Piloten, dorthin einen kurzen Abstecher für einen ersten schnellen Augenschein zu unternehmen. Kaum auf dem Eis gelandet, fand Keizo Yanai bereits den ersten Meteorit». Während Olsen und Cassidy den Fund begutachteten, untersuchte ihr japanischer Kollege mit dem Feldstecher die Umgebung und meldete bereits triumphierend aus einer Distanz von etwa 700 m einen weiteren Fund. Zu Fuß machten sich die Drei auf den Weg, auch diesen außerirdischen Gast einzusammeln. Für einen Beobachter hätte sich wohl ein sonderbares Bild ergeben: Drei mit Parka's vermummte Fußgänger durchqueren, gefolgt von einem Militär-Helikopter, das Eisfeld und schauen angestrengt in Richtung des immer näher kommenden schwarzen Flecks. Es war das zweite Meteoritenfragment (beide gehören zum gleichen Fall, wie sich später herausstellte) innerhalb der ersten 20 Minuten der Expedition – ein vielversprechender Anfang. Doch für die nächsten 6 Wochen blieb es bei diesen beiden Fragmenten. Erst als Helikopterpilot Ken Craper vorschlug, doch einmal auf dem an die Allan Hills angrenzenden Eisfeld Ausschau zu halten, schien sich das Finderglück wieder einzustellen. Während dieses und eines weiteren Besuchs sammelte das Team 45 Meteoritenfragmente auf. Drei davon lagen nahe beieinander auf dem Eis und lie-

Abb. 3.4
Ein Blaueisfeld bei Allan Hills wird vom Motorschlitten aus nach Meteoriten abgesucht.

Abb. 3.5
Zeltlager der amerikanischen Antarktis-Expedition 1985/86.

Abb. 3.6
Die gefundenen Meteorite werden für die spätere Identifizierung zusammen mit einem Zählgerät fotografiert.

ßen sich zu einem fast kompletten Einzelmeteorit zusammensetzen. 33 Stücke mit verschiedenen Größen und insgesamt 407 kg fanden sich innerhalb eines Kreises von 100 m Durchmesser und schienen ebenfalls Bruchstücke eines einzelnen größeren Körpers zu sein. Weil alle Entdeckungen mit Hilfe von Hubschraubern erfolgten, entwikkelten sich auch deren Besatzungsmitglieder bald zu Spezialisten, die während dem Flug aus 10 m Höhe Meteorite von irdischen Gesteinsbrocken zu unterscheiden imstande waren.
Als äußerst wertvolle Erkenntnis ergab sich aus dieser ersten Expedition in die Allan Hills: Die Vorkommen bei den Yamato-Bergen schienen nicht als Einzelfall dazustehen. Vielmehr bestand jetzt einiger Grund zur Annahme, daß bei entsprechender Suche noch mehr antarktische Regionen mit derart hohen Meteoritenkonzentrationen entdeckt würden. Eine Vermutung, welche sich im

Laufe der Jahre bestätigte (Tab. 3.1.). Schon zu Beginn der Suchaktionen im antarktischen Eis erwartete man auch, daß die gefundenen Meteorite Eigenschaften haben könnten, die in Proben anderer Weltgegenden nicht vorhanden waren. Speziell dachte man an lange irdische Verweilalter (durch Tiefkühlkonservierung und fehlende Verwitterung) und sehr niedrigen Grad terrestrischer Kontamination (Verschmutzung durch irdische Produkte). «Weiter», führte Cassidy aus, «fühlten wir, daß hier eine verhältnismäßig gute Gelegenheit war, seltene oder vorher unbekannte Meteoritentypen (. . .) zu finden». Vor diesem Hintergrund ist es verständlich, wenn man sich schon früh über geeignete Aufsammlungs-, Aufbewahrungs- und Konservierungstechniken Gedanken machte.

Tiefgefroren in den Teflonbeutel

Cassidy wandte sich mit einem diesbezüglichen Fragebogen an die große Wissenschaftlergemeinde der ‹Meteoritical Society›. Mit den Antworten aus dieser Umfrage ließen sich nun Richtlinien ausarbeiten, die vom zweckmäßigen Aufsammeln bei der Feldarbeit bis zur Probenbearbeitung im Labor und Verteilung an interessierte Wissenschaftler alle Ansprüche abdeckten. Außerdem erfolgte enge Zusammenarbeit mit der auf Mondgestein spezialisierten Abteilung der NASA (Johnson Space Center in Houston, Texas), die bereits über entsprechend eingerichtete Räumlichkeiten und Spezialapparaturen für die Registrierung und Verarbeitung der Meteoritenproben verfügte. Für die Expe-

<< Abb. 3.7
Verpackter Meteorit mit Feld-Identifikationsnummer, der zusammen mit anderen Proben tiefgefroren zur NASA nach Houston geschickt wird.

< Abb. 3.8
Ludolf Schultz vom Max-Planck-Institut für Chemie, Mainz, mißt bei einem Feldversuch die Temperatur im Innern eines Meteorits.

dition 1977/78 galten nun bereits diese Richtlinien, welche zum Teil noch rigoroser gehandhabt wurden als ursprünglich vorgesehen war. Meteorite berührte man nie mit der Hand oder mit Handschuhen. Man nahm sie mit Edelstahlinstrumenten auf, verpackte sie in gefrorenem Zustand in sterile Teflonbeutel und hielt sie bis zur Ankunft bei der NASA in Houston tiefgefroren. Diese Maßnahme erachtete man zur Verhinderung von Schmelzwasserbildung und damit verbundener Beeinträchtigung der Probe als notwendig. Die Weiterverarbeitung geschieht bei Raumtemperatur in trockenem Stickstoff einer Kabine des ‹Mondlabors› der NASA in Houston. Nach erster Identifikation aufgrund der Feldaufnahmen erfolgt eine photographische Dokumentation und erste Beschreibung des äußerlichen Zustandes (Grad der Verwitterung, Form, Besonderheiten). Bei Steinmeteoriten sägt man ein Stück ab und stellt davon Dünnschliffe her, welche zur Untersuchung, petrographischen Beschreibung und Klassifikation an die Smithsonian Institution und andere wissenschaftliche Institute gesandt werden. Eisenmeteorite werden in Houston nicht bearbeitet, sondern gelangen in die Obhut der Smithsonian Institution in Washington und werden dort, zum Teil von externen Mitarbeitern, untersucht.

Abb. 3.9
Entnahme von Eisproben bei Allan Hills zur Bestimmung des Eisalters durch Messung langlebiger Radioisotope.

Wie wichtig eine sterile Aufsammlungstechnik war, sollte sich bald zeigen. Bei der systematischen Aufarbeitung der Ausbeute späterer Jahre im Labor stellte sich heraus, daß auch einige jener seltenen Steinmeteorite darunter waren, die man in der Klassifikation als kohlige Chondrite (Kapitel 6) bezeichnet. Diese werden so genannt, weil sie organische Verbindungen enthalten. Dabei hatte man unter der Ausbeute von Allan Hills und den Yamato Mountains sogar kohlige Chondrite gefunden, in denen man Spuren von Aminosäuren feststellte. Solche kannte man bereits von fünf anderen Vertretern dieses Typs aus der restlichen Welt, war aber nie sicher gewesen, ob die organischen Anteile vielleicht aus Verschmutzung durch irdisches Material herrührten. Bei den unter sterilen Tiefkühlbedingungen gewonnenen antarktischen Proben war nun jeder Zweifel bezüglich der außerirdischen Herkunft ausgeschlossen. Die Analysen ergaben 25 verschiedene Aminosäuren. Darunter waren auch solche, die nicht zu den 20 essentiellen (in irdischen Lebewesen zu findenden) Aminosäuren gehörten, sondern die eindeutig kosmischer Herkunft sind. Ein weiteres Steinchen im Puzzle der Frage nach dem Ursprung des Lebens?

Die Expedition 1978/79 hatte drei Ziele: Die Suche nach neuen Konzentrationen in der Nähe des Darwin-Gletschers, die Anlage eines geodätischen Polygonzugs zur Vermessung der Eisbewegung und des Eisabtrags bei den Allan Hills und die systematische Weitersuche in dieser Region. Gleichzeitig war es aber auch die letzte gemeinsame Expedition mit japanischen Wissenschaftlern, welche von nun an wieder mit eigenen Suchprogrammen weiterarbeiteten.

Es würde den Rahmen dieses Buches sprengen, auf die Suchaktionen der nachfolgenden Jahre ein-

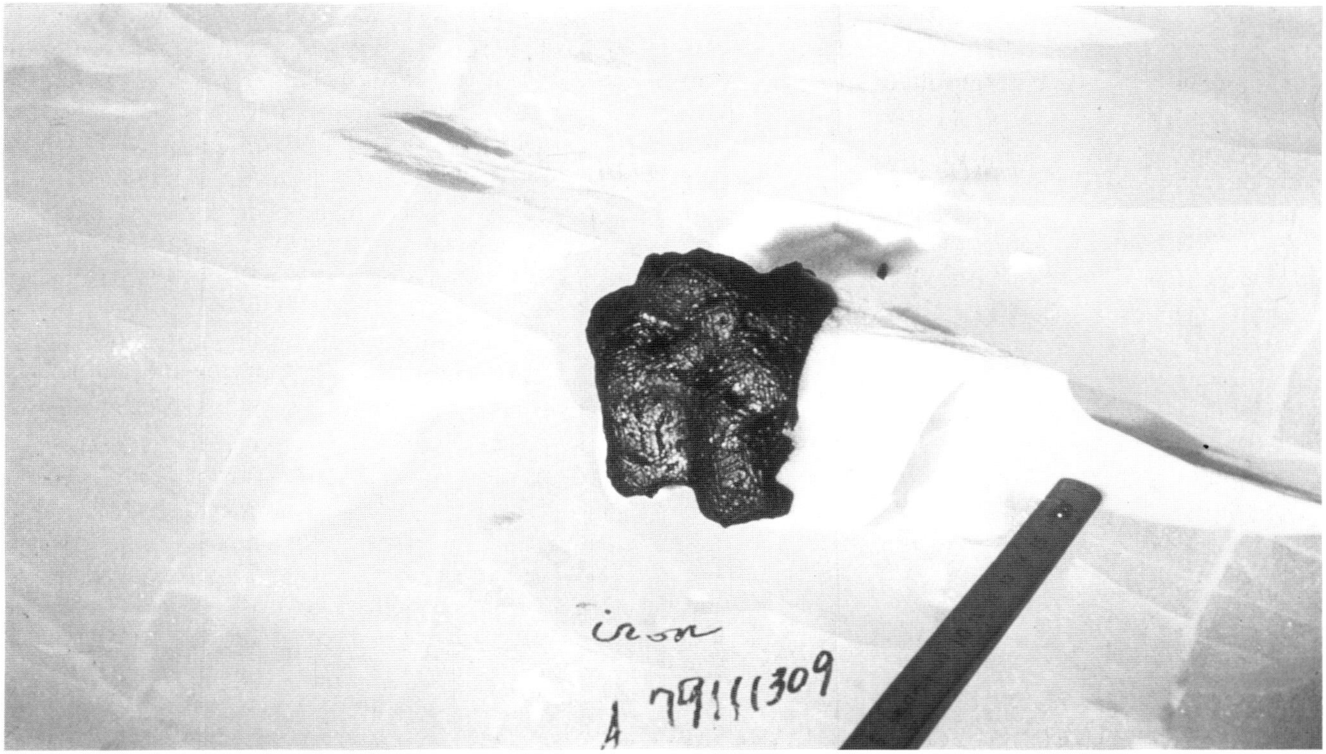

Abb. 3.10
Der 2,1 kg schwere Eisenmeteorit Y-790724 in Fundlage. Auf dem Eis ist die Yamato-Feldnummer zu sehen.

Abb. 3.11
Die aufgesammelten Meteorite werden in Hercules-C130 Transportflugzeuge verladen.

Abb. 3.12
Bei der NASA in Houston, Texas, packt man die antarktischen Meteorite in speziellen Kühlkabinen mit Stickstoffatmosphäre aus. Danach werden sie gewogen, fotografiert und für die nachfolgende wissenschaftliche Untersuchung vorbereitet.

zeln einzugehen. Die Gesamtausbeute an Meteoriten bis 1986/87 ist in Tabelle 3.1 zusammengestellt.
Die eindrucksvollen Fundzahlen und begeisterten Berichte von Expeditionsteilnehmern dürfen aber nicht darüber hinwegtäuschen, daß Meteoritensuche um den Südpol ein Unternehmen ist, das an alle Beteiligten höchste Anforderungen stellt. Es kann durchaus geschehen, daß orkanartige Schnee- und Eisstürme eine Feldarbeit für Tage verunmöglichen. So zum Beispiel in der Saison 1985/86. «Die Gruppe, welche per Hubschrauber in die Allan Hills geflogen war, verbrachte etwa 50 Prozent der Zeit in den Zelten, da Witterungsbedingungen und Materialprobleme Feldarbeit unmöglich machten», schrieb der deutsche Teilnehmer der Expedition 1985/86, Peter Englert, im Januar 1987 in seinem Expeditionsbericht. Darin geht er auch auf die Infrastruktur der ANSMET-Expeditionen ein, die ein Teil des US-Antarktis-Forschungsprogramms USARP sind. Drehpunkt der gesamten Operationen ist die antarktische Basis McMurdo, die bereits ‹städtische› Ausmaße angenommen und sogar einen richtigen Flugplatz auf Eis hat. Sie ist auf dem Luftweg von Christchurch, Neuseeland aus erreichbar oder zu bestimmten Jahreszeiten auch auf dem Seeweg durch von Eisbrechern offengehaltene Schiffahrtswege. Die meisten Teilnehmer an Inlandexpeditionen fassen ihre zum Leben und Überleben notwendige persönliche Ausrüstung in Neuseeland und werden nach McMurdo eingeflogen. Dort stellen sie die für die jeweiligen Aufgaben notwendigen weiteren Ausrüstungsgegenstände zusammen. Große Beweglichkeit des

Einzelnen und völlige Unabhängigkeit der jeweiligen Gruppe ist dabei erstes Gebot für die Suche auf den Blaueisfeldern. Jeder Teilnehmer erhält einen eigenen Motorschlitten. Die Expeditionsgruppe faßt außerdem Scott-Zelte, Lastschlitten, Treibstoff, Brennstoff für Kocher, Werkzeuge und Ersatzteile, Lebensmittel für die Dauer der Expedition nebst einem Sicherheitszuschlag und Material zum Markieren, Einsammeln und Kartieren der Meteorite.

Ein Überlebenstraining in der Nähe von McMurdo Station ist obligatorisch. In einem zweitägigen Kurs machen sich die Teilnehmer mit Geräten und Ausrüstungsgegenständen vertraut und lernen, sich im schnee- und eisbedeckten Gelände richtig zu verhalten. Besonderes Augenmerk wird dabei auf die Bergung von Menschen und Material aus den fast allgegenwärtigen Eisspalten gelegt.

Erst dann werden die ‹Meteoritenjäger› ins Zielgebiet geflogen. Dazu dienen Hercules C-130 Transporter mit großer Reichweite, die auf Schnee landen können, oder Transporthubschrauber vom Typ HUEY-6, deren normaler Operationsradius rund 100 Meilen beträgt.

Der eigentlichen Meteoritensuche ist bereits eine erste Aufklärung aus dem Weltraum vorausgegangen. Auf Satellitenaufnahmen werden verdächtige Gebiete ausgeschieden. Eine weitere Begutachtung erfolgt durch Luftaufnahmen. Werden bei einem Eisfeld Meteoritenfunde vermutet, erfolgt ein erster kurzer Besuch durch die Bodenmannschaft. Auf solchen Erkundungsfahrten teilt sich eine Gruppe auf und sucht das Eis weiträumig ab. Werden tatsächlich Meteorite gefunden, sammelt man diese ein, nachdem sie zusammen mit der Feldnummer photographiert und vermessen wurden. Je nach Fundumständen muß das Eisfeld in einer zweiten Stufe systematisch erkundet werden, um die Ausdehnung der Meteoritenkonzentration festzustellen. Dazu fahren die einzelnen Gruppenmitglieder in Formation und Abständen von etwa 20 m das vorgegebene Gebiet rasterartig ab, wobei jeder Meteorit mit einer Flagge markiert wird. Wenn die ganze Ausdehnung des Vorkommens erforscht ist, können die markierten Stücke nach der üblichen Kartierung ebenfalls aufgesammelt werden. Wie die Berichte des ANSMET-Teams 1986/ 87 zeigten, kann es dabei schon einmal vorkommen, daß man längere Zeit im gleichen Gebiet verweilt. Das nur 200 × 15 m große Fundgebiet bei Lewis Cliff war vom Suchtrupp mit dem Übernamen ‹Meteoriten-Moräne› bedacht worden. Grund: Der größte Teil der 570 neuen Fragmente mußte hier auf den Knien aus den gewöhnlichen Steinen herausgesucht werden . . .

Was bewirkt die hohen Meteoritenkonzentrationen?

Schätzungsweise neun Zehntel des auf unserem Planeten vorkommenden Wassers liegen in der Antarktis in Form eines bis zu 4000 m dicken Eisschilds und senkten durch ihr enormes Gewicht Teile des Landuntergrunds bis auf Meereshöhe oder sogar darunter ab. Nur hohe Berge ragen über die Eisoberfläche des Polarplateaus. Durch das riesige Eigengewicht wird das Eis zerquetscht, was zu Ausweichbewegungen in seitlicher Richtung führt. Es entsteht Eisfluß in Richtung der Kontinentalränder, wo schließlich der größte Teil über das Schelfeis und die großen Gletscher in den antarktischen Ozean gelangt. Darin enthaltene Meteorite gehen verloren.

Dieser durch die Eisbewegung verursachte Prozeß kann unter gewissen Bedingungen für die Meteoritensuche von Nutzen sein. Meteorite fielen und fallen noch heute. Die den Suchtrupps zugänglichen Vorkommen liegen aber normalerweise alle auf ‹altem› Eis, auf den bereits erwähnten Blaueisfeldern, die aus den Tiefen der antarktischen Eisbedeckung stammen. Wie kommt dieses Eis an die Oberfläche und wie entsteht die hohe Meteoritendichte? Ein Modell für die Erklärung des Konzentrationsvorgangs publizierten japanische Fachleute 1978. Es ist auf Abbildung 3.14 dargestellt.

Der Konzentrationsprozeß beginnt durch Migration (Fluß, Wanderung) schon beim Fall des Meteorits auf das antarktische Eis. Dieser dringt in die oberste Schneeschicht ein und gelangt in größere Tiefe, je mehr Schnee darüber zu liegen kommt. Schnee verdichtet sich zu Firn, welcher wiederum zu Eis wird. Der eingeschlossene Meteorit beginnt seine Wanderung aufgrund des Eisflusses in Richtung Kontinentalrand. Fiel er im Innern des Konti-

Abb. 3.13
Mit Kernbohrungen werden aus tiefer gelegenen Eisschichten Proben entnommen.

nents, kann er tief in der Eisbedeckung stecken; beim Fall in Küstennähe ist die Eintauchtiefe entsprechend geringer. Für die Konzentration von Meteoriten wesentlich ist nun, daß das wandernde Eis im Untergrund auf Hindernisse in Form hoher Berge stoßen muß. Diese üben eine Barrierenwirkung aus (Beispiel: Allan Hills). Am Hindernis werden die Eismassen einerseits stark verlangsamt, die seitliche Eisbewegung stagniert, andererseits durch den Druck des nachfließenden Eises zum Aufsteigen gezwungen. Damit gelangen aber auch tief unten eingeschlossene Meteorite in obere Bereiche. Starke Winde an der Oberfläche sorgen für beträchtlichen Eisabtrag (Ablation). Messungen der ANSMET-Teams haben Abtragwerte von durchschnittlich 5 cm pro Jahr ergeben, was ungefähr der jährlichen Aufsteighöhe des Eises entspricht. Dadurch wird Schicht für Schicht wegerodiert. Die im Eis eingeschlossenen Meteorite aber bleiben an der Oberfläche liegen. Ihre Zahl nimmt somit im Laufe der Jahrtausende langsam aber stetig zu. Kleinere Stücke (bis etwa 50 Gramm) können durch starke Winde außerdem weggeblasen werden in Gebiete mit größerer Oberflächenhaftung, wie dies bei Schneefeldern am Rand des Eises der Fall sein kann, was wiederum zu einer Meteoritenkonzentration führt.

Dabei, das haben glaziologische Untersuchungen der ANSMET- und JARE-Gruppen ergeben, ist für die Veränderung des Eisflusses nicht ein über die Eisbedeckung auftauchendes Hindernis in Form eines Bergs unabdingbare Voraussetzung für die beschriebenen Konzentrationsvorgänge. Es genügt bereits, wenn im Untergrund stufenartige topographische Erhebungen vorhanden sind, die die Eisbewegung verlangsamen, an der Eisoberfläche aber nicht sichtbar sein müssen. Aus der Summe aller vorliegenden Beobachtungen kann man schließen, daß Meteorite überall dort gefunden werden können, wo die Eismigration verlangsamt wird und genügend Winderosion stattfindet. Das Modell in Abbildung 3.14 stellt somit die Ausnahme dar und nicht die Regel.

Hunderttausende von Jahren im ewigen Eis

Im Zusammenhang mit den eben geschilderten Akkumulationsvorgängen hat man sich auch für die Frage interessiert, wie lange Meteorite seit dem Fall aus dem Weltraum im antarktischen Eis eingeschlossen waren, bis sie schlußendlich in den Teflonbeuteln der Suchtrupps verschwanden. Untersuchungen des terrestrischen Alters – also jener Zeit, die sie abgeschirmt von der kosmischen Strahlung auf der Erde verbrachten – ergaben hohe Alterswerte. Ausgehend vom Gehalt langlebiger kosmogener Radionuklide, beziehungsweise deren Abnahme durch Zerfall seit der Ankunft des Meteorits, ergaben für einige antarktische Steinmeteorite ein terrestrisches Alter von bis etwa 1 Million Jahre (siehe auch Kapitel 7). Für die mit Daten am besten belegten Blaueisfelder der Allan Hills und der Yamato Mountains (Queen Fabiola Berge) lassen sich noch differenziertere Aussagen machen. Die Yamato-Meteorite weisen ein Maximalalter von 0,2 Millionen Jahre auf, die meisten sind sogar jünger als 0,1 Millionen Jahre, wobei die Anzahl der gefundenen Stücke mit absteigendem Alter exponentiell zunimmt. Von Proben der Allan Hills ermittelte man ein Durchschnittsalter von 0,3 Millionen Jahren; darin enthalten sind Spitzenwerte bis zu 1 Million Jahre.
Die Massenverteilung der Meteorite ist ebenfalls bemerkenswert. Von den Yamato Mountains wurden dreimal mehr Fragmente geborgen als von den Allan Hills, wogegen die Gesamtmasse der Allan Hills-Proben größer ist, was allerdings mit einem großen Einzelfund erklärt werden kann.
Der Grad der Verwitterung ist mit dem terrestrischen Alter nicht korrelierbar. Daraus kann man schließen, daß allein der Aufenthalt auf der Eisoberfläche dafür maßgebend ist. Wie aber kann Verwitterung in ständig unterkühlter und trockener Umgebung überhaupt stattfinden? Ein Widerspruch in sich?
Beobachtungen an Moränengesteinen haben ergeben, daß sich selbst bei –15 Grad Celsius auf einer Höhe von 2000 m und starken kühlenden Winden auf der besonnten Seite der Gesteine ein Wasserfilm aus angewehten Eiskristallen bilden kann. An überhängenden Partien beobachtete man sogar Eiszapfen. Falls ein Meteorit nun während längerer Zeit bei fehlendem Wind an sehr wenigen Tagen des antarktischen Sommers auf der Eisoberfläche Erwärmungen ausgesetzt ist, kann Wasserdampf von geschmolzenen Schneekristallen in sein Inneres eindringen, dort gefrieren und bei der nächsten Erwärmung wieder auftauen. Damit verbunden sind mögliche interne Korngrenzenauflösungen, Umverteilung gewisser Spurenelemente und deren Verlust durch Auslaugung oder Bildung einer Gasphase. Insbesondere Auslaugungsprodukte stellte man auf den Meteoriten mehrfach in Form weißer krustenartiger Oberflächenablagerungen aus Magnesiumkarbonaten oder Sulfaten fest. Durch das Auftreten von Feuchtigkeit können auch die in vielen Steinmeteoriten enthaltenen Nickeleisen-Einschlüsse oxidieren.

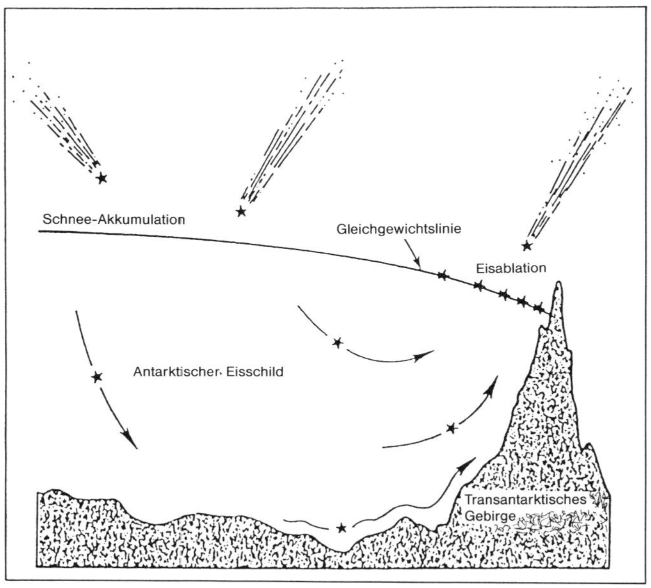

Abb. 3.14
Schematische Darstellung eines möglichen Meteoritenkonzentrations-Mechanismus (siehe Text) auf Blaueisfeldern. Die auf der Schneedecke des antarktischen Eisschilds gefallenen Meteorite werden in die Eisablationszone transportiert, wo sie sich mit der Zeit ansammeln. (LPI, nach einem Modell von I. Whillans und W. A. Cassidy).

Abb. 3.15
In der Stickstoffkabine für die Untersuchung aufgesägter antarktischer Enstatit-Achondrit (Aubrit, Kapitel 6). Das ganze Stück (298 g) mißt 8,5 × 6,5 ×3 cm. Die brekziierte Struktur besteht zur Hauptsache aus Enstatit (helle Bruchstücke) und feinkörnigem dunklerem Material.

Neueste Untersuchungen von G. Dreibus, H. Wänke und L. Schultz, Mainz, sowie V. F. Buchwald, Kopenhagen, ergaben den erstaunlichen Befund, daß antarktische Eisenmeteorite viel stärker mit Halogenverbindungen kontaminiert sind, als man bisher annahm. Dreibus und seine Mitarbeiter stellten an antarktischen Proben stark erhöhte Jodgehalte fest. Buchwald fand im Bereich der Meteoritenoberfläche und in Rissen nicht weniger als 5 Gew.% Chlor. Er identifizierte eine ganze Anzahl von Mineralien, die er der Verwitterung zuschreibt: Goethit, Magnetit, Akaganeit, Reevesit und Peccorait sowie ein neues Mineral, das noch nicht beschrieben ist.
Trotz diesen auf Verwitterung beruhenden Einschränkungen ist der allgemeine Erhaltungszustand der antarktischen Meteorite bemerkenswert gut. Der Informationsgehalt in chemischer und physikalischer Hinsicht entspricht nach Meinung vieler Bearbeiter durchaus jenem frisch gefallener Meteorite aus anderen Gegenden der Welt.

Meteorite vom Mond und vom Mars

Aus Tabelle 3.1 ist ersichtlich, daß seit 1969 aus der Antarktis mehr als 8000 neue Meteoritenfragmente in die Hände der Wissenschaftler gelangten. Man schätzt, daß dieses Material von etwa 1200 bis 2700 verschiedenen Fällen stammt. Das heißt, daß bei vielen Funden mehrere Fragmente als zu einem Einzelfall gehörig (engl. ‹paired›) erkannt wurden. Vor der systematischen Erforschung der antarktischen Vorkommen kannte man aus den letzten 200 Jahren vom Rest der Welt rund 2300

verschiedene Meteorite. 15 Jahre Sammeltätigkeit in der Antarktis haben den Gesamtbestand somit verdoppelt.
Es sind nun aber nicht in erster Linie diese beeindruckenden Zahlen, die aufwendige und strapaziöse Expeditionen in den Kontinent der Extreme rechtfertigen, sondern vielmehr die spezifischen Eigenschaften und Besonderheiten der antarktischen Meteorite, die zu teilweise grundlegend neuen Erkenntnissen in der Meteoritenkunde und verwandten Wissenschaftszweigen geführt haben.
Eine Reihe von Wissenschaftlern weist darauf hin, daß es Unterschiede zwischen antarktischen und nicht-antarktischen Meteoriten bezüglich der Häufigkeitsverteilung innerhalb der verschiedenen Meteoritenklassen, die chemische Zusammensetzung und die außerirdische Vorgeschichte im Zusammenhang mit Schockereignissen gibt.
Die unbestritten spektakulärsten Funde aus dem antarktischen Eis sind die zu vier Einzelfällen gehörenden fünf Mondmeteorite (siehe z.B. Abbildung 3.16) von den Yamato Bergen und den Allan Hills sowie die beiden Shergottite von Elephant Moraine (Abbildung 3.17) und Allan Hills, bei welchen eine Herkunft vom Mars in Betracht gezogen wird.
Die Untersuchungen der Mondmeteorite ergaben, daß alle vier von einer lunaren Hochland-Region stammen, von der weder Apollo- noch Luna-Missionen Proben zur Erde zurückgebracht hatten. Die Mondmeteorite, alles anorthositische Regolith Brekzien mit unterschiedlichen Eigenschaften, stammen von vier Orten aus verschiedenen Tiefen des Mondbodens. Es wird als wahrscheinlich angesehen, daß jeder der vier Meteorite durch voneinander unabhängige massive Einschläge kosmischer Körper auf den Mond ausgeworfen und zu einem späteren Zeitpunkt, ähnlich wie andere Meteorite, durch das Schwerefeld der Erde eingefangen wurde. Zwei der Mondmeteorite zeigen außerdem nur geringe Schockeinwirkungen. Von anderen Fundorten der Erde sind bis heute keine Meteorite lunarer Herkunft bekannt geworden. Eine Übersicht der antarktischen Mondmeteorite gibt Tabelle 3.2.
Seit einigen Jahren diskutiert man die Möglichkeit, daß sechs nicht antarktische Achondrite, die sogenannten SNC-Meteorite (Shergotty, Nakhla, Chassigny, siehe Kapitel 6) vom Planeten Mars stammen könnten. Mit ihren im Vergleich zu gewöhnlichen Chondriten niedrigen Kristallisationsaltern müssen sie von einem größeren planetaren Körper stammen, der im Gegensatz zu den Chondriten-Mutterkörpern die Fähigkeit hatte,

Abb. 3.16
ALHA81005 ist der erste auf der Erde gefundene Mondmeteorit (Tabelle 3.2). John Schutt entdeckte ihn am 18. Januar 1982 auf einem Eisfeld des Allan Hills-Gebiets. Die Struktur, die mineralogische und chemische Zusammensetzung, die Isotopenhäufigkeit sowie weitere Merkmale bestätigen die Herkunft vom Mond und zwar von einer lunaren Hochland-Region, von der man bisher weder von Apollo- noch von Luna-Missionen Proben hatte.

Tabelle 3.2
Zusammenstellung der bis September 1987 bekannten Mondmeteorite aus der Antarktis

Anorthositische Regolith Brekzien				
Name	Funddatum	Gewicht g	Größe cm	Fe-Ni Einschlüsse
Yamato-791197	20. Nov. 1979	52,5	4,5 × 4,2 × 2,8	normal (5,8% Ni)
Yamato-793274	3. Jan. 1980	8,66	2,6 × 1,8 × 1,2	sehr selten
ALHA81005	18. Jan. 1982	31,4	3,0 × 2,5 × 3,0	1 mm Korn
Yamato-82192	13. Jan. 1983	36,67	4,3 × 3,3 × 2,3	sehr selten
Yamato-82193	13. Jan. 1983	27,04	3,4 × 3,0 × 2,2	keine (?)

Bemerkung: Y-82192 und Y-82193 sind zusammengehörige Bruchstücke eines Falls.

Abb. 3.17
EETA79001 von Elephant Moraine (7,9 kg) ist nicht nur ein außerordentlich seltener SNC-Meteorit, sondern der einzige der Welt, der zwei verschiedene scharfbegrenzte magmatische Gesteinsarten enthält. Viele Anzeichen sprechen dafür, daß EETA79001 ein Stück Gestein vom Mars ist (siehe Text).

magmatisch verhältnismäßig lange aktiv zu sein. Ein Argument gegen Mars als möglicher Herkunftsplanet (Entweichgeschwindigkeit 5 km/s) war der Umstand, daß damals noch keine Mondmeteorite auf der Erde existierten, obwohl der Mond näher bei der Erde ist und seine Entweichgeschwindigkeit mit 2,4 km/s knapp die Hälfte jener von Mars erreicht. Die Funde von z. T. wenig geschockten Mondproben in der Antarktis haben diesem Argument aber einiges von seinem Gewicht genommen.

Dazu kam die Entdeckung zweier antarktischer SNC-Meteorite bei Elephant Moraine (EETA 79001) und Allan Hills (ALHA77005). Es handelt sich um basaltische Steinmeteorite (Achondrite) mit niedrigen Kristallisationsaltern von weniger als 1,3 Milliarden Jahren. Besonders EETA79001 verdient spezielles Interesse. Er ist der einzige bekannte Meteorit, der eine scharfe Grenze zwischen zwei magmatischen Gesteinsarten aufweist: Eine der beiden Gesteinspartien ist früher auskristallisiert als die andere. Massenspektrometrische Untersuchungen des Meteorits zeigten, daß er Edelgase in ähnlichen Verhältnissen enthält, wie sie aus Messungen von VIKING-Sonden in der Marsatmosphäre bekannt sind. Untersuchungen der Stickstoffeinschlüsse in glasartigen Einsprenglingen und deren Isotopencharakteristik entsprechen ebenfalls der Atmosphärenzusammensetzung vom Mars (VIKING-Daten). Die Frage jedoch, ob einige oder gar alle SNC-Meteorite vom Roten Planeten stammen, ist nach wie vor offen. Sie kann erst dann beantwortet werden, wenn eine Mars-Mission Proben zur Erde zurück gebracht hat.

Die interessierten Wissenschaftler werden von amerikanischer Seite mit den ‹Antarctic Meteorite Newsletters› und aus Tokio durch die ‹Meteorites News› über alles informiert, was antarktische Meteorite betrifft. Für Forschungsprojekte werden Proben zur Verfügung gestellt. Die verantwortlichen Stellen in den USA verteilten 1985 aufgrund von 2477 Anfragen 3153 Meteoritenproben an 264 Forschergruppen in 17 Ländern. Die Japaner erhielten 454 Anfragen und versandten über 2400 Proben an Wissenschaftler in 15 Ländern.
Bereits sind rund 25 Prozent aller Publikationen über Meteorite den antarktischen Funden gewidmet. Antarktische Meteorite unterscheiden sich nicht nur durch das Vorkommen von Mond- und möglichen Mars-Meteoriten von den nicht-antarktischen, sondern auch durch ihre geringe Verwitterungsrate und hohes terrestrisches Alter.
Erstaunlich gering ist die Anzahl von nur 33 antarktischen Eisenmeteoriten aus dem Zeitraum von 1976 bis 1985. Einer von ihnen aus den Allan Hills enthielt in den Randbereichen zwischen Phosphid- und Sulfideinschlüssen mikroskopisch kleine Diamanten. Dies ist für Meteorite nicht neu. Vorkommen von Diamant in Eisenmeteoriten kennt man auch aus den Eisen von Canyon Diablo und Odessa. Die Entstehung der Diamanten versuchte man damals durch die riesigen beim Einschlag auf die Erde auftretenden Drücke zu erklären, eine Interpretation, die heute überholt ist. Bei den Steinmeteoriten sind Diamantvorkommen aus einer bestimmten Gruppe von Achondriten beschrieben worden.
Bei der antarktischen Eisenmeteoritenprobe denkt man hinsichtlich der Entstehung der Diamanten an ein außerirdisches Schockereignis – Zusammenstoß mit anderen planetaren Körpern –, das ist eine Erklärung, die schon eher befriedigt, wenn man an die dabei entstehenden sehr hohen Drücke denkt.

Neue Impulse aus altem Eis

Die Fülle neuer Erkenntnisse aus den antarktischen Meteoritenfunden ist enorm und jährlich kommen neue Überraschungen dazu. Man könnte sich die Frage stellen, ob nicht die Antarktis ein viel besserer ‹Probensammler› für Meteorite ist als der Rest der Welt. Die Fallrate am Südpol ist jedoch nur geringfügig höher. Zusätzlich bringt die bessere Erkennbarkeit kleinerer Meteorite auf Eis eine Erhöhung der Fundrate. Die antarktischen Meteorite verkörpern eine Zeitspanne von gut 1 Million Jahre und enthalten Typen, die sonst nirgends gefunden werden, weil man diese nicht als solche erkennt (Mondmeteorite z. B.) oder weil sie durch die Verwitterung längst zerstört sind. Die Erhaltung der antarktischen Meteorite ist durchschnittlich sehr gut, sowohl was die Verwitterung als auch die Kontamination durch irdische Stoffe mit Ausnahme der bereits erwähnten Halogene in Eisenmeteoriten betrifft.
Man wird über die Herkunft der Meteorite, die Zusammensetzung des Asteroidengürtels (Kapitel 7) und über mögliche Meteoritenursprungskörper viele neue Daten erhalten, was zu Änderungen an heutigen Modellvorstellungen führen kann. Bezüglich der Einschlag- und Auswurfmechanismen ist dies aufgrund der Mond- und möglichen Mars-Meteorite aus der Antarktis bereits geschehen.
Aber nicht nur für die Meteoritenkunde ist die Antarktis von großer Bedeutung. Glaziologie und Meteoritenforschung arbeiten hier Hand in Hand. Wie wir bereits gesehen haben, findet man Meteoritenkonzentrationen auf altem Eis. Oberflächlich eingeschlossene Meteorite können somit zur Altersbestimmung des Eises dienen. Als Zeitmarken gewissermaßen, wie man bestimmte Versteinerungen in der Geologie schon lange verwendete. Die im Eis eingeschlossenen Gase verraten dem Fachmann Einzelheiten über die Klimageschichte einer verhältnismäßig langen Zeitspanne. Rückschlüsse, die auch für die Zukunft äußerst wertvoll sein können. Denken wir nur daran, wie stark sich eine Veränderung des 16 Millionen Jahre alten und bis 4000 m dicken Eisschilds der Antarktis auf die Küstenlinien der ganzen Welt auswirken könnte ...

Abb. 4.1
Der schwerste bekannte Einzelmeteorit der Erde ist jener von Hoba, Namibia (entdeckt 1920). Die 1,5 × 1,5 × 3 m große Eisenmasse wiegt 60 Tonnen, steht unter Naturschutz und liegt immer noch am Ort der Entdeckung auf dem Gelände der Farm Hoba in Namibia.

4

EINSCHLÄGE AUF DIE ERDE

Die meisten Meteorite hinterlassen beim Einschlag auf die Erdoberfläche keine oder nur geringe Einschlagsspuren. Meistens sind es kleine Löcher oder flache Gruben.
Ist die einfallende Masse größer als etwa 100 Tonnen, kann der Körper in der Atmosphäre nicht wesentlich abgebremst werden. Seine Bewegungsenergie wird beim Aufprall auf die Erde explosionsartig umgesetzt und es entstehen Einschlags- oder Impaktkrater.
Rund 120 Impaktstrukturen auf der Erde erklärt man durch Einschläge von Großmeteoriten, kleineren Asteroiden oder Bruchstücken von Kometenkernen, die in geologischen Zeiträumen erfolgten.
Erosion und andere geologische Prozesse haben diese Einschlagskrater sehr stark verändert; unzählige wurden zerstört, bevor man sie überhaupt entdecken konnte.

Abb. 4.2
Landwirt Eberhardt jun. auf dem Hofplatz, wo am Weihnachtsmorgen 1926 der Steinmeteorit von Ulmiz FR fiel. Man beachte die harte ‹Katzenkopfpflästerung›.

Ein Loch im Gartenbeet

Wenn Meteoroide nach dem Durchflug des atmosphärischen Schutzschilds die Erdoberfläche erreichen, entstehen Einschlagsspuren, die abhängig sind von der Masse (Größe) und der Auftreffgeschwindigkeit. Diese Einschlagsspuren sind im allgemeinen geringer, als man es nach den spektakulären Licht- und Schallerscheinungen vermuten würde, die beobachteten Fällen vorangingen. Bei den meisten bis heute bekannten Einschlägen handelt es sich um Löcher im Dezimeter- bis Meterbereich mit Tiefen von etwa 0,3 bis 8 Meter. Weniger häufig konnte man am Einschlagsort kleinere Gruben bis 9 m oder kleine Krater bis etwa 90 m Durchmesser feststellen (Dence, 1972). Diese Angaben haben nur Gültigkeit für Einschläge von Einzelmassen bis höchstens etwa 60 Tonnen, also Meteorite, wie man sie bis heute auf der Erde gefunden hat (Abb. 4.1).
Bei festem Untergrund (Fels) und kleinen zerbrechlichen Meteoriten kann es sogar vorkommen, daß der Meteorit, ohne wesentliche Einschlagsspuren auf dem Boden zu verursachen, in viele Stücke zerspringt. Dies war in Ulmiz, Kanton Freiburg, 1926 der Fall.
Landwirt Eberhardt jun. war am kalten Weihnachtsmorgen 1926 mit dem Tränken des Viehs am Brunnen vor dem Bauernhaus beschäftigt, als er um 10 Minuten vor 7 Uhr ein pfeifendes Geräusch vernahm, das ihn unwillkürlich den Kopf einziehen ließ. «Im selben Moment sauste ein gewisses Etwas dicht neben ihm vorbei und zerschellte auf dem hartgefrorenen Hausplatz», heißt es in der Fallschilderung. Weiter: «Schwefelgeruch machte sich bemerkbar, und die Kühe flüchteten unter hohen Sprüngen in den Stall hinein. Eberhardt begab sich zum Frühstück, um nachher bei größerer Tageshelligkeit dem sonderbaren Geschosse nachzuforschen. Mehrere Gesteinsbrocken von Nußgröße und darunter lagen auf dem Boden; sie fühlten sich beim Zusammenlesen kalt an.» Die vorangegangene Feuerkugel war von vielen Beobachtern im Berner Seeland und Oberland, selbst in der Innerschweiz, wahrgenommen worden (28 schriftliche und mündliche Berichte). Zwei Personen von Riederen bei Bümpliz und von Mühleberg

Abb. 4.3 >
Die zehn aufgefundenen Bruchstücke des Meteorits von Ulmiz FR (25. Dezember 1926) wogen zusammen 76,5 Gramm. Ein Teil davon ist für wissenschaftliche Untersuchungen verbraucht worden. Proben befinden sich in den naturhistorischen Museen von Bern und Freiburg i. Ue. sowie in privaten Händen.

sahen das Zerplatzen eines Feuerballs in der Luft. Aufschlagsspuren hatte der kleine Steinmeteorit mit einem Gewicht von insgesamt 76,5 g nicht hinterlassen.
Was aber geschieht beim Fall von schwereren Steinen oder Eisen, wenn der Untergrund verhältnismäßig ‹weich› ist, etwa wie Ackererde oder Wiesland?
Die Einschlagstelle des knapp 5 kg schweren Steinmeteorits von Ramsdorf, Westfalen, der am 26. Juli 1958 fiel, befand sich in einem Gemüsegarten inmitten einer aufgeworfenen kleinen von einem niedrigen Wall umgebenen Mulde. Nach der Schilderung von Prof. Rudolf Mosebach von der Universität Münster, dem späteren Bearbeiter des Meteorits, führte ein röhrenförmiges Loch unter einem Winkel von etwa 60 Grad zur Erdoberfläche in den sandigen Ackerboden hinein. Der schwarz berindete Steinmeteorit lag in etwa 40 cm Tiefe. Die Achse der ‹Einschlagröhre› wies nach Osten.
Daß der Meteorit von Ramsdorf überhaupt in die Hände von Mosebach gelangte, war dem Arzt Dr. med. Karl Meisohle zu verdanken. Die Entdekkungsgeschichte hört sich recht spannend an. Spielende Jugendliche und Kinder vernahmen plötzlich ein aus dem Luftraum kommendes Geräusch «wie von einem mit Vollgas sich nähernden Motorrad». Ein Aufschlag und Lichterscheinungen wurden nicht wahrgenommen. Die unternehmungslustige Schar begab sich sofort auf die Suche in Richtung des wahrgenommenen Geräuschs und fand die Einschlagstelle. Als beim Stochern mit einer Eisenstange etwas Rauch oder Dampf aus dem Loch aufstieg, verlegten die vorsichtigen jugendlichen Entdecker, ohne Erwachsenen etwas vom Vorfall mitzuteilen, das Nachgraben auf den nächsten Vormittag. Sie fanden einen unversehrten schwarzen Steinbrocken, den sie in schöner Einmütigkeit beiseite trugen und durch einige wuchtige Schläge mit dem Rücken einer Axt in 5 Stücke zerschlugen.

Abb. 4.4
Einschlagsstelle des Steinmeteorits von Ramsdorf, Westfalen, in einem Gemüsegarten. Der Stock zeigt die Einschlagsrichtung und den Einschlagswinkel von etwa 60 Grad zur Erdoberfläche an.

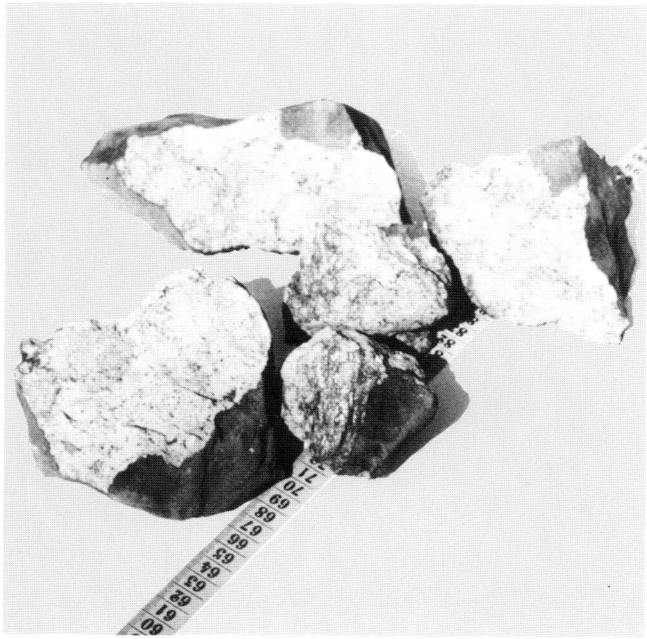

Abb. 4.5
Der 4.682 kg schwere Meteorit von Ramsdorf fiel am 26. Juli 1958. Kinder fanden den Stein in 40 cm Tiefe und zerschlugen ihn mit der Axt in 5 Stücke, um ihn ‹familienweise› aufzuteilen. Die Fragmente konnten später aber zurückgeholt und zur ursprünglichen Gestalt zusammengefügt werden.

‹Familienweise› wurden diese an die Teilnehmer der ‹Expedition› verteilt. Das neunjährige Arzttöchterchen Louise Meisohle eilte mit seinem Anteil zum Vater und veranlaßte dadurch die endgültige Bergung des seltenen und wissenschaftlich wertvollen Fundes. Es gelang, die anderen Teilstücke zurückzuholen und zur ursprünglichen Gestalt zusammenzufügen.
Abbildung 4.4 zeigt die Aufschlagsstelle, Abbildung 4.5 die Bruchstücke des Meteorits von Ramsdorf.
Der Steinmeteorit von Hvittis, Finnland (21.10. 1901, 14 kg) bohrte sich 0,6 m tief in den Ackerboden ein, und aus der gleichen Tiefe in einem Feld förderte man den Steinmeteorit von Tjabe, Indonesien (19.9.1869, 20 kg). Ein 36 kg schweres Stück des Schauers von Mocs (3.2.1882) drang 0,66 m in den gefrorenen Boden ein; den größten Stein des Schauers von Lancé (23.7.1872) mit einem Gewicht von 47 kg fand man 1,4 m tief unter der Ackerkrume. Der ‹Donnerstein von Ensisheim› (7.11.1492, 127 kg) schlug 1,5 m tief in ein Weizenfeld und das 293 kg schwere Hauptstück des Falls von Knyahinya, Ukraine (9.6.1866) verursachte in einer feuchten Wiese ein Loch von 3,3 m Tiefe. Die Hauptmasse des Schauers von Norton County, Nebraska (18.2.1948), wog 1 Tonne und mußte aus einer Tiefe von 3 m aus einem Acker geborgen werden.
Das schwerere Bruchstück (22 kg) des Eisenmeteorits von Braunau, CSSR (14.7.1847), riß ein Loch von 1 m Tiefe in einen Ackerrain, wogegen der 63 kg schwere Eisenbrocken des Meteorits von Treysa, Hessen (3.4.1916) von Alfred Wegener und Förster Huppmann in 1,6 m Tiefe aufgefunden wurde. Er durchschlug 0,75 m lockeren Waldboden und Lößlehm und drang weitere 0,85 m in darunterliegende weiche Tone des unteren Buntsandsteins ein. Zahlreiche Einschlaglöcher und 122 kleine Krater mit Durchmessern von 0,6 bis 26 m und Tiefen von 1 bis 12 m stellte man nach dem Niedergang des Eisenmeteoritenschauers von Sikhote-Alin, USSR (12.2.1947) fest. Das größte gefundene Einzelstück hatte eine Masse von 1,7 Tonnen.
Selbst der schwerste bekannte Einzelmeteorit von Hoba, Namibia (Fund 1920), steckte nur etwa 1,5 m tief im Untergrund aus Kalkgestein. Ob hier vielleicht durch Verwitterung die Gesteinsoberfläche abgetragen worden ist, kann nicht mit Sicherheit gesagt werden. Der Eisenblock, 1,5 m hoch, 3 m lang und 1,5 m breit, steht unter Naturschutz und liegt noch immer an Ort und Stelle (Abb. 4.1).
Die Großmeteorite des Cape York-Schauers haben keine Einschlagsspuren hinterlassen. Man nimmt an, daß sie auf Eis fielen und erst später auf den felsigen Untergrund gelangten.

Meteoritenschauer und ihre Streufelder

Es ist eher die Ausnahme, daß größere Meteoroide wie etwa der 60-Tonnen Block von Hoba als Einzelstücke niedergehen. Durch die starke Abbremsung in der Erdatmosphäre und dem damit verbundenen Energieumsatz brechen solche Körper in Höhen von 12 bis 30 km auseinander. Die entstandenen Fragmente setzen den Flug fort, allerdings mit massenabhängigen unterschiedlichen Längen der Flugbahnen. Kleinere Bruchstücke gehen eher nieder als größere. Bei schrägem Einfall werden diese, gewissermaßen nach Größe sortiert, in ellipsenförmigen Streufeldern gefunden.
Meteoritenschauer mit Streufeldern sind in Tabelle 4.1 aufgeführt.
Der mit dem größten Einzelfragment beim Nieder-

gehen beobachtete Steinmeteoritenschauer ist der Fall von Jilin, im Nordosten (Mandschurei) der Volksrepublik China. Er ereignete sich mit einem ‹himmlischen Feuerzauber› am 8. März 1976. Über den Hütten der Produktionsbrigade Kaoschan Nr. 10 der Kommune Hua Pi Chang, Provinz Kirin, zerriß ein durchdringendes Geräusch die Stille des kühlen Vorfrühlingstages. Die aufgeschreckten Arbeiter beschrieben es später wie das «Kreischen eines Jets» und das «Zwitschern einer Granate». Eine rötlich leuchtende Masse sauste vom Himmel herab. Vom Ort des Aufpralls stieg ein Pilz aus Staub und Rauch 50 m in die Höhe. Ein Druckstoß hob Türen aus den Angeln und sprengte Fensterscheiben im nahen Dorf. Donnergrollen vernahm man noch nach einer Minute. Aus seismischen Aufzeichnungen berechneten Erdbe-

Tabelle 4.1
Meteoritenschauer und ihre Streufelder

Meteorit	Fall/Fund	Streufeld (km)	Gewicht (kg)	Anzahl Stücke	Größtes (kg)
Allende, Mexiko	8.2.1969	10 × 50	>4000	?	110
Glorieta Mountain Neu Mexiko	1884	1 × 4	190	28	67,4
Holbrook, Arizona	19.7.1912	0,9 × 4,5	218	14000	6,5
Jilin, VR China	8.3.1976	10 × 67	4000	>100	1770
Knyahinya, USSR	9.6.1866	4,5 × 14,5	500	>1000	293
L'Aigle, Frankreich	26.4.1803	4 × 12	37	2000–3000	9
Magura, CSSR	1840	3?	>1800	>100	42
Mocs, Rumänien	3.2.1882	3 × 14,5	300	3000	56
Nuevo Mercurio, Mexiko	15.12.1978	2 × 10	>5	300	1
Pultusk, Polen	30.1.1868	1,5 × 8	?	>100000	>1
Sikhote-Alin, UdSSR	12.2.1947	1 × 2,1	27000	8500	1745
Toluca, Mexiko	1784	5	>3000	>2000	400

Abb. 4.6
Chinesische Arbeiterinnen und Arbeiter graben an der Einschlagstelle des größten Jilin-Fragments.

Abb. 4.7
In rund 5 Meter Tiefe stieß man auf die ersten Fragmente der beim Einschlag zerbrochenen größten Jilin-Masse. Das Hauptstück ist auf Abbildung 5.7 zu sehen. Es wiegt 1170 kg.

benwarten die genaue Aufschlagszeit : 15.02 Uhr und 36 Sekunden Pekinger Zeit. Als die Bauern an der Aufschlagstelle nachsahen, entdeckten sie ungefähr im Zentrum einer ovalen flachen Grube von 2 × 2,1 Meter das Einschlagloch mit einem Durchmesser von 1,4 Meter, das unter einem Winkel von 42 Grad zur Senkrechten schräg in den gefrorenen Lößlehmboden führte. Nachgerutschtes Erdmaterial füllte das Loch auf bis in etwa 2 Meter Tiefe. Die Ausgrabung förderte 6 Meter unter der Erdoberfläche einen 1170 kg schweren schwarz abgebrannten Steinmeteorit von 117 × 93 × 84 cm zutage, der unter verschiedenen kleineren beim Einschlag abgesprengten Fragmenten von insgesamt etwa 600 kg Masse lag. Im Umkreis von etwa 525 km^2 verstreut fand man außerdem über 100 weitere Bruchstücke, darunter zwei von 400 kg (100 × 85 × 55 cm) und 123, 5 kg (30 × 40 × 50 cm) und viele faust- bis kopfgroße Brocken.

Die Abbildungen 4.6 bis 4.9 zeigen das Einschlagloch, das von der Hauptmasse (Abb. 5.7) geschlagen wurde. Die Verteilung der verschiedenen übrigen Fragmente in der Streuellipse ist auf dem Kärtchen Abbildung 4.9 zu sehen.

Für die Rekonstruktion des seltenen Ereignisses befragten Wissenschaftler über 1000 Arbeiter, Bauern und Soldaten und erhielten ein recht gutes Bild dessen, was sich am 8. März 1976 ereignet hatte.

Der Schilderung des Untersuchungsausschusses entnehmen wir die Einzelheiten des Ablaufs. Als erstes entdeckte man eine in südwestlicher Richtung sehr schnell fliegende Feuerkugel von der Größe des Vollmonds. Kaum eine Minute später schätzte man den Feuerball, 230 km entfernt, bereits auf 2,5 Monddurchmesser. Tausende von Einwohnern der Stadt Jilin sahen eine glühende Erscheinung mit hellem Schweif und wirbelndem Rauch. Die gleißende Kugel raste in 20 km Höhe mit etwa 5–10 km/s durch den Himmel und barst anschließend mit einem Blitz «heller als die Mittagssonne» in viele Teile. Die meisten Bruchstücke schlugen mit weniger als 300 m/s auf den Erdboden. Augenzeugen berichteten von einigen Fragmenten, daß sie kurz nach dem Fall etwa 50 bis 80 Grad Celsius warm waren. Am weitesten flog der 1,7-Tonnen-Block.

Der bedeutendste Eisen-Meteoritenschauer in historischer Zeit ereignete sich am 12. Februar 1947 in Ostsibirien.

Strahlend hell wie die Sonne raste an diesem Tag eine Feuerkugel über die Taiga und zerplatzte um 10 Uhr 38 Minuten Lokalzeit über den westlichen Ausläufern des Sikhote-Alin-Gebirges im Verwaltungsbezirk Primorski Krai, UdSSR. Rötlicher dunkler Rauch stand am Himmel und unter der Wucht des Aufpralls erbebte die Erde – Fensterscheiben barsten, wie von Geisterhand eingeworfen – und nach wenigen Augenblicken war alles

ERRATA Rolf W. Bühler: Meteorite

Bei den folgenden Abbildungshinweisen sollte auf die hier angegebenen Abbildungen verwiesen werden:

S. 52 1. Zeile: Abb. 2.22 (statt 2.21)
S. 135 rechte Spalte, Zeile 25: Abb. 7.8 (statt 7.5)
S. 153 linke Spalte, Zeile 22: Abb. 9.7 (statt 9.8)
S. 164 rechte Spalte, unterer Abschnitt, Zeile 11: Abb. 6.38 (statt 6.32), Zeile 13: Abb. 6.39 (statt 6.33)

Weitere Druckfehler:

S. 54
Abb. 2.27: Maßstab-Balken mißt 10 (statt 20) μm

S. 155
linke Spalte, Zeile 17: magmatische Gesteine (statt magnetische)
linke Spalte, Zeile 30: EETA79001 (statt EETA 70001)

S. 161
rechte Spalte: Die drei ersten Zeilen sollten durch die folgenden ersetzt werden:
aus dem Beutel entweichen lassen. Die Dichte D_m des zu untersuchenden Stückes ergibt sich aus dem archimedischen Prinzip und der Beziehung

S. 128
Tabelle 6.3
(neu)

	3	4	5	6
	Galim (b) Quingzhen Yamato 6901 5	Abee Adhi Kot Indarch 14[1]	Reckling Peak A80259 St. Marks Yilmia 3	Happy Canyon Hvittis Pillistfer 12
	Bremervörde Tieschitz Sharps 42[2]	Kesen Ochansk Ybbsitz 243[3]	Allegan Pultusk Eichstädt 531	Chitado Forsbach Kernouvé 239
	Khohar Mezö-Madaras Hallingeberg 60[4]	Albareto Bjurböle Lanzenkirchen 81	Farmington Knyahinya Ergheo 149[5]	L'Aigle Bruderheim Mocs 664
	Bishunpur Chainpur Parnallee 15[4]	Barntrup Kelly Soko-Banja 12[7]	Innisfree Krähenberg Olivenza 25	Appley Bridge Ensisheim Jelica 79
51	CO3 Colony Ornans 17 CV3 Allende Vigarano 19	Coolidge Allan Hills 82135 Yamato 6903 8	Karoonda Mulga (West) Yamato 82104 3	
				10

Wir bitten, diese Versehen zu entschuldigen. BIRKHÄUSER VERLAG

vorbei. Nur die Rauchfahne am Himmel sah man noch lange Zeit. Ein riesiger Eisenmeteoroid, man schätzte den Körper später auf rund 70 Tonnen Gesamtgewicht, war über der Ussuri-Taiga explodiert und niedergegangen. Nicht auszudenken, was passiert wäre, hätte sich der planetare Irrläufer eine dichter besiedelte Region für seine ‹Landung› auf der Erde ausgesucht. Im vordersten Bereich der Streuellipse entdeckte man auf einer Fläche mit dem Durchmesser von etwas mehr als 1 km ungefähr 100 Krater und Trichter sowie eine große Anzahl kleiner flacher Löcher. Die Meteoroide, die beim Auftreffen auf den Boden die Krater und die größten Trichter gebildet hatten, barsten durch die Wucht des Aufpralls und wurden in Zehntausenden von Bruchstücken über das gesamte Kraterfeld verteilt. Im mittleren und rückwärtigen Teil des elliptischen Gebiets in Abbildung 4.10 fand man später auf einer Fläche von 2 × 5 km zahlreiche unbeschädigte, hauptsächlich kleine Einzelmeteorite im Gramm- bis Kilogrammbereich.

In einer Art Rasterfahndung haben Mitglieder der russischen Akademie der Wissenschaften von 1946 bis 1950 und von 1967 bis 1975 in alljährlichen Expeditionen die gesamte stark verwüstete Umgebung des Falls untersucht. Insgesamt barg man Tausende von Meteoritenfragmenten von millimetergroßen Kügelchen bis zum 1,745 Tonnen schweren Eisenklotz. Die Gesamtmasse aller Funde beträgt 23 Tonnen. Einen Meteorit von 13,6 kg fanden die Expeditionsteilnehmer im Innern einer teilweise zerstörten 70 cm dicken Zeder . . .!

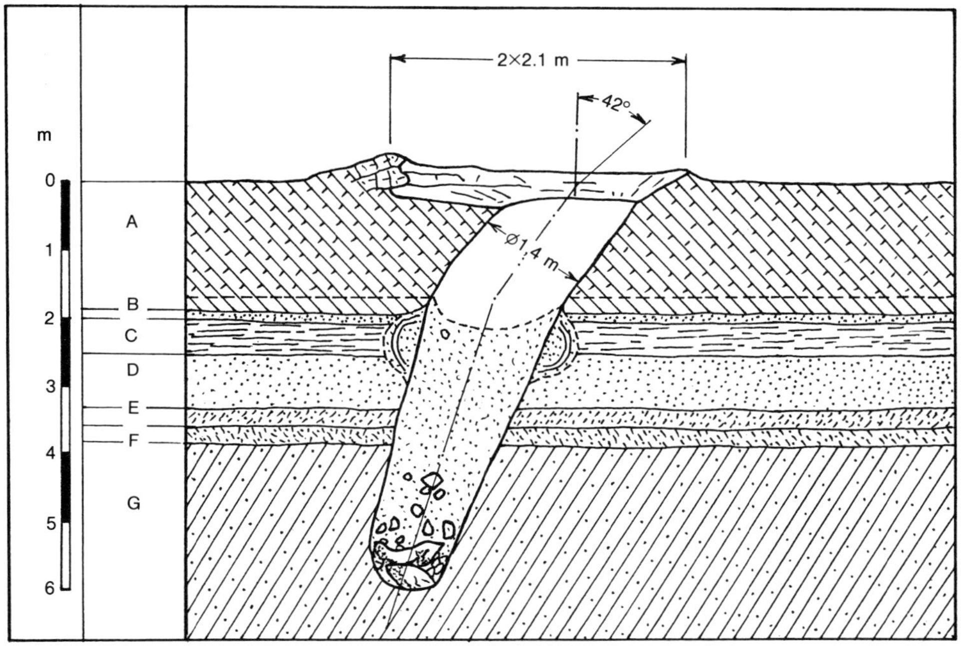

A Oberschicht (Lösslehm), bis 1,7 m Tiefe gefroren
B Schwarze Lehmschicht
C Graublaue Lehmschicht
D Rote sandige Mergel
E Grüner Lehm
F Lehm mit grünlichem Sand
G Schwarze Lehmschicht

Abb. 4.8
Schnitt durch die Einschlagstelle der größten Jilin-Einzelmasse von 1770 kg, die vermutlich bei C in kleinere Fragmente aufbrach. (Umgezeichnet aus: Scientia Sinica 1, 1977)

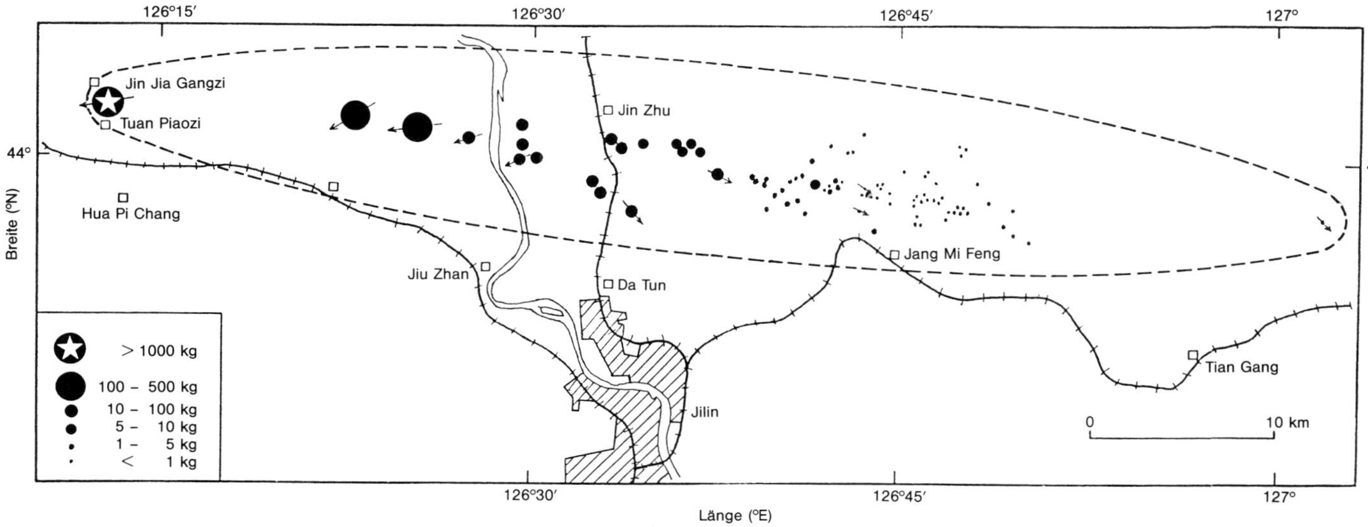

Abb. 4.9
Lage der Jilin-Streuellipse und Verteilung der verschiedenen Massen. Es ist leicht erkennbar, daß die schweren Fragmente am weitesten flogen. (Umgezeichnet aus: Scientia Sinica 1, 1977)

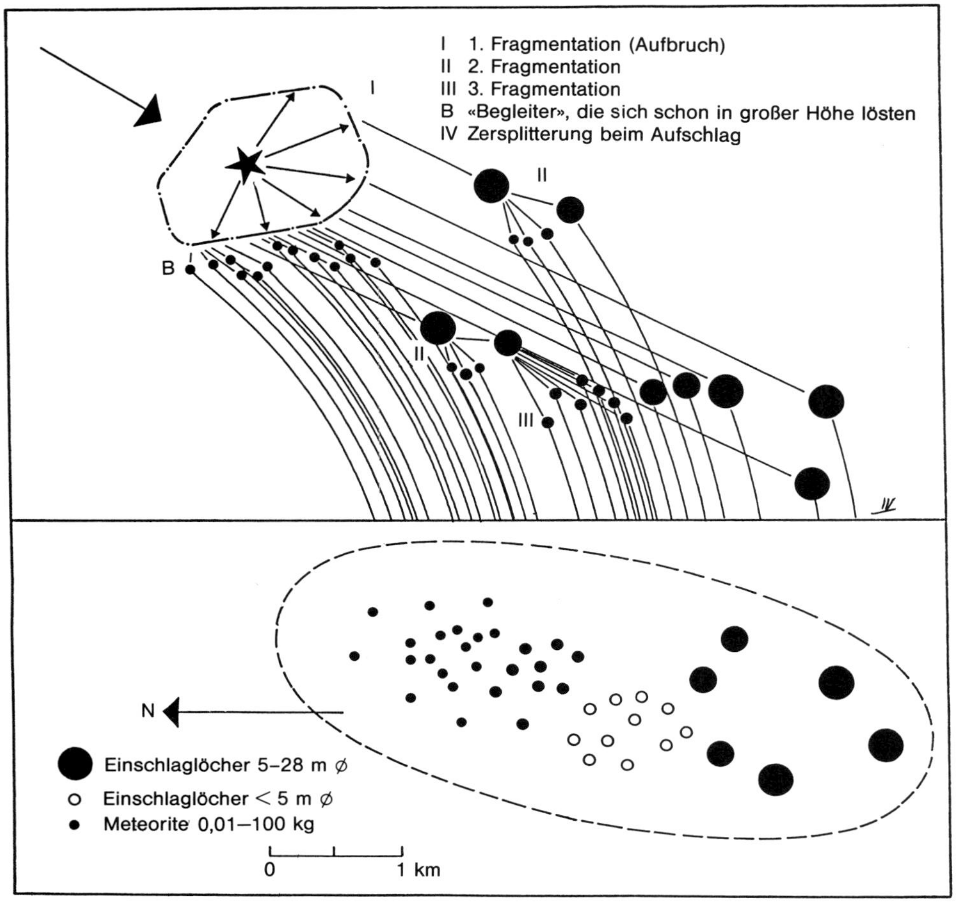

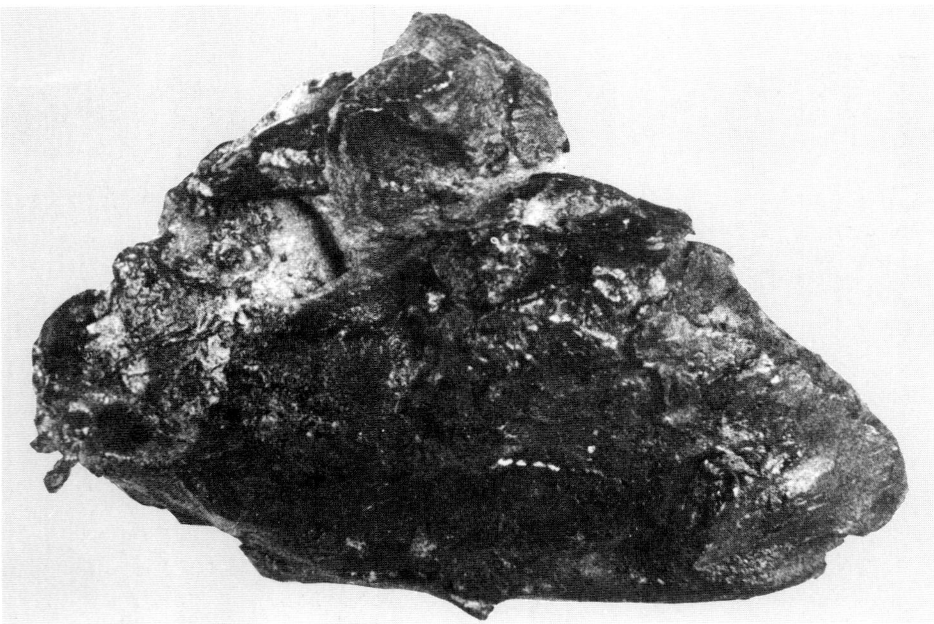

Abb. 4.10
Verschiedene Aufbruchstadien des Eisenmeteorits von Sikhote-Alin (Fall 12. Februar 1947) und zugehörige Streuellipse. (Nach Krinov, 1977).

Abb. 4.11 u. l.
Schrapnellartig zerfetztes Sikhote-Alin-Fragment aus der vierten Fragmentation beim Aufprall auf die Erdoberfläche. (Museum Ballly-Prior, Schönenwerd).

Rekonstruktionsversuche aufgrund der Oberflächenbeschaffenheit der Meteorite ergaben, daß sich vom unter einem Winkel von etwa 40 Grad auf die Erdoberfläche zu rasenden Körper bereits in sehr großer Höhe bei kosmischer Geschwindigkeit Einzelstücke unterschiedlicher Größen lösten und selbständig weiterflogen. Im 1. Fragmentationsstadium zerbarst das verbleibende Kernstück in etwa 6 km Höhe bei einer geschätzten Geschwindigkeit von vielleicht 1000 m/s. Im 2. Fragmentationsstadium zersplitterten die größeren Bruchstücke, die sich im Verlauf der 1. Fragmentation abgetrennt hatten, und flogen mit immer noch erheblicher Geschwindigkeit weiter. Im 3. Stadium der Fragmentation schließlich brachen auch die größeren Bruchstücke des 1. und 2. Stadiums auf. Nach Krinov, der diese Vorgänge studierte, war dies noch vor dem Erreichen des Hemmungspunktes der Fall. Die kraterbildenden Fragmente zerriß es bei der Wucht des Aufpralls auf den Erdboden. Der vordere Teil der Streuellipse war von schrapnellartigen, unregelmäßig ausgezackt geformten Meteoriten wie das Stück aus dem Museum Bally-Prior, Schönenwerd, auf Abbildung 4.10, förmlich übersät. Der stark vereinfachte Hergang der verschiedenen Aufbruchsstadien, wie er von Krinov vorgeschlagen wurde, ist in Abbildung 4.10 dargestellt.

Einschlagskrater und Kraterfelder mit Meteoritenfunden

Einschlags- und Impaktkrater kennt man aus vielen Gegenden der Welt. Bei einigen von ihnen findet oder fand man Bruchstücke von meteoritischem Material. Der wohl bekannteste und sicher am besten untersuchte Impaktkrater ist der ‹Meteor Crater›, Coconino Co., 40 Meilen östlich von Flagstaff, Arizona. Eisenmeteorite von diesem Einschlagsereignis, das vor schätzungsweise 20000 Jah-

Abb. 4.12
Panorama-Aufnahme des «Meteor Crater» bei Flagstaff, Arizona. Der Krater mißt 1200 m im Durchmesser und ist 170 m tief. Die von hier stammenden Meteorite sind unter dem Namen Canyon Diablo in den Sammlungen vertreten.

Abb. 4.13
Luftaufnahmen der Krater 6, 7 und 8 des Kraterfelds von Henbury, Australien, das in der Zeichnung daneben komplett dargestellt ist.

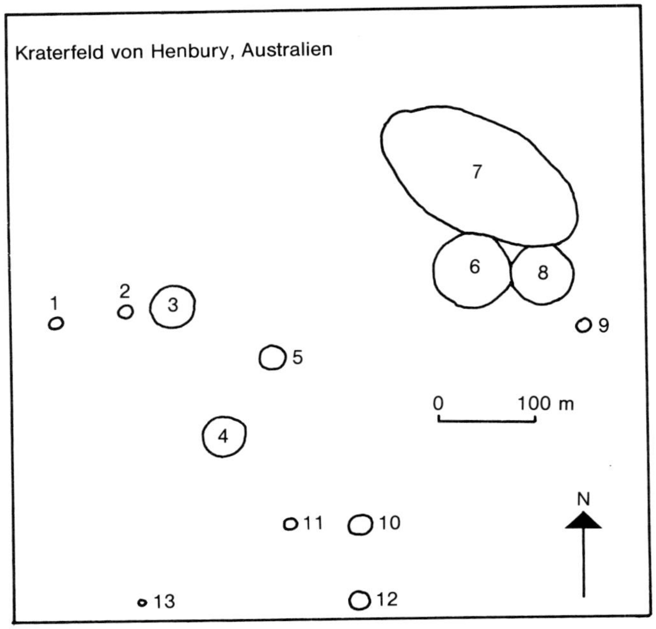

Tabelle 4.2
Einschlagskrater und Kraterfelder mit Meteoritenfunden

Name	Hauptkrater Durchmesser × Tiefe (m)	Anzahl Krater	Entdeckt	Meteoritenfunde (kg)	Alter (Jahre)
Meteor Crater, Arizona	1200 × 170	1	1891	>20000	20000
Campo del Cielo, Argentinien	75 × 5	122	1933	>18000	?
Odessa, Texas	165 × 5	4	1922	1000	50000
*Brenham (Haviland), Kansas	17 × 11	1	1933	5000	>5000
Monturaqui, Chile	370 × ?	1	1965	iron shale	>100000
Kaalijärv (Oesel), UdSSR	110 × 16	7	1928	0,2	5000
Wabar, Saudi-Arabien	100 × 12	2	1932	2500	<5000
Wolf Creek, Australien	853 × 46	1	1947	<1	>100000
Henbury, Australien	× 12–15	13	1931	1200	<5000
Boxhole, Australien	175 × 16	1	1937	500	5000
*Dalgaranga, Australien	21 × 3,2	1	1923	2	25000
*Sikhote-Alin, UdSSR	26 × 6	122	1947	27000	–
*Morasko, Polen	60 × ?	8	1964	255	?

* Eher als große Einschlaglöcher anzusprechen; Morasko ist außerdem ungenügend untersucht.

ren erfolgte, sind unter dem Namen ‹Canyon Diablo› in jeder Meteoritensammlung vertreten.
Der Krater mißt 1200 m im Durchmesser, ist 170 m tief und seine Besichtigung gehört heute fast zum Pflichtprogramm eines jeden Arizona-Touristen (Highway 40 zwischen Flagstaff und Winslow). Abbildung 4.12 zeigt ihn in einer zusammengesetzten Panorama-Aufnahme.
Seit 1891 fand man um den Krater in einem kreisförmigen Bereich mit einem Durchmesser von 15 km über 2000 Meteoritenbruchstücke von 50 g bis 639 kg. Dazu kommen ungezählte kleine metallische Fragmente sowie große Mengen von ‹iron shale› (Eisenschiefer). Das ist ein Gemisch von Eisen- und Nickeloxiden, vermengt mit irdischem Gesteinsmaterial, dessen Entstehung noch nicht restlos geklärt ist. Nach neueren Untersuchungen ist ‹iron shale› nicht Verwitterungsprodukt des anstehenden Kalkgesteins oder von Meteoriteneisen,

sondern entstand wahrscheinlich beim Impakt des Riesenmeteorits.
Wie groß war denn nun dieses außerirdische Geschoß, mag man sich fragen, das einen derartigen Krater erzeugen kann?
Nach Erhebungen von V. F. Buchwald (1975) sind in Meteoritensammlungen rund 11,5 Tonnen Meteoriteneisen von Canyon Diablo vorhanden. Nininger (1949) schätzte das Gesamtgewicht des gesamten aufgesammelten metallischen Materials auf rund 30 Tonnen. Wenn auch die im Umkreis von 200 km^2 festgestellten feinsten magnetischen Metallteilchen aus zahlreichen Bodenproben pro Flächeneinheit in die Überschlagsrechnung eingesetzt werden, kommt man auf eine Gesamtmasse von rund 8000 Tonnen. Ein kugelförmiger Eisenmeteorit dieser Masse hätte einen Durchmesser von 12,5 m. Für die Erzeugung eines 1,2 km großen Kraters aber erscheint dies unwahrscheinlich, rechnet man doch damit, daß beim Einschlag mit kosmischer Geschwindigkeit ein großer Teil des Meteoroids verdampfte. Schätzungen über die Größe des Körpers vor dem Impakt weichen stark voneinander ab: zwischen 400000 und 5000000 Tonnen werden in der Literatur genannt. Der amerikanische Geologe Eugen Shoemaker, der sich eingehend mit der Kraterbildung befaßt hat, stellte Vergleiche mit Kratern von Kernexplosionen an und fand für den Meteor Crater ein Energieäquivalent von 1,7 Megatonnen TNT (Trinitrotuluol). Mit einer geschätzten Einschlagsgeschwindigkeit von 15 km/s würde dies einer Nickeleisenmasse von 63000 Tonnen oder einer Kugel von 25 m Durchmesser entsprechen.
Wenn große Meteoroide kurz vor dem Aufprall in mehrere kleine Stücke aufbrechen, entstehen Kraterfelder, wie man sie von Henbury, Australien (13 Krater) oder Kaalijärv (Oesel), Estland (heute UdSSR) mit 7 Kratern kennt.
Tabelle 4.2 gibt eine Übersicht der Krater mit Meteoritenfunden. Abbildung 4.13 zeigt eine Teilansicht des Henbury-Kraterfelds mit Situationsplan.

Abb. 4.14
Space Shuttle-Aufnahme des Astroblems von Manicouagan, Quebec. Der Durchmesser der Struktur beträgt rund 64 km.

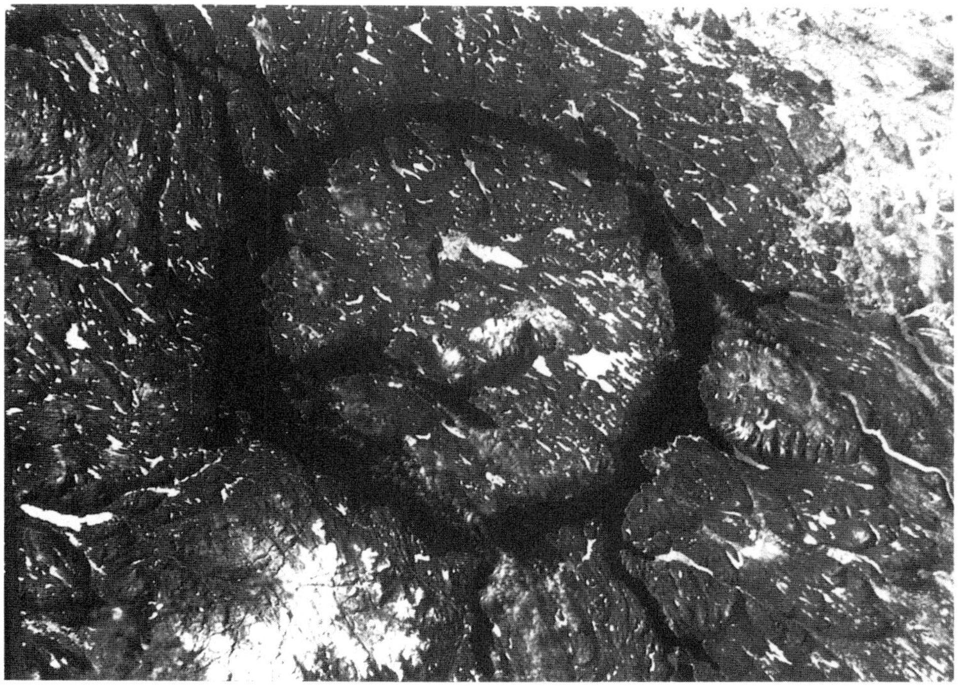

Einschlagskrater ohne Meteoritenfunde (Astrobleme)

Strukturen, bei denen ein Großeinschlag als Entstehungsursache vermutet wird, bezeichnet man als Impaktkrater oder Astrobleme, um sie von vulkanischen Kratern zu unterscheiden.
Aufgrund der Oberflächenformen und durch Nachweis von Einschlagsspuren in den Gesteinen des Untergrunds hat man bis heute etwa 70 Impaktstrukturen entdeckt. 20 davon gelten als gesicherte Einschlagskrater. Rund 50 weitere kraterähnliche Gebilde zeigen Anzeichen von Großeinschlägen, ihre Entstehung ist aber ‹mangels Beweises› immer noch zweifelhaft. Sie bleiben in diesem Stadium, bis weitere Befunde vorliegen.

V Abb. 4.15
Space Shuttle-Aufnahme des Astroblems von Gosses Bluff, Australien. Durchmesser 25 km.

V Abb. 4.16
V Das Astroblem Roter Kamm, Namibia, mißt 2,5 km im Durchmesser und ist etwa 200 m tief. Es befindet sich im Diamantensperrgebiet und ist noch wenig untersucht.

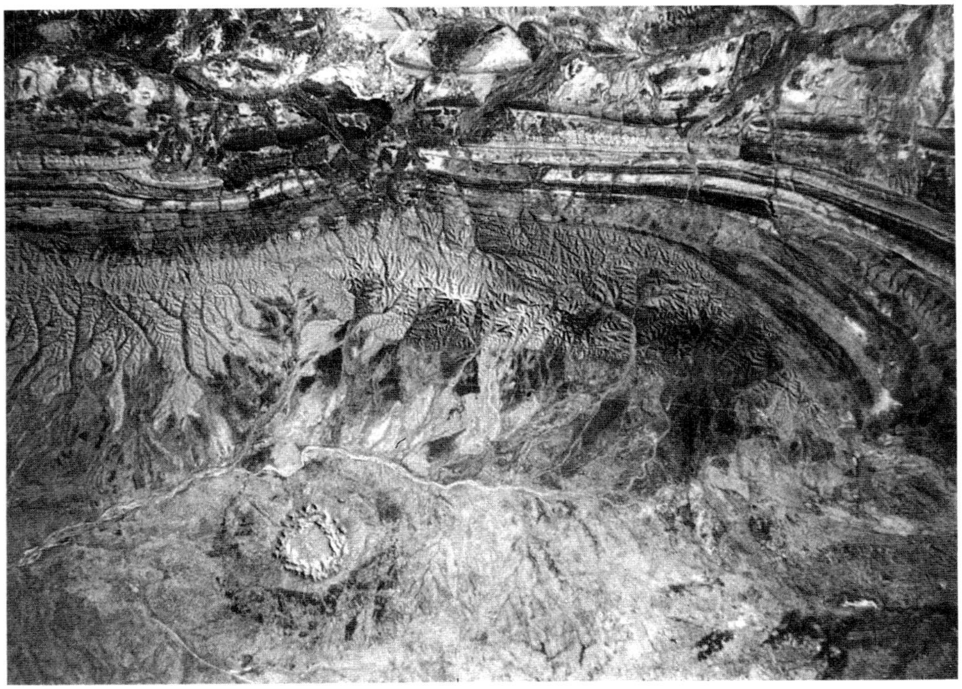

Tabelle 4.3 enthält einige der bekanntesten Impaktkrater, bei denen keine Meteoritenfunde festgestellt wurden.

Tabelle 4.3
Auswahl von Impaktkratern ohne Meteoritenfunde

Name	Jahr der Entdeckung	Durchmesser × Tiefe (m)
Aouellel, Mauretanien	1937	250 × 6,5
Brent, Ontario	1951	3700 × 60
Holleford, Ontario	1956	2400 × 30
Deep Bay, Saskatschewan	1957	13700 × 340
Chubb, Quebec	1950	3200 × 400
Nördlinger Ries, Deutschland	1965	22000–24000 × 80
Steinheim, Deutschland	1933	2500 × 80
Gosses Bluff, Australien	1968	25000 × ?
Sudbury Structure, Ontario	1963	100000 × ?
Roter Kamm, Namibia	1964	2500 × 200
Manicouagan, Quebec	1966	64000

Auf den Abbildungen 4.14–4.16 sind drei große Einschlagsstrukturen (Astrobleme) zu sehen: der Krater von Manicouagan (Kanada), der Gosses Bluff Krater (Australien) sowie aus Namibia der Rote Kamm-Krater. Die Bilder von Manicouagan und Gosses Bluff wurden von einer Space-Shuttle-Besatzung aus erdnaher Umlaufbahn aufgenommen. Beide Krater sind in ihrer Art einmalig. Gosses Bluff gilt als gut erhaltenes Beispiel eines verhältnismäßig jungen Meteoritenkraters; Manicouagan entstand durch einen Großeinschlag im Erdaltertum. Heute ist es ein See. Er gehört mit seinem Durchmesser von 60 km zusammen mit der Sudbury Struktur, Ontario (100 km), zu den größten Meteoritenkratern der Welt. Der Rote Kamm-Krater im Diamantsperrgebiet I von Namibia ist noch wenig untersucht. Aufgrund verschiedener Indizien wird eine Entstehung durch Einschlag extraterrestrischer Massen als wahrscheinlich angenommen.

Wie entsteht ein Einschlagskrater?

Von weltweit rund 120 Kratergebilden nimmt man also an, daß sie als Folge von Einschlägen außerirdischer Körper mit hoher kinetischer Energie entstanden sind. Ob darunter auch Kometenkerne waren, läßt sich noch nicht mit letzter Sicherheit

sagen, wohl aber mit einiger Wahrscheinlichkeit vermuten. Wie aber weist man die exogene Entstehung solcher Krater nach?
Man kennt mittlerweilen eine Reihe von Erkennungsmerkmalen, die man für die Untersuchung beiziehen kann. Es ist jedoch zweckmäßig, wenn wir uns zuerst mit der Kraterentstehung gedanklich auseinandersetzen.
Noch niemand konnte den Zusammenstoß eines Großmeteoroids mit der Erde und die damit verbundene Kraterbildung beobachten. Man kann die dabei ablaufenden Prozesse nur aus Versuchen mit um einige Größenordnungen niedrigeren Massen sowie mit allgemeinen physikalischen Überlegungen ableiten. Eine wesentliche Hilfe sind außerdem Beobachtungen und vergleichende Studien von anderen Explosionsereignissen, zum Beispiel von Atomsprengversuchen.
Grundsätzlich müssen bei der Kraterbildung durch den Einschlag eines Riesenmeteoroiden drei Hauptphasen unterschieden werden: Beim Zusammenstoß mit der festen Erdoberfläche setzt die *Kompressionsphase* ein, während der das Projektil und der Untergrund zusammengepreßt werden. In der nachfolgenden *Auswurfsphase* wird explosionsartig Material aus dem entstehenden Krater ausgeworfen. Die abschließende *Deformationsphase* verändert das noch junge Kratergebilde innerhalb kurzer Zeit durch Materialrückfall aus der Atmosphäre, Rutschungen und Entspannungen in den betroffenen Gesteinsschichten.

Kompressionsphase

Berechnungen zeigen, daß Meteoroide von etwa 10 Tonnen, die mit 40 km/s in die Atmosphäre eindringen und ungefähr senkrecht zur Erdoberfläche einfallen, mit etwa 4 km/s aufschlagen. Solche ab etwa 100 Tonnen erreichen Aufschlagsgeschwindigkeiten von über 20 km/s. Sie erzeugen kleine Explosionskrater, deren Radien etwa 10 mal dem Radius des Meteoroids entsprechen. Sie verdampfen dabei durch den Umsatz der Bewegungsenergie vollständig. Das ist der Grund, warum bis heute keine Einzelmassen von 100 Tonnen und mehr gefunden worden sind.
Bei Massen des Meteoroids ab einigen Zehntausend Tonnen schlägt dieser ungebremst mit kosmischen Geschwindigkeiten zwischen 20 und 60 km/s auf den Erdboden. Projektil und Untergrund werden dabei zusammengepreßt durch eine Stoßwelle, die sich sowohl in den Untergrund als auch in den einschlagenden Körper fortpflanzt. Die entstehenden Drücke auf das Gestein erreichen das Millionenfache des normalen Atmosphärendrucks. Kompakter Fels wird bis zu einem Drittel seines gewöhnlichen Volumens verdichtet. Die dabei auftretenden Spannungen bewirken plastische Verformung. Sie lassen den Gesteinsuntergrund wie eine Flüssigkeit fließen.

Auswurfsphase

Die im Projektil zurücklaufende Stoßwelle erreicht nun dessen Rückseite und kann sich gegen den freien Raum hin plötzlich entspannen. Auf die sich ungefähr kugelschalig in den Untergrund fortpflanzenden Schockfronten folgt daher eine Druckentlastung, wodurch Schmelz- und Trümmergesteine entlang einer kegelförmigen Fläche aus dem sich bildenden Hohlraum ausgeworfen werden. Der größte Teil des einschlagenden Körpers verdampft dabei und explodiert bei sehr hohen Temperaturen, zum Beispiel als Nickeleisen-Gaskugel, wenn der einschlagende Körper ein Eisenmeteorit war. Auf diese Weise ist schließlich ein tiefer Primärkrater entstanden.
Die herausgeschleuderten Schmelzen und Gesteinstrümmer – mitunter Blöcke bis zu Einfamilienhausgröße – werden in umgekehrter Reihenfolge abgelagert. Um die Einschlagstelle bildet sich ein erhöhter Rand.
Bei Meteoroiden wie jenem von Canyon Diablo, welches den Meteor Crater erzeugte, können kurz vor und während des Impakts Teile absprengen und mit dem Auswurfmaterial vermischt ausgeworfen werden. Man findet diese später im Kraterbereich, meistens im Kraterrand und außerhalb der Einschlagstelle als zum Teil stark geschockte Meteorite.
Für die geschilderten Vorgänge ist man auf vergleichende Studien an vorhandenen gesicherten Strukturen mit Meteoritenfunden angewiesen. Untersuchungen des Meteor Crater zeigten, daß der

Abb. 4.17
Stark vereinfachte Darstellung der verschiedenen Entstehungsphasen eines Impaktkraters (a–e) am Beispiel des ‹Nördlinger Ries›. Zuunterst (f) ist ein halbschematischer E-W-Querschnitt des heutigen Zustandes zu sehen. (Nach Geologica Bavarica 76, 1977)

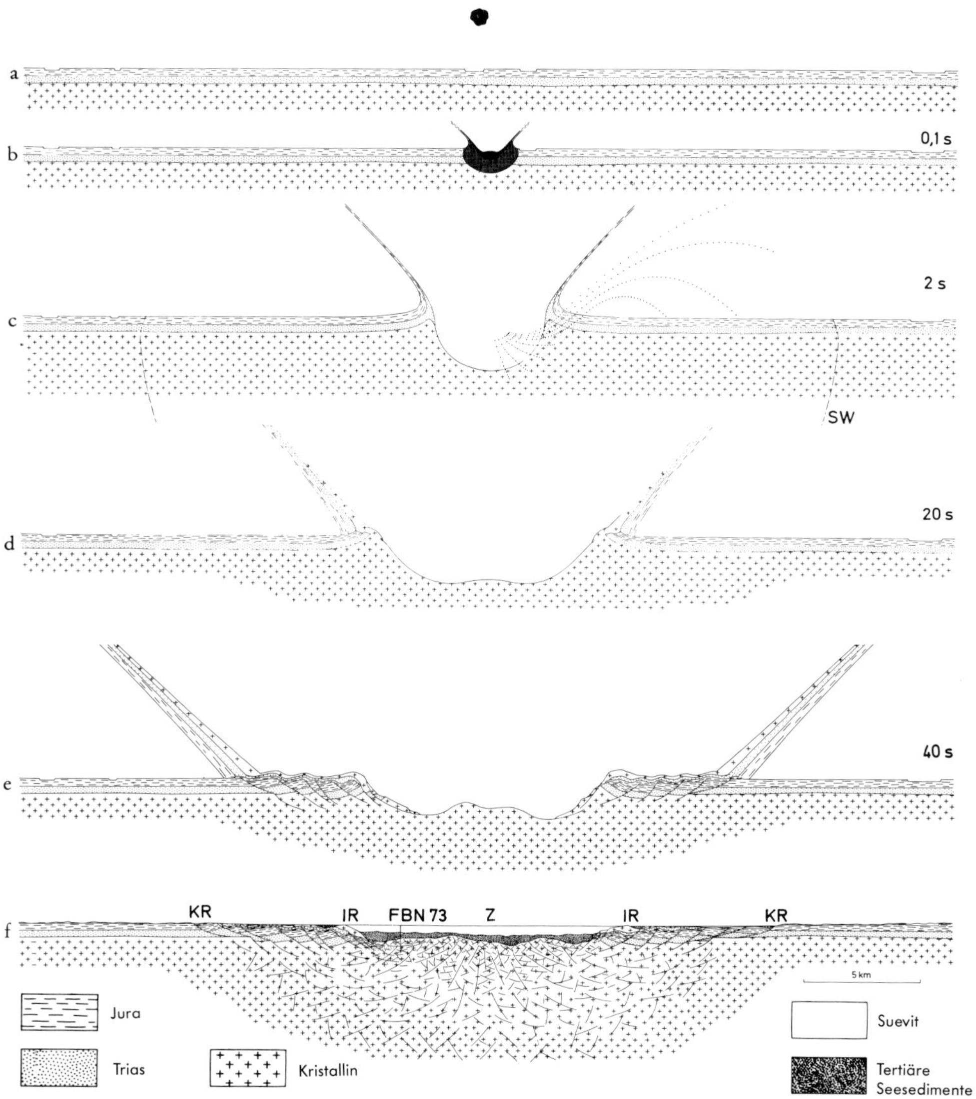

umgebende Wall zum Teil aus Gesteinsbruchstükken besteht, die während der Exkavationsphase aus dem Kraterinnern herausgeschleudert worden waren, sowie teilweise aus anstehendem Fels, der angehoben und radial nach außen verschoben wurde. Rund die Hälfte der kraterbildenden Gesteine, so schätzt Shoemaker, sind Auswurf aus dem Krater; der Rest ist durch die Verlagerung des Gesteins nach außen bedingt. Die Schichtenfolge im Auswurfmaterial ist erhalten geblieben, mit dem Unterschied, daß sich die altersmäßige Abfolge umgekehrt hat: Das unterste liegt nun zuoberst, altes liegt über jungem Gestein. Der hügelige Charakter des Kraterwalls spiegelt die Tatsache wieder, daß unregelmäßig große Brocken im Auswurf verteilt sind.
Unterhalb des Meteor Crater ist ein rund 400 m tiefer linsenförmiger Bereich von Gesteinsbrekzie entdeckt worden – von der Stoßwelle des Einschlags zerschmetterter und verdichteter Fels. Am Grund dieses Bereichs wurde in Bohrungen Glas nachgewiesen, welches durch Aufschmelzen der Gesteine beim Einschlag entstand. Untersuchungen unter dem Mikroskop zeigten, daß es kleinste Kügelchen aus meteoritischem Nickel-Eisen enthält.

Deformationsphase

Beim überwiegenden Teil der Einschlagskrater brechen die gebildeten Kraterwälle bald nach dem Einschlag ein. In Ablagerungsgesteinen ist dies nach Shoemaker bei Größen über 3 km der Fall, in härterem kristallinem Untergrund etwa bei einem Durchmesser von 4 km. Das abrutschende Material fließt nach innen und bildet in vielen Kratern eine mehr oder weniger gut erkennbare erhöhte Ringstruktur. Dabei sind vor allem geologisch alte Krater durch Erosion, Auffüllung (Sedimentation) und andere Einwirkungen im Relief abgeschwächt. Auf dem Boden des Meteor Crater setzte sich feines Auswurfmaterial, das in der Atmosphäre zurückgehalten worden war, nach und nach ab und verursachte eine rund 10 m dicke Schicht von gemischtem Schutt auf dem Kraterboden. Darüber liegt eine 30 m dicke Schicht von Ablagerungsgesteinen eines ehemaligen Sees.

Wie erkennt man Einschlagskrater?

Die gründlichen Untersuchungen des Meteor Crater in Arizona, im Nördlinger Ries und dem Steinheimer Becken, beide in Süddeutschland, sowie anderer Einschlagsstrukturen, hat einige allgemein gültige Merkmale für das Erkennen von Impaktgebilden geliefert. Ein Nachweis ist somit auch möglich, wenn Meteorite fehlen.

Runde Form: Bei geologisch jungen und durch spätere Abtragung (Erosion) nur wenig veränderten Kratern ist die kreisförmige Form ein erster Hinweis für ein Einschlagsereignis. Doch Vorsicht! Nicht alle runden Strukturen müssen Einschlagkrater sein. Es gibt auch terrestrische (endogene) Vorgänge, die zur Entstehung von Hohlformen mit Kreisquerschnitten führen können (z.B. Karstlöcher, Vulkanismus). Auch sind Vorkommen von Trümmermassen, Gesteinsgläsern und Schmelzgesteinen in vielen Fällen durch endogene Prozesse erklärbar (z.B. Vulkanismus, gebirgsbildende Vorgänge). Erst beim Nachweis von Ereignissen, die nicht auf terrestrische Ursachen zurückgeführt werden können, darf ein außerirdischer Körper als Verursacher in Betracht gezogen werden. Dabei gilt es zu beachten, daß alte Krater oft durch Abtragung und gebirgsbildende Vorgänge so stark verändert worden waren, daß ein Erkennen als Impaktkrater in vielen Fällen sehr schwierig und oft nicht bis in alle Einzelheiten möglich ist.

Kraterrand: Der Randbereich ist bei geologisch jüngeren und nicht zu großen Kratern häufig wallförmig erhöht. Die vorher horizontalen Gesteinsschichten wurden am Rand mehr oder weniger stark aufgestellt und von ausgeworfenem Material überlagert. Bei Kratern über 10 km Durchmesser ist der Rand der primären Hohlform während der Deformationsphase zusammengebrochen und radial nach innen geglitten. Dabei entstand eine umlaufende, stark gestörte und häufig rinnenartig abgesenkte Ringzone, die den zentralen Kraterteil umgibt.

Einfache und komplexe Strukturen: Es gibt einfache Krater mit schüsselförmigem Querschnitt. Beispiele: Wolf Creek, Westaustralien (853 m Durchmesser); Meteor Crater, Arizona (1200 m Durchmesser); Holleford, Ontario (2400 m Durchmesser); New Quebec, Quebec (3200 m Durchmesser); Brent, Ontario (4000 m Durchmesser). Komplexere Kratergebilde sind durch ringförmige Strukturen und Zentralhügel charakterisiert. Beispiele dafür: Flynn Creek, Tennessee (2200 m Durchmesser); Steinheimer Becken, Süddeutschland (2500 m Durchmesser); Nördlinger Ries, Süddeutschland (24000 m Durchmesser); Gosses Bluff, Australien (25500 m Durchmesser). Bei den genannten Beispielen muß noch einmal betont werden, daß fast alle Krater durch spätere geologische Vorgänge (Erosion, Vergletscherung) zum Teil sehr stark verändert worden sind.

Zentralhügel: Die zentrale Aufwölbung (central uplift), die bei vielen Kratern über etwa 10 km Durchmesser feststellbar ist, entsteht in der Deformationsphase. Die dabei ablaufenden Vorgänge kann man nur teilweise erklären. Vielfach ist anstelle eines Zentralhügels auch eine ringförmige Struktur vorhanden. Diese Gebilde bestehen aus den Trümmermassen des direkten wie des tiefer liegenden Krateruntergrunds. Zwei Ausnahmen von kleinen Kratern mit Zentralhügel sind das Steinheimer Becken in Süddeutschland mit 2500 m Durchmesser und der etwas kleinere Flynn Creek Krater in Tennessee.

Geophysikalische Anomalien: Bei zahlreichen Einschlagskratern stellte man gravimetrische Abweichungen fest. Diese führt man auf die tiefreichende Zertrümmerung des Untergrunds zurück sowie auf die Auffüllung des Kraterhohlraumes mit lockeren Schuttmassen und jungen Ablagerungsgesteinen. Die massive Störung der Gesteinsschichten bei der Kraterbildung wirkt sich daher auf den Durchgang und die Geschwindigkeit seismischer Wellen aus, indem Reflexionshorizonte (Schichtgrenzen) im Kraterbereich fehlen und außerhalb des Kraters gestört sind.

Schmelz- und Trümmergesteine: Unterhalb des Einschlagsbereichs findet man häufig Zonen, wo Gesteine aufgeschmolzen und teilweise als Glasbomben (Flädle in Süddeutschland) ausgeworfen oder im Suevit (brekziöses Gestein aus Glasbom-

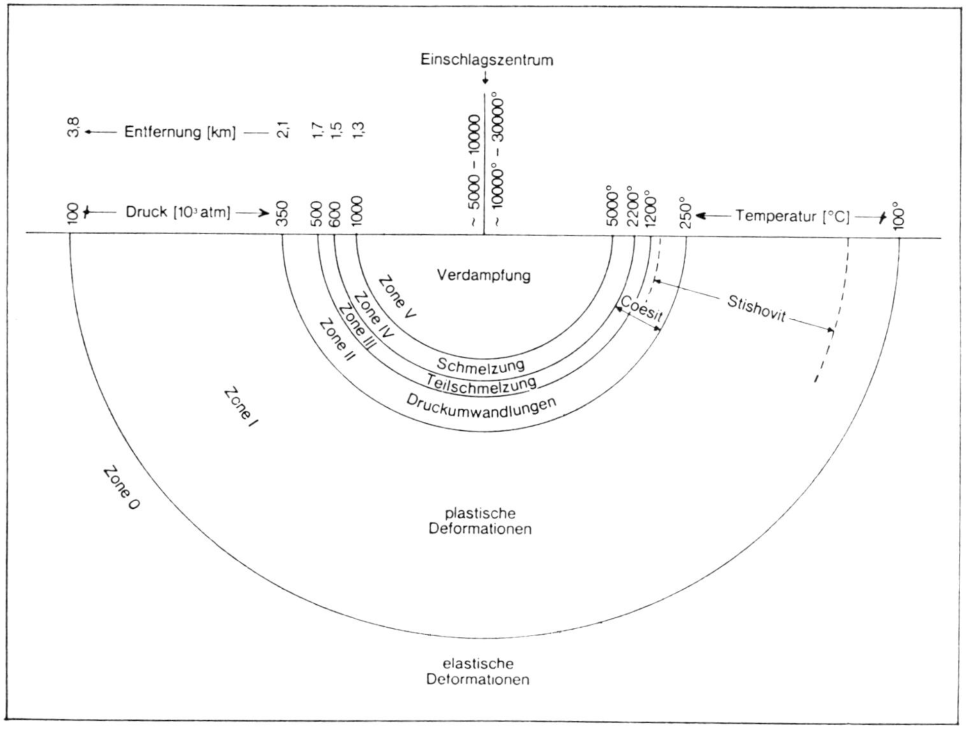

Abb. 4.18
Progressive Stoßwellenmetamorphose bei Großeinschlägen: Druck-, Temperatur- und Deformationsbereiche kristalliner Gesteine, dargestellt an einem vereinfachten Schnitt durch den Gesteinsuntergrund eines Kraters von der Größe des Nördlinger Ries. (Nach Stöffler, 1972).

ben und Bruchstücken des kristallinen Grundgebirges) eingelagert wurden. Daran anschließend finden sich Brekzien, die aus eckig-kantigen Bruchstücken von unterschiedlichen Gesteinen bestehen (polymikte Brekzien). Nach unten und außen gehen die Komponenten immer mehr in die gleiche Art (monomikte Brekzien) sowie nach außen in zerbrochene Gesteinsbrocken über.

Stoßwellenmetamorphose: Die hohen Drücke und Temperaturen beim Impakt bewirken neben der Gesteinszertrümmerung ganz spezifische nach außen abnehmende Umwandlungen in den unmittelbar betroffenen Gesteinen und Mineralien. Diese Erscheinung ist durch Forschungsarbeiten deutscher Wissenschaftler (Stöffler et al.) am Nördlinger Ries unter dem Namen ‹progressive Stoßwellenmetamorphose› bekannt geworden.
Veränderungen durch progressive Stoßwellenmetamorphose gehören zu den sichersten Impaktanzeichen, weil sie Drücke und Temperaturen anzeigen, die um Größenordnungen höher liegen, als irgend ein irdischer Prozeß (zum Beispiel Vulkanismus) sie erzeugen könnte.

Entsprechend Abbildung 4.18 teilte man den von der Stoßwelle betroffenen Gesteinsuntergrund in 6 Druck-Temperaturzonen ein, welche charakteristische Umwandlungserscheinungen der beiden für die Gesteinsbildung wichtigen Minerale Quarz und Feldspat enthalten. Diese beiden Minerale dienen demnach als Druckindikatoren für die sich nach unten und außen ausbreitenden Druck- und Temperaturbereiche, wobei zu sagen ist, daß die Zahlen in Abbildung 4.18 auf Krater mit der Dimension des Nördlinger Ries' bezogen sind.
Die Temperatur beim Einschlag wird von Stöffler (1972) mit etwa 10000–30000 Grad Celsius angegeben, der beim Einschlag entstehende Druck ist in einem Bereich zwischen 5000 und 10000 Kilobar (1 kbar = 987 atm.) angesiedelt. Stöffler bemerkt dazu: «Die Zahlenangaben für Druck und Temperatur gehen auf experimentelle und theoretische Untersuchungen zurück. Sie sind aber mit Unsicherheiten behaftet und sollten vor allem die Größenordnung vermitteln. Die Temperaturen bedeuten die Resttemperaturen unmittelbar nach dem Durchgang der Stoßwelle».

Zone 0: Der Glimmer zeigt hier als erstes Mineral ab ca. 10 kbar Stoßwelleneffekte infolge von Knickbändern. Diese sind mechanische Deformationen, die hauptsächlich durch Gittergleitung im Kristall möglich werden. Dabei wird das Kristallgitter auch geknickt. Es entsteht Rotation um die Achse, die senkrecht zur Gleitrichtung steht. Knickbänder in Glimmer sind in Abbildung 4.19 zu sehen. Sie eignen sich hervorragend zur Einmessung der Stoßwellenrichtung.

Zone I: Ein Druckbereich von 100–300 kbar kennzeichnet die Gesteine der Zone I, welche charakteristische Deformationsstrukturen in Quarz und Feldspat aufweisen. Solche Strukturen sind unter dem Mikroskop als Parallelscharen feiner Lamellen feststellbar. Abbildung 4.19 zeigt ein Quarz-

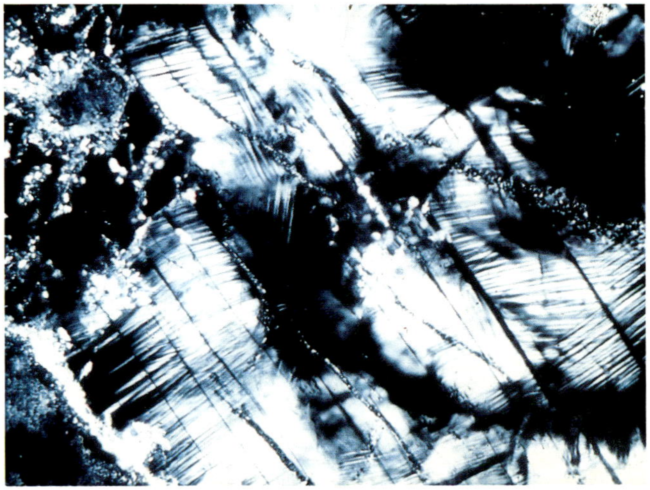

Abb. 4.19
Riesgesteine unter dem Mikroskop:

<
Quarzkristall mit planaren Deformationsstrukturen im Dünnschliffpräparat eines Gneises aus dem Suevit von Zipplingen. Gekreuzte Polarisatoren. 0,21 × 0,14 mm.

<<
Feldspatkristall mit parallelen Systemen amorpher glasartiger Lamellen (schwarz) im Dünnschliffpräparat eines Gneises aus dem Suevit von Zipplingen. Gekreuzte Polarisatoren. 0,32 × 0,22 mm.

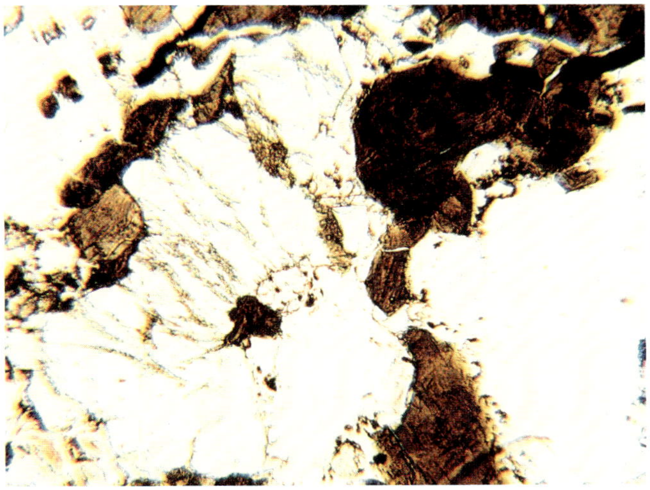

<
Diaplektisches Quarzglas (weiß), durchzogen von farblosen bis gelbbraunen Coesit-Aggregaten. Dünnschliffpräparat eines Gneises aus dem Suevit von Aufhausen. Parallele Polarisatoren. 0,79 × 0,55 mm.

<<
Biotitgneis von Otting aus der Zone II der Stoßwellenmetamorphose. Braun: Biotitkristalle, glatt weiß: diaplektisches Feldspatglas, weiß mit gelblichen Adern (etwa Bildmitte) diaplektisches Quarzglas mit Adern von Coesit. Dünnschliffpräparat. Parallele Polarisatoren. 0,79 × 0,55 mm.

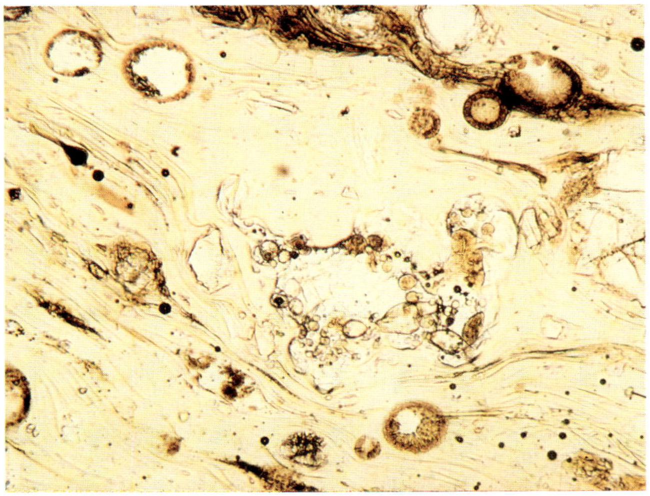

<
Deformationslamellen in einem Hornblendekristall. Dünnschliffpräparat aus dem Suevit von Alerheim. Gekreuzte Polarisatoren. 0,32 × 0,22 mm.

<<
Schlieriges Gesteinglas (gelb) mit Einschlüssen von Blasen (rund, weiß) und Mineralbruchstücken (eckig, weiß). Dünnschliffpräparat aus einer Glasbombe des Suevits von Otting. 0,79 × 0,55 mm.

korn mit planaren Deformationslamellen entlang derer Quarz sehr häufig in die Hochdruckphase Stishovit umgewandelt wurde. Coesit und Quarz sind röntgenographisch nachweisbare Hochdruckformen von Quarz, die man nur in Einschlagkratern findet. Feine Deformationslamellen sind auch in Feldspatkristallen festzustellen. Einige Beispiele dazu zeigt Abbildung 4.19.

Zone II: Drücke von 350–500 kbar bewirken, daß Quarz und Feldspat ohne Schmelzanzeichen in amorphe Substanzen umgewandelt werden, in sogenannte diaplektische Gläser. Abbildung 4.19 zeigt diaplektisches Quarzglas durchzogen von farblosen bis gelbbraunen Coesit-Aggregaten.

Zone III: Bei Drücken zwischen 500 und 600 kbar sind die Resttemperaturen bereits auf ca. 1200–3000 Grad Celsius angestiegen. Solche Temperaturen bewirken das Schmelzen der Feldspatkomponente, die nach der Druckbelastung zu einem porösen schaumigen Glas erstarrt. Erstmals werden Fließstrukturen sichtbar.

Zone IV: Durch weiteren Temperaturanstieg auf ca. 5000 Grad Celsius entsteht bei Drücken zwischen 600 und 1000 kbar eine flüssige Schmelze des betroffenen Gesteins, welche sich je nach Viskosität (temperaturabhängig) beim Auswurf aus dem Krater in feinste Tröpfchen zerteilt oder in fetzigen Körpern im Zentimeter- bis Meterbereich. Durch den Flug erhalten diese eine besondere Gestalt, bevor sie als Glas erstarren. Solche ‹Glasbomben›, im süddeutschen Raum auch ‹Flädle› genannt, bestehen in Dünnschliffpräparaten aus schwach bis stark braun gefärbtem schlierigem, blasigem Glas, das Bruchstücke von Mineralen und Gesteinen aller Verformungsgrade enthält. Abbildung 4.19 zeigt das Aussehen einer solchen Glasprobe im Dünnschliff.
Typische Impaktgesteine sind der Suevit mit Einschlüssen der oben erwähnten Glasbomben, von dem weiter unten noch die Rede sein wird, und ‹shatter cones› oder Strahlenkalke. Diese sind ebenfalls durch Stoßwellenmetamorphose entstanden und werden in sehr schöner Ausbildung im Steinheimer Becken und in kristallinen Gesteinen des Nördlinger Ries (in Hornblende Fleckenkersantit und in Biotitgranit), aber auch an anderen Orten der Welt gefunden (Sierra Madera, El Paso Co., Texas). Strahlenkalke nennt man kegelförmige gestreifte Bildungen von 1 cm bis 10 m Größe in Ablagerungs- und Kristallgesteinen. Sie werden im Zentralhügel oder außerhalb des Einschlags in tieferen Schichten gefunden, wo sie mit dem Kegelscheitel zum Einschlagspunkt hin weisen.

Einschlagsstrukturen in Europa

Mit sehr leistungsfähigen fotografischen Aufnahmesystemen ist unser Planet aus dem Weltraum gründlich nach Einschlagskratern untersucht worden. Die meisten mutmaßlichen Zeugen von einstigen Großeinschlägen stellte man auf den kontinentalen Schilden fest. Das sind Gebiete, wo geologisch alte Gesteine an der Oberfläche liegen, die auch über lange Zeit in bezug auf gebirgsbildende Kräfte stabil waren. Die meisten Einschlagstrukturen befinden sich in Nordamerika (Kanadischer Schild) und Westeuropa (Baltischer Schild).
Viele der europäischen Krater liegen in präkambrischen Gesteinen (zum Beispiel: Siljan, Dellen, Mien, Humeln in Schweden; Lappajärvi in Finnland und Janisjärvi in Karelien). Durch die Eiszeiten sind sie derart in Mitleidenschaft gezogen worden, daß nur noch vereinzelte Erkennungsmerkmale des Einschlags feststellbar sind. Aus diesem Grund werden sie im englischen ‹Catalog of Meteorite Craters› als ‹zweifelhaft› geführt. Als weitere europäische Einschlagskrater mit zweifelhafter bis spekulativer Entstehungsgeschichte gelten: die Struktur von Chassenon, Frankreich; das Becken von Köfels im Oetztal, Österreich; der Bodensee als zeitgleiches Ereignis mit dem Nördlinger Ries und dem Steinheimer Becken; der Lago Tremorgio im Tessin und die Struktur von St. Imier im Berner Jura. Ein eiförmiges hypothetisches Astroblem im schweizerischen Mittelland zwischen Luzern und Olten ist 1986 von D. A. Rigassi publiziert worden.
Kritische Untersuchungen einer vermuteten süddeutschen Kraterkette im Gebiet der fränkischen Alb – das Pfahldorfer Becken, Sornhüll, Mandelgrund, Stopfenheimer Kuppel, Mendorf, Sausthal, Hemauer Pulk, der Krater von Wipfelsfurt, Vieh-

Abb. 4.20
Strahlenkalk oder ‹shatter cone› aus dem Zentralhügel des Steinheimer Beckens. Maßstab in cm.

hausen, Willenhofen und Saal – haben gezeigt, daß in keinem einzigen Fall eindeutige Hinweise auf ein Impaktereignis vorliegen.

Nördlinger Ries und Steinheimer Becken

In Europa sind das Nördlinger Ries und das Steinheimer Becken die beiden am besten untersuchten Einschlagskrater. Ein vereinfachtes geologisches Blockdiagramm der schwäbisch-fränkischen Alb in Abbildung 4.21 zeigt die beiden Astrobleme in bezug auf die Schichtenlagerung der Oberflächengesteine. Die Auswurfmassen des Rieskraters sind darauf nicht dargestellt.

Das Ries bei Nördlingen ist ein flacher Krater von 22 × 24 km Größe und komplexer Struktur. In seiner Umgebung sind große Teile der ausgeworfenen Gesteinsmassen erhalten geblieben. Im Schnitt auf Abbildung 4.17 sind die Einschlagspuren im Sedimentgestein und dem darunter liegenden Grundgebirge dargestellt. Das Kraterbecken ist von Seeablagerungen aufgefüllt. Außerhalb des Kraters liegen flächenhaft große Kalkschollen und Trümmermassen der ‹Bunten Brekzie› sowie strahlige Vorkommen anderer brekziöser Gesteine. Als letzter lagerte sich der Suevit ab, der heute an der Oberfläche außerhalb des Kraters nur noch flekkenhaft vertreten ist. Suevit, auch ‹Schwabenstein› genannt, war in früheren Jahrhunderten ein geschätzter Baustein. Die Kirche St. Georg in Nördlingen, eine der größten Hallenkirchen der deutschen Spätgotik (fertiggestellt 1519), war ursprünglich, wie andere alte Nördlinger Bauwerke, aus Suevit gebaut. Die Abbaustellen des Schwabensteins sind erschöpft. Reparaturarbeiten werden heute mit täuschend ähnlichen Kunststeinen ausgeführt.

Das Steinheimer Becken (Lage siehe Abb. 4.21, Schnitt Abb. 4.22) ist ein kreisrunder Kessel von 2100 m Durchmesser mit einem deutlichen Zentralhügel. Dieser besteht aus einer wirren Mischung von Schollenbrekzie (Jura- und Triasgesteine). Um die zentrale Erhebung sind ebenfalls Ablagerungsgesteine eines ehemaligen Sees nachweisbar. Suevit fand man im Steinheimer Becken nicht, dafür sehr schöne Strahlenkalke (shatter cones) in den Weißjuraschichten (Malm) und durch Schock deformierte Versteinerungen (Ammoniten, Belemniten usw.) in den Mergellagen des Schwarzen Juras (Lias).

Ein geologischer Wanderweg durchs Steinheimer Becken sowie verschiedene Aufschlüsse (Steinbrüche) im Nördlinger Ries machen es jedermann möglich, die Folge eines Großeinschlags auf die Erde an Ort und Stelle in allen Einzelheiten zu studieren (Hinweise dazu im Literaturverzeichnis).

Radiometrische Altersbestimmungen (K/Ar- und Spaltenspurenmethode) an Gesteinen dieser beiden Strukturen ergaben übereinstimmende Werte. Das Nördlinger Ries und das Steinheimer Becken entstanden durch Großeinschlag im Tertiär vor rund 14,7 Millionen Jahren. Als kosmischer Einschlagkörper, der das Ries und das Steinheimer Becken gebildet hatte, kommt nach Untersuchungen von El Gorsey und Chao (1976) vor allem für das Ries ein Steinmeteorit in Frage, der sich kurz vor dem Einschlag in zwei verschieden große

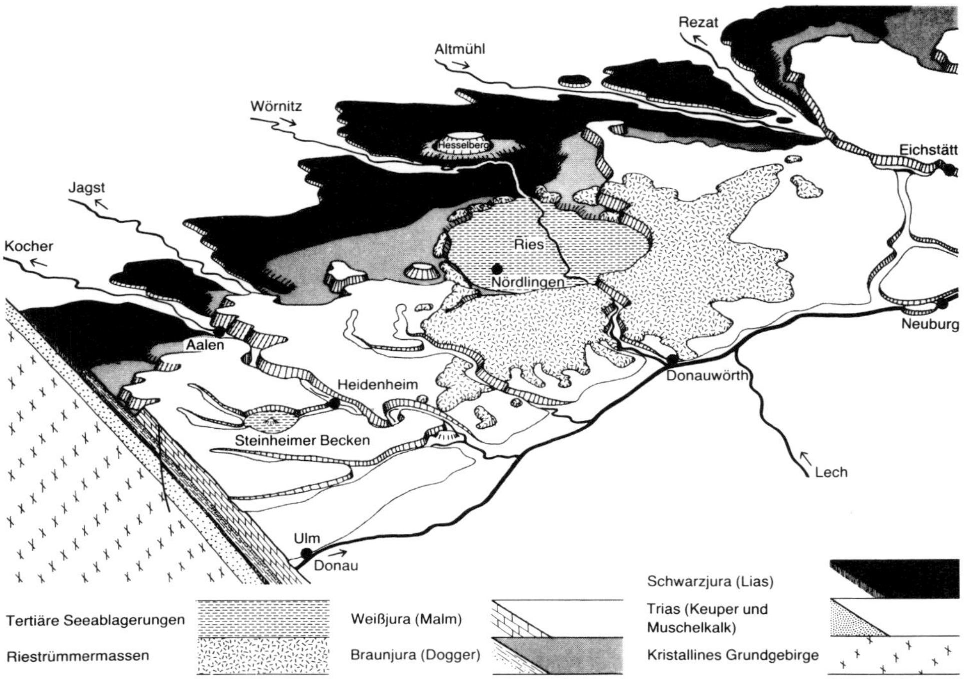

Abb. 4.21
Vereinfachtes geologisches Blockschaubild der schwäbisch-fränkischen Alb mit dem Nördlinger Ries und dem Steinheimer Becken. Gut erkennbar (gepunktet) ist der Bereich der Auswurfmasse des Ries, welches sich am Stufenrand (Albtrauf) der Kalksteintafel (Weißjura, Malm) befindet. (Aus: Spektrum der Wissenschaft 1/81).

Abb. 4.22
Halbschematischer Schnitt durch das Steinheimer Becken als Beispiel eines Einschlagskraters mit Zentralhügel.

1 Landoberfläche zur Einschlagszeit
2 Kraterboden
3 Kraterwand
4 Kraterrand
5 Zentralhügel
6 Flanke des Zentralhügels
7 Kraterbrekzie
8 verschobene Gesteinsschollen
9 Auswurfbrekzie
10 Randwall
11 Krater- und Beckendurchmesser
12 scheinbarer Kraterdurchmesser
13 Schollen- und Zerrüttungszone
14 Bruchzone (Nach Reiff, 1974).

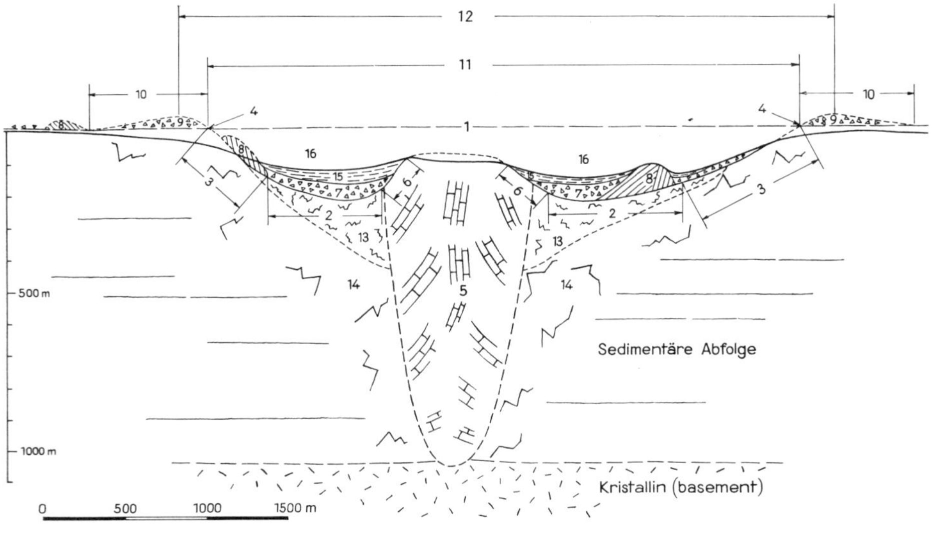

Bruchstücke teilte. Diese beiden Wissenschaftler fanden in der Forschungsbohrung FBN 73 in kristallinen Trümmermassen der Tiefen 602–618 m Spuren von metallischen Kondensaten (Fe, Cr, Ni). Vor allem der hohe Chromgehalt deutet auf einen Steinmeteorit hin. Untersuchungen von Janssens und Mitarbeitern (1977) haben in Riesgesteinen Anreicherungen von Iridium, Osmium und Nickel ergeben, was ebenfalls für einen Steinmeteorit spricht. Die Größen der beiden Körper geben Groschopf und Reiff (1982) bei einer geschätzten Einschlagsgeschwindigkeit von 25 km/s mit 80–100 m für das Steinheimer Becken und 800–1000 m für das Nördlinger Ries an. Allerdings scheint hier das letzte Wort noch nicht gesprochen zu sein. Zumindest für das Steinheimer Becken wird aufgrund des komplexen Aufbaus (Zentralhügel) der Einschlag eines kleinen Kometenkerns nicht ausgeschlossen. Es wäre durchaus denkbar, daß in einem – geologisch gesehen – kurzen zeitlichen Abstand von einigen hunderttausend Jahren im Ries ein Steinmeteorit, in Steinheim dagegen ein Kometenkern niedergegangen wäre.

Einschläge ins Meer

Bisher war nur von Einschlagskratern auf die Landgebiete der Erde die Rede. Sehr viel größer muß aber angesichts des Flächenverhältnisses Land zu Meer die Anzahl jener Einschläge sein, die in die Ozeane erfolgten. Wurden dabei überhaupt Krater erzeugt?
Wie kanadische Wissenschaftler in der Zeitschrift ‹Nature› 1987 berichteten, ist es gelungen, die Existenz eines unterseeischen Einschlagskraters im Atlantik vor der Küste von Neuschottland (Kanada) mit einiger Sicherheit nachzuweisen. Entdeckt wurde das Astroblem durch reflexionsseismische Untersuchungen in einer Meerestiefe von 113 m.

Die Struktur hat einen Durchmesser von 45 km und ist 2,8 km tief. Außerdem stellte man einen Zentralhügel von 1,8 km Höhe und 11,5 km Durchmesser fest. Das Alter wird auf 50 Mio. Jahre geschätzt. Wertvolle Erkenntnisse über den Aufbau des Impaktkraters ergaben sich aus der Erdölbohrung ‹Montagnais I-94›, die bis in eine Tiefe von 1626 m niedergebracht wurde. Man durchfuhr vorerst ungestörte tertiäre Sedimente, die nach dem Impakt abgelagert wurden. In 653 m Tiefe zeigt eine rund 40 m dicke Suevit-Zone den obersten Bereich des von Einschlag direkt betroffenen Untergrunds an. Darunter liegen polymikte Brekzien, die aus Trümmern des Grundgebirges sowie Jura- und Kreidegesteinen bestehen. Zwei Einlagerungen von teilweise bis ganz rekristallisierten Gesteinshorizonten werden als Schmelzzonen erklärt. Dünnschliffproben aus Gesteinen in 1200 m beginnenden kristallinen Sockels zeigen Haarrisse und planare Elemente in Quarz- und Feldspatkörnern.

Ein Querschnitt durch die Struktur von Montagnais ist auf Abbildung 4.24 zu sehen.

Weil die Ozeane eine mehr als doppelt so große Fläche einnehmen wie das Festland, müssen in der Vergangenheit auch etwa doppelt so viele Großeinschläge in die Weltmeere erfolgt sein. Das Auffinden dieser Krater ist indessen um einiges schwieriger als auf der Landoberfläche. Die Auswirkungen solcher Großeinschläge auf das erdgeschichtliche Geschehen gehören nicht mehr in den Rahmen dieses Buches, weil sie zu einem großen Teil spekulativ bleiben müßten. Erwähnt sei jedoch in diesem Zusammenhang die Katastrophe an der Grenze Kreide-Tertiär vor 65 Millionen Jahren, die zum Aussterben ganzer Klassen von Lebewesen (darunter waren auch die Dinosaurier) führte. Als Erklärung dafür schlugen 1980 Luis Alvarez und Mitar-

Abb. 4.23
‹Geschockte› Riesbelemniten. Die versteinerten Rostren von Belemniten (ausgestorbene Tintenfischart) aus Tonen und Mergeln verschiedener Stufen des Jura im Riesgebiet sind durch Schock arg in Mitleidenschaft gezogen worden. Es sind quer und schräg zur Längsachse verlaufende Brüche feststellbar. Die Bruchstücke sind im mm- bis cm-Bereich gegeneinander verschoben.

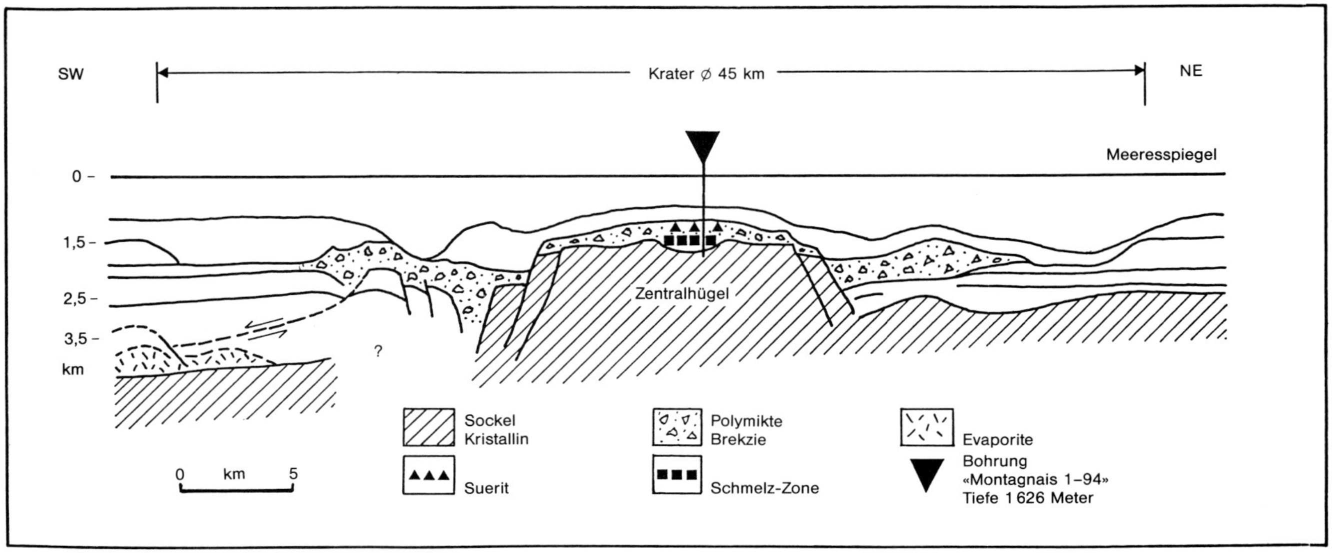

Abb. 4.24
Einschlagsstruktur von Montagnais im Atlantik vor der Küste von Neuschottland, Kanada. (Umgezeichnet aus: Nature 327, 1987).

beiter von der Universität of California in Berkeley den Einschlag eines großen Asteroiden auf die Erde vor. Sie hatten bei Gubbio, Apeninnen, Italien, in einer dünnen Grenzschicht zwischen Kreide und Tertiär etwa dreißigmal höhere Iridiumgehalte gemessen, als in Tonen und benachbarten Schichten. Iridium ist eines jener schweren Elemente, die sich leicht mit Eisen verbinden und daher siderophil genannt werden. Es ist in den Gesteinen der Erdkruste selten, dafür in Meteoriten vergleichsweise häufig vorhanden.
Ähnliche Iridiumanreicherungen der Kreide-Tertiär-Grenze sind seither an über fünfzig verschiedenen Stellen der Welt in Tiefseebohrungen festgestellt worden. Stammt der Iridiumüberschuß tatsächlich von einem riesigen außerirdischen Objekt, das am Ende der Kreidezeit auf die Erde stürzte? Beim Aufprall hätte ein solcher Körper große Staubmengen in die Stratosphäre geschleudert. Dieser – um die Erdkugel verteilt – würde Sonnenlicht für lange Zeit stark gedämpft haben. Die Folge davon: Pflanzen als wichtigstes Glied in der Nahrungskette gingen zu einem großen Teil zugrunde und mit ihnen die davon lebenden Tiere. Das Szenario steht. Nun gilt es, in aufwendiger Forschungsarbeit die Fakten zusammenzutragen und zu interpretieren. Vielleicht gelingt es, aus einer Hypothese ein beweisbares Ereignis herzuleiten.

Gefahr aus dem Weltraum

Im Zusammenhang mit Großeinschlägen kosmischer Körper ist natürlich die Frage nach der Häufigkeit solcher Ereignisse von besonderem Interesse. Man kann sogar noch weiter gehen und fragen, wie groß die Gefahr durch Meteoritentreffer für uns Menschen ist.
Eugen Shoemaker rechnet pro Million Jahre mit einer Wahrscheinlichkeit von 3,2 Einschlägen kleiner erdkreuzender Asteroiden, die auf der Erde Krater mit etwa 10 km Durchmesser oder größer verursachen. Seinen Berechnungen liegen 1300 Asteroiden mit bekannten Umlaufbahnen mit Durchmessern von 0,9 km bis 1,7 km zugrunde. Diese Schätzung der Gefahr aus dem Weltraum scheint realistisch zu sein, haben doch Geologen aus den letzten 1,2 Millionen Jahren tatsächlich drei 10 km große Krater gefunden. Zwei liegen in Rußland, der dritte ist der heutige Bosumtwi-See in Ghana.
Neben Asteroiden müssen als einschlagende Körper aber auch Kometenkerne oder Teile davon in Betracht gezogen werden. Staubförmige Reste von Kometen, das haben wir in Kapitel 2 gesehen, erzeugen beim Eintritt in die oberen Luftschichten der Erde Meteore. Es können aber auch größere Kometenbruchstücke sein, die mit der Erde kollidieren. Was dann passiert, kann man aus Schilde-

rungen eines Ereignisses rekonstruieren, das sich am Morgen des 30. Juni 1908 über der sibirischen Tunguska abspielte.
An diesem Tag stellte der britische Wissenschaftler N. W. Shaw in Südengland merkwürdige mikrobarische Ausschläge seiner automatischen Messinstrumente fest. Sonderbare Druckluftwellen waren aus Nordosten in rascher Folge über das Königreich hinweggezogen. Gleichzeitig meldeten die Erdbebenwarten von Irkutsk, Taschkent, Tiflis und Jena einen Erdstoß, dessen Epizentrum sie in Sibirien vermuteten. In den folgenden Tagen stellten Astronomen und Meteorologen von Kopenhagen, Wien und Berlin überrascht Sonnenuntergänge und leuchtende Nachtwolken von seltener Intensität und Farbenpracht fest. Niemand kam auf die Idee, diese Ereignisse miteinander in Zusammenhang zu bringen.
Verzögert durch den Ersten Weltkrieg, den Untergang des zaristischen Rußland und die Gründung der Sowjetunion gelangten erst 1921 merkwürdige Berichte über ein ungewöhnliches Ereignis in Sibirien in den Westen. Wissenschaftler horchten auf. Was sich am 30. Juni 1908 über der steinigen Tunguska, 65 km Luftlinie vom Handelsposten Vanovara entfernt, abgespielt hatte, war in der Menschengeschichte einzig und blieb noch lange unerklärt. Aus den bruchstückhaften Meldungen erfuhr man von einer blendendhellen Feuerkugel, groß wie die Sonne, die in etwa 5 km Höhe mit einer donnerähnlichen Explosion zerbarst, während ein riesiger Staubschweif von etwa 600 km Länge sich in großer Höhe allmählich verteilte. Der Explosionsdruck verwüstete den Erdboden, Druckwellen umrundeten den Globus und wurden im 5700 km entfernten England registriert. Die nachfolgende Hitzewelle verursachte ein Flammeninferno und vernichtete alles Leben in der unmittelbaren Umgebung. Bewohner der weiteren Region berichteten, daß eine Herde von 1500 Rentieren verbrannte und ganze Nomadenfamilien bei der riesigen Explosion umgekommen waren.
Noch 1927, 19 Jahre nach der verheerenden Katastrophe, bot sich den Teilnehmern der ersten Expedition ins Aufschlaggebiet ein trostloser Anblick: Statt einem Meteoriteneinschlagskrater, wie man eigentlich erwartet hätte, fanden die Wissenschaftler völlig zerstörten Wald in einem ungefähr elliptischen Bereich von 40 × 50 km (siehe Abbildung 4.25) mit Millionen von umgeknickten und völlig entasteten Bäumen. Die Fallrichtung der Baumstämme wies vom vermuteten Zentrum des Ereignisses weg. In einem inneren Bereich waren außerdem Spuren eines verheerenden Waldbrandes auszumachen – Meteorite oder Einschlagskrater fand man trotz langer Suche auch in späteren Jahren keine.
Nach immer neuen Expeditionen zur steinigen Tunguska, zahlreichen Luftaufnahmen, Bodenuntersuchungen und einer Fülle weiterer Daten kam man nach anfänglichen Spekulationen über Antimaterie oder der Landung eines fremden Raumschiffs zur Überzeugung, daß ein Kometenbruchstück hoch in der Luft explodiert war. Diese

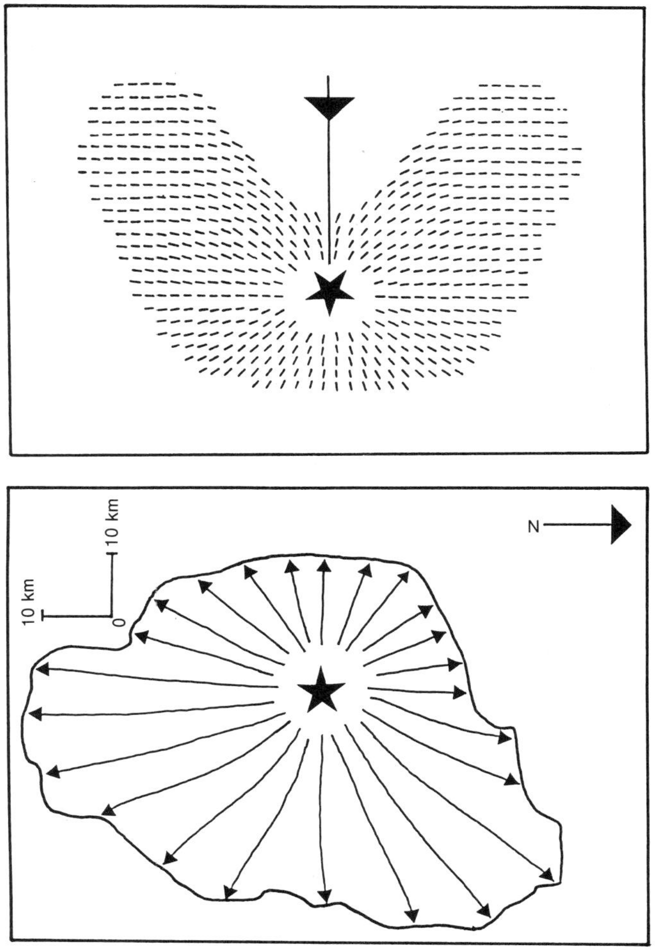

4.25
Tunguska-‹Einschlagsereignis› vom 30. Juni 1908.
Oben: Experimentelle Ermittlung der Fallrichtung vertikaler Stäbe und Wirkungsbereich der Explosionsdruckwelle.
Unten: Karte des von der Explosionsdruckwelle zerstörten Waldes in der Tunguska. Die Pfeile geben die Ausdehnung des total zerstörten Waldes und die Knickrichtung der Bäume an. (Umgezeichnet nach Meteoritics 21, 1986).

Abb. 4.26
Gebäudetreffer: Teil des Blechdaches, durch das der Meteorit von Kiel am 26. April 1962 (737,6 Gramm) fiel und ein Loch von etwa 10 cm Durchmesser schlug.

Erklärung hatte schon 1930 der amerikanische Astronom Fred Whipple vorgeschlagen. Derselbe, dessen Theorie, Kometenkerne seien mit ‹dreckigen Schneebällen› vergleichbar, sich seit der Giotto-Mission zum Kometen Halley bestätigt hat. Ein solches Kometenfragment von vielleicht 1000–2000 m Durchmesser besteht aus Eis und festen Gesteinsteilchen unterschiedlicher Größe bis hin zu eigentlichen Gesteinsbrocken. Für das Tunguska-Ereignis hatten Bahnberechnungen Hinweise auf ein Bruchstück des Kometen Encke ergeben. Das paßt alles zusammen und würde auch die Höhe und Stärke der Riesenexplosion (6 km über der Erdoberfläche, Energieinhalt von etwa 10 Megatonnen TNT) erklären, vor allem aber den Umstand, daß keine Spuren eines eingeschlagenen Körpers feststellbar waren. Die Gefahr, daß die Erde erneut von einem derart zerstörerischen Bombardement heimgesucht wird, ist verhältnismäßig gering. Ein Ereignis dieser Größenordnung sollte im Mittel nur einmal alle 2000 Jahre eintreten.

Wie steht es nun bei wesentlich kleineren einfallenden Körpern mit der Gefährdung von Menschen und Gebäuden? Kanadische Wissenschaftler haben sich besonders intensiv mit dieser Frage beschäftigt. Aus Daten des Meteoritenüberwachungsnetzes in Westkanada mit 60 Kameras und über einen Zeitraum von 9 Jahren haben Halliday, Blackwell und Griffin (1985) eine empirische Formel gefunden für die Wahrscheinlichkeit, nach der ein Meteorit die Erde erreicht und gegebenenfalls Schaden verursachen könnte. Sie fanden unter der Voraussetzung, daß die Gesamtmasse eines Ereignisses doppelt so groß ist wie das größte von den Kameras beobachtete Fragment die Beziehung:

$$\log N = -0.689 \log m + 2.967$$

wobei N die Anzahl der niedergegangenen Meteorite pro Jahr mit einer Masse von mindestens m Gramm pro Million km^2 bedeuten. Daraus berechneten sie 39 Meteoritenfälle pro Jahr mit einer Fundmasse von mindestens 100 Gramm, die auf einer Fläche von 1 Million km^2 niedergehen, oder, auf das Festland der ganzen Erde bezogen, 5800 derartige Ereignisse. Für die USA und Kanada ergab sich mit einer Reihe plausibler Annahmen, auf die hier nicht eingegangen werden kann, eine jährliche ‹Trefferwahrscheinlichkeit› für Menschen von 0.0055 und für Gebäude von 0.8. Das heißt mit anderen Worten, daß alle 180 Jahre ein Meteorit auf einen Menschen fallen könnte und in einem Zeitraum von 10 Jahren mit Beschädigungen durch Meteorite an 8 Gebäuden gerechnet werden müßte. Wie sieht die Wirklichkeit aus?

Am 30. November 1954 fielen um 13 Uhr Ortszeit in Sylacauga, Alabama, zwei Steine von 3,4 und 1,7 kg Gewicht. Der größere durchschlug ein Hausdach und eine Zimmerdecke, streifte ein Radio und traf die Hausfrau Hewlett Hodges, die sich eben zu einem Mittagsschläfchen hingelegt hatte. Sie erlitt schmerzhafte Prellungen an der linken Hüfte. Vier oder fünf Steinmeteorite, der schwerste mit 1,4 kg Masse, fielen am 16. Februar 1827 in Mhow, Uttar Pradesch, Indien. Einer soll einen Mann verwundet und einen Baum stark beschädigt haben. Andere Vorfälle, bei denen Menschen zu Schaden gekommen waren, sind keine bekannt. Die Wahrscheinlichkeit, daß ein Mensch von einem herabfallenden Meteorit getroffen wird, ist also tatsächlich außerordentlich gering.

Meldungen über Beschädigungen von Gebäuden, meistens Hausdächer, sind dagegen schon etwas häufiger anzutreffen. Das ‹Meteoritical Bulletin› verzeichnet aus den letzten 25 Jahren etwa zwei Dutzend solcher Vorkommnisse.

Ein typischer Gebäudeschaden durch einen Meteoritentreffer (Kiel, 26. 4. 1962) ist auf Abbildung 4.26 zu sehen. Die Fallumstände des Meteorits von Kiel wurden schon in Kapitel 2 wiedergegeben.

Gleich zweimal innerhalb von 11 Jahren wurde die amerikanische Stadt Wethersfield, Connecticut, von Steinmeteoriten ‹bombardiert›. Am 8. April 1971 schlug ein Stein von 350 Gramm durch ein Hausdach, und am 8. November 1982 war es erneut ein Steinmeteorit, diesmal von 2,7 kg Masse, der das Dach eines Hauses beschädigte. In Baxter, Missouri, sauste am 18. Januar 1916 morgens um 9 Uhr ein 611 Gramm schwerer Stein mit Getöse durch ein Hausdach. Drei beschädigte Häuser sowie Blechschäden an der Karosserie eines Personenautos stellte man am 31. Januar 1977 fest nach dem Meteoritenfall von Louisville, Kentucky (4 Steine, 1,3 kg Gesamtgewicht). In St. Louis, Missouri, wurde am 10. Dezember 1950 durch den Fall eines Steinmeteorits (1 kg) ebenfalls ein Auto beschädigt. Und in Claxton, Georgia, schlug ein 1,455 kg schwerer Steinmeteorit am 10. Dezember 1984 einen freistehenden Briefkasten aus Eisenblech zu Schrott.

Bisher haben wir uns ausschließlich mit der Einschlagsgeschichte der Erde befaßt und festgestellt, daß es eigentlich einige recht eindrückliche Kratergebilde gibt, die wie große Wunden die Erdkruste bedecken. Daß die Erde nicht noch pockennarbiger aussieht, verdankt sie zwei Tatsachen: einerseits haben Erosionsvorgänge im Laufe der letzten einigen 100 Millionen Jahre den allergrößten Teil der Impaktstrukturen zum Verschwinden gebracht, andererseits wirkte die Atmosphäre wie ein Schutzschild, vor allem gegen den Einfall kleinerer Körper. Daß es viel mehr Einschläge gegeben haben muß, sehen wir, wenn wir unsere Betrachtungen auf die erdähnlichen inneren Planeten und deren Monde ausdehnen.

Die Oberflächen des Erdmondes sowie von Merkur, Mars und dessen Monden Phobos und Deimos sind teilweise dicht an dicht von Einschlagskratern übersät. Sogar Venus, deren Oberfläche aufgrund ihrer Wolkendecke nicht direkt beobachtbar ist, scheint aufgrund von Radaruntersuchungen kraterähnliche Gebilde aufzuweisen.

Das Aussehen des Erdmondes ist ein gutes Beispiel für derart geprägte planetare Oberflächen. Die zeitliche Rekonstruktion der lunaren Einschlagsgeschichte durch radiometrische Altersbestimmungen an Mondgesteinen und die Ermittlung der Einschlagskrater-Häufigkeiten auf der atmosphärenlosen Mondoberfläche zeigen, daß das für die Entstehung der lunaren Einschlagskrater verantwortliche kosmische Bombardement vor rund 4 Milliarden Jahren in einer Art ‹Säuberungsphase› nach der Bildung (Akkretionsphase) der inneren Planeten noch um einen Faktor 10000 größer war, danach stark abnahm und seit 3 Milliarden Jahren bis heute ungefähr gleich blieb. Daraus schließt man auf eine ähnliche zeitliche Abhängigkeit der Einschlagsrate für die Erde. Impaktereignissen kommt somit für die geologische Entwicklung planetarer Körper im inneren Sonnensystem eine fundamentale Bedeutung zu.

Im Zusammenhang mit der Herkunft und Entstehung der Meteorite werden wir daher in Kapitel 7 auf dieses Thema noch einmal eingehen.

Fig. 5.1-5.4
Kosmischer Staub, von Don E. Brownlee und Mitarbeitern (NASA) mit einem U2-Spezialflugzeug in der Stratosphäre (20 km Höhe) aufgesammelt.

\>
NASA-Probe U 2022 C 10. Größe: 0,013 mm. Farbe: Schwarz. Zusammensetzung: Eisen, Spuren von Schwefel, Nickel und Silizium.

\>>
NASA-Probe W 7029 K 2. Größe: 0,007 × 0,010 mm. Farbe: Schwarz mit Gelb. Zusammensetzung: Silizium, wenig Magnesium und Schwefel, Spuren von Eisen.

\>
NASA-Probe U 2022 E 24. Größe: 0,011 × 0,010 mm. Farbe: Gold, Schwarz. Zusammensetzung: Schwefel und Eisen (Troilit), Spuren von Silizium und Nickel.

\>>
NASA-Probe U 2022 C 18. Größe: 0,01 × 0,008 mm. Farbe: Schwarz. Zusammensetzung: Silizium, wenig Magnesium, Schwefel.

Die Staubpartikel sind vermutlich kometaren Ursprungs.

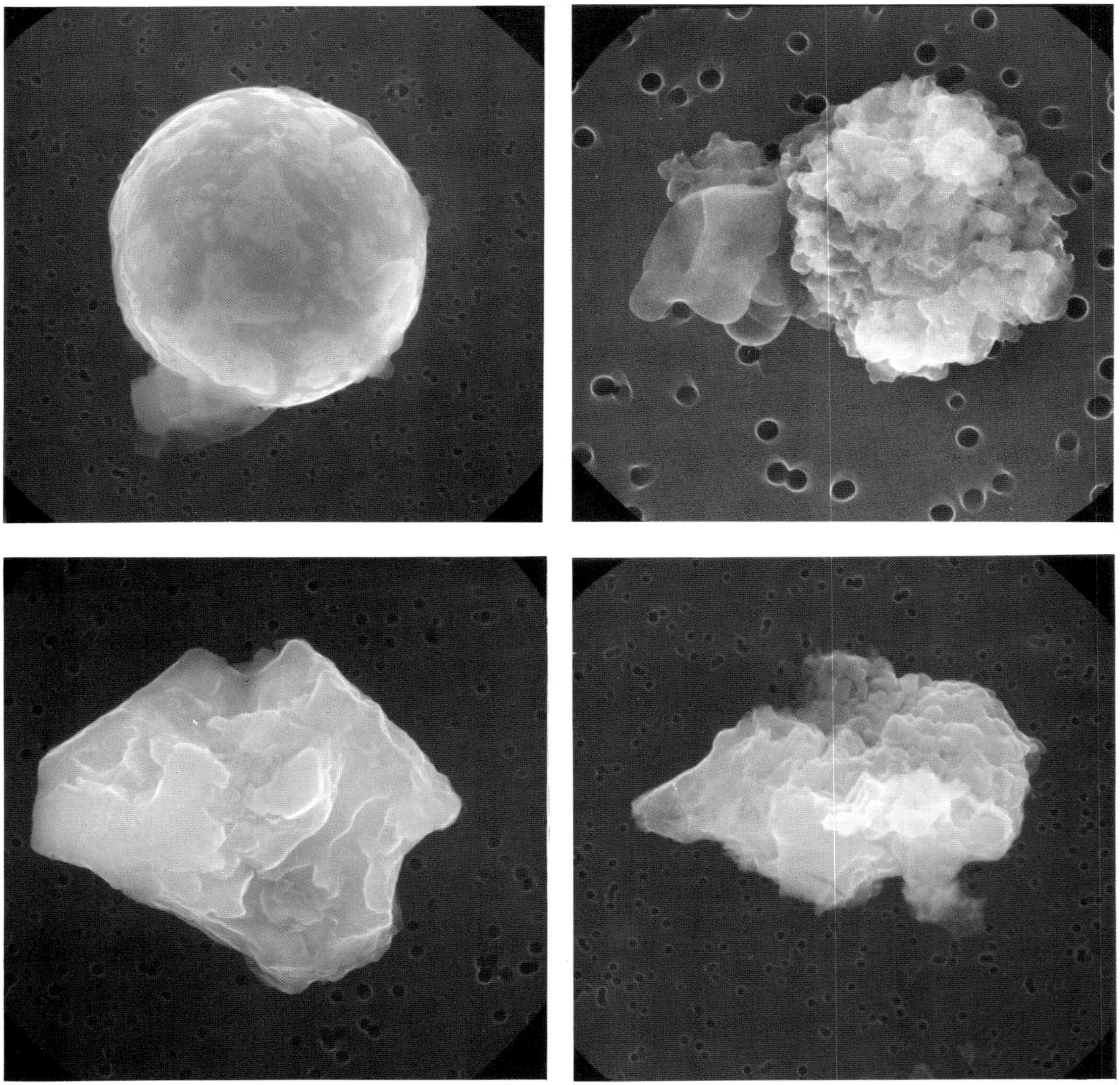

5

STAUBKÖRNER UND RIESENBROCKEN

Der jährliche Massenzuwachs von Materie aus dem Weltraum auf die Erde beträgt nach neuesten Schätzungen etwa 16000 Tonnen. Davon sind rund drei Viertel Mikrometeorite mit Massen von Gramm-Bruchteilen und kosmischer Staub. Reste größerer Körper, die auf der Erde einschlugen, sind Meteorite. Steinmeteorite fand man ab etwa Reiskorngröße bis zu metergroßen Massen von über 1 Tonne. Eisenmeteorite kennt man von der Größe eines Hühnereis bis hin zum schreibtischgroßen Block von Hoba, Namibia, dessen Masse auf etwa 60 Tonnen geschätzt wird.

Äußerlich ist das Erscheinungsbild der Meteorite bestimmt durch die oft gerundete, charakteristische Form und die beim Flug durch die Atmosphäre entstandene Schmelzkruste.

Sechzehntausend Tonnen pro Jahr

Tonnenweise gelangt kosmische Materie täglich in Form von echten Mikrometeoriten, die den Fall durch die schützende Lufthülle unbeschadet überstanden, als «Abbrand-Produkte» von einfallenden und geschmolzenen Meteoroiden sowie als kosmischer Staub auf die Erde. Wie wir bereits in Kapitel 2 ausführten, schätzt man den Massenzuwachs aus dem Weltraum auf etwa 16000 Tonnen pro Jahr.

Es ist daher nicht verwunderlich, wenn solche Mikrometeorite überall zu finden sind. In großen Teilen der Erde sind sie allerdings mit irdischen (industriellen) Abfallprodukten so stark vermischt, daß Mikrometeorite unter antropogenen Staubteilchen etwa genau so verloren sind, wie ein Meteorit im Schutt einer Gletschermoräne. Wissenschaftler haben daher nach Möglichkeiten gesucht, wie sie Mikrometeorite gewinnen könnten, die von irdischen Produkten möglichst wenig beeinflußt waren. Tiefere Bodenschichten der Ozeane, die vor der Industrialisierung auf den Kontinenten abgelagert worden waren, und die teilweise kilometerdikken Eisschichten der Pole sowie von Grönland boten sich für eine erfolgversprechende Suche geradezu an. Mittlerweilen hat man aus Bohrkernen von Tiefseeablagerungen und bei Bohrungen in altem Eis der Polargebiete Mikrometeorite gewinnen können.

1976 gelang es Don E. Brownlee und Mitarbeitern (NASA) zum ersten Mal, unverschmutzten kosmischen Staub aus den oberen Bereichen der Stratosphäre aufzusammeln. Sie benutzten dazu ein hochfliegendes Spezialflugzeug des Typs U-2, das mit einer außen angebrachten Probensammlerplatte versehen war. Die von Brownlee eingefangenen Partikel liegen in Größenbereichen von Hundertstel- bis Zehntausendstel-Bruchteilen eines Millimeters. Untersuchungen der Proben zeigten von Meteoriten abweichende Zusammensetzungen. Man nimmt an, daß zumindest ein Teil davon Reste von Kometen sind: Material aus dem ‹Niemandsland› des Sonnensystems.

Die Abbildung 5.1–5.4 zeigt in großer Höhe von Don E. Brownlee eingefangene Staubteilchen unterschiedlicher Zusammensetzung. Auf Abbildung

Abb. 5.5
‹Meteoritischer Abbrand› (Schmelzprodukte des Ablationsprozesses) aus Bodenproben der Region von Sikhote-Alin, UdSSR, wo am 12. Februar 1947 der bisher größte beobachtete Eisenmeteoritenschauer niederging. Vergrößerung × 65.

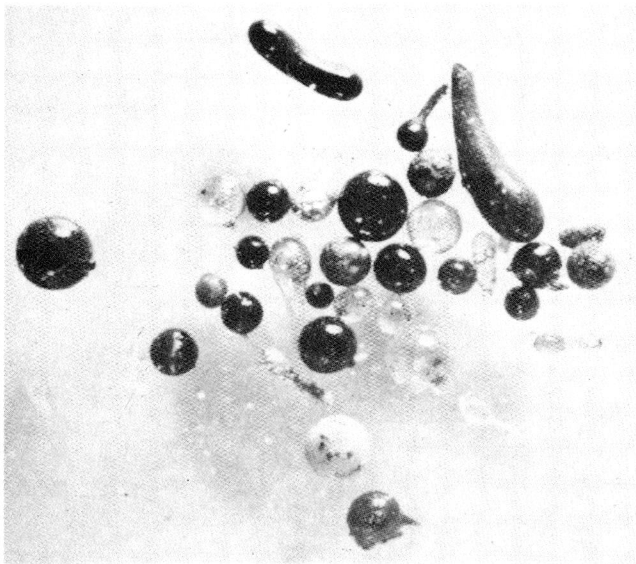

Abb. 5.6
Antropogene ‹Mikrometeorite› in Form industrieller Abfallprodukte sehen echten Mikrometeoriten oft täuschend ähnlich und sind von diesen nur äußerst schwierig zu unterscheiden. Vergrößerung × 15.

Tabelle 5.1
Auswahl der kleinsten Stein-Einzelmeteorite

Name	Art	Gruppe	Fund/ * Fall	Masse (g)	Größe (cm)
Vilna	Chond.	L5	* 5.2.1967	0,142	2 Fragmente
Pantar (Schauer)	Chond.	H5	* 16.6.1938	0,4	Reiskorngr.
Revelstoke	Chond.	CI1	* 31.3.1965	1	2 Fragmente
Pultusk (Schauer)	Chond.	H5	* 30.1.1868	1	0,5
Mühlau	Chond.	–	ca. 1877	5	Erbsengröße
Crescent	Chond.	CM2	* 17.8.1936	5,7	Erbsengröße
Ras Tanura	Chond.	H6	* 23.2.1961	6,1	Erbsengröße
Barntrup	Chond.	–	* 28.5.1886	17	Walnußgr.
Kutais	Chond.	H5	* 28.11.1977	23	Walnußgr.
Galim	Chond.	LL6	* 13.11.1952	28	2 Fragmente
Medanitos	Achond.	EUC	* 14.7.1953	31	2 Steine
Grefsheim	Chond.	L5	* Januar 1976	45,5	versch. Fragm.

Bemerkung: Die antarktischen Funde, die zum Teil wesentlich kleiner sind, sind hier nicht berücksichtigt!

5.5 sind meteoritische Abbrandteilchen zu sehen, die E. L. Krinov in der Region von Sikhote-Alin aufsammelte. Abbildung 5.6 zeigt industriell entstandenen ‹kosmischer Staub›.

Von der Größe eines Reiskorns ...

Im Millimeterbereich kann man bereits wieder von kleinen Meteoriten sprechen, die als Meteoroide das atmosphärische ‹Filter› überstanden und auf die Erde fielen. Wie klein können denn Steinmeteorite überhaupt sein, damit man sie noch finden kann? Daß diese Frage durchaus ihre Berechtigung hat, zeigt ein Blick auf Tabelle 5.1. Dort ist eine Auswahl kleinster Einzelexemplare von Steinmeteoriten zusammengestellt.
Funde solcher Minimeteorite sind vielfach glücklichen Zufällen zu verdanken. Die beiden Fragmente von Vilna, Alberta, fielen auf das Eis eines Sees. Man entdeckte sie aufgrund photographischer

Abb. 5.7
Jilin, Volksrepublik China. Größtes erhaltenes Fragment (1170 kg) der beim Aufschlag zerbrochenen Hauptmasse (1770 kg) des Steinmeteoritenschauers vom 8. März 1976. Das abgebildete Stück mißt 117 × 93 × 84 cm.

Tabelle 5.2
Auswahl der kleinsten Einzel-Eisenmeteorite

Name	Art	Gruppe	Fund/ * Fall	Masse (g)	Größe (cm)
Wedderburn	D	IIID	1951	210	5×3,6×2,6
Freda	D	IIID	1919	268	4,5×4×3
Dehesa	D	ANOM	1868	280	5×5×3
Föllinge	Off	IIID	1932	400	7,4×4,5×3
Linville	D	ANOM	1882	442	6,5×3,8×3,5
Gay Gulch	Opl	ANOM	1901	483	6×5×4
Kofa	Opl	ANOM	1893	490	8×7×2
Britstown	Opl	IIA	1910	544	9×6×5
Wathena	H	IIA	1939	566	8×4×4
York	Om	IIIA	1878	835	8,5×7,5×4
Maldyak	Om	IIIAB	1939	992	8×6×5
Mount Ouray	Om	IID	1898	1000	7×7×6

Bemerkung: Die antarktischen Funde sind hier nicht berücksichtigt.

Tabelle 5.3
Auswahl der größten Steinmeteorite

Name	Art	Gruppe	Fund/ * Fall	Total (t)	Zahl	Größtes/Kleinstes Stück (t)	(kg)
Jilin	Ch.	H5	* 1976	4	>100	1,77	>0,5
Norton County	Ach.	AUB	* 1948	?	>100	1,07	0,001
Knyahinya+	Ch.	L5	* 1866	0,5	>1000	0,293	0,002
Ochansk	Ch.	H4	* 1887	0,5	?	0,115	>0,001
Bjurböle+	Ch.	L4	* 1899	0,33	1	0,08	–
Saratov	Ch.	L4	* 1918	0,328	?	0,159	0,1
Alfianello	Ch.	L6	* 1883	0,23	1	0,013	0,1
New Concord	Ch.	L6	* 1860	0,23	30	0,047	–
Djati-Pengilon	Ch.	H6	* 1884	0,166	1	0,166	–
Molina	Ch.	L5	* 1858	0,144	1	0,144	–
Kesen	Ch.	H4	* 1850	0,135	1	0,135	–
Ensisheim	Ch.	LL6	* 1492	0,127	1	0,127	–

+ Beim Aufschlag fragmentiert.

Tabelle 5.4
Auswahl der größten Eisenmeteorite

Name	Art	Gruppe	Fund/ * Fall	Total (t)	Zahl	Größtes/Kleinstes Stück (t)	(kg)
Hoba	D	IVB	1920	60	1	60	–
Cape York	Om	IIIA	1894	58	>10	30,88	0,29
Campo del Cielo	Og	IA	1803	>30	>20	18	0,4
Chupaderos	Om	IIIB	1852	24,3	>5	14,1	0,1
Mundrabilla	Om	ANOM	1911	23,6	11	16	0,004
Sikhote-Alin	Ogg	IIB	* 1947	27	>400	1,75	0,001
Bacubirito	Off	ANOM	1863	22	1	22	–
Gibeon	Off	IVA	1838	21	81	0,65	0,2
Armanty	Om	IIIE	1898	20	1	20	–
Mbosi	Om	ANOM	1930	16	1	16	–
Willamette	Om	IIIA	1902	14,1	1	14,1	–
Morito	Om	IIIA	1619	10,1	1	10,1	–

Flugbahnaufzeichnungen. Auch die beiden Fragmente von Revelstoke, Britisch Kolumbien, wurden auf einem zugefrorenen See gefunden.

Wäre der Steinmeteorit von Ras Tanura in Saudi Arabien nicht auf das Erdölverladedock einer Raffinerie, sondern in die umgebende Wüste gefallen, man hätte ihn mit seinen 6 Gramm wohl nie entdeckt.

Etwas anders sieht es bei den kleinsten Eisenmeteoriten aus, die in Tabelle 5.2 zusammengestellt sind.

Hier fällt auf, daß es sich bei Eisenmeteoriten hauptsächlich um Funde handelt und daß diese durchschnittlich schwerer sind als kleine Steinmeteorite. Damit ein Eisenmeteorit überhaupt auffällt, muß er also mindestens die Größe eines Hühnereis aufweisen.

< Fig. 5.8
Der Steinmeteorit von Knyahinya, Ukraine, fiel als Schauer am 9. Juni 1866. Abgebildet sind drei nachträglich zusammengefügte große Fragmente. Der größte Block wiegt 293 Kilogramm. Breite: 47 cm.

Fig. 5.9
Eisenmeteorit von Bacubirito, Mexiko. Der 4,2 Meter lange und auf 22 Tonnen geschätzte Eisenbrocken ist in Culiacan, Mexiko, ausgestellt.

... bis zu schreibtischgroßen Blöcken

Einige der größten Steinmeteorite haben wir in früheren Kapiteln bereits erwähnt. Auf Abbildung 5.7 ist das größte Einzelstück des Falls von Jilin abgebildet. Abbildung 5.8 zeigt den 293 kg schweren Block (Hauptstück) des Schauers von Knyahinya, Ukraine, der beim Aufprall in drei größere Stücke zerbrach. Von Knyahinya sind außerdem unzählige kleine Steine bekannt. Die größten Steinmeteorite sind in Tabelle 5.3 aufgeführt.
Großen Eisenmeteoriten sind wir bereits in Kapitel 2 bei den Meteoritenfunden (z. B. Cape York-Gruppe, Mundrabilla) begegnet. Der in Kapitel 4 erwähnte 60-Tonnen-Block von Hoba ist auf Abbildung 4.1 zu sehen.
Weitere große Eisenmeteorite sind in den Abbildungen 5.9 und 5.10 abgebildet und auf Tabelle 5.4 zusammengefaßt.
Über die **Größe der Meteorite** zwischen den in unseren Tabellen aufgeführten Mindest- und Höchstwerten gibt das in Sammlungen vorhandene Material einige Anhaltspunkte. Von den Steinmeteoriten (beobachtete Fälle) liegen 608 der aufgefundenen Fragmente oder Einzelsteine im Bereich von 0,25 bis 64 kg, bei den Eisenmeteoriten (Fälle und Funde) haben rund die Hälfte zwischen 2,5 und 156 kg Fundmasse (101 mit 2,5–10 kg; 155 mit 10–40 kg; 97 mit 40–156 kg).

Fig. 5.10
Hauptmasse des 14,1 Tonnen schweren Eisenmeteorits von Willamette, Oregon. Die tiefen Einbuchtungen auf der Rückseite sind wahrscheinlich nicht beim Atmosphärendurchflug, sondern durch terrestrische Lochfraßkorrosion entstanden.

Fig. 5.11 >
Vorderseite des Steinmeteorits von Horace, Kansas. Die vom Apex radial nach hinten gerichteten Furchen und Löcher sind kennzeichnend für orientierte Meteorite. Breite: 25 cm.

Fig. 5.12 >>
Die eckige Masse des 12,7 Kilogramm schweren Eisenmeteorits von Bruno, Saskatchewan, zeigt längliche Remaglypte, die durch Ablation entstanden. Breite: 19 cm.

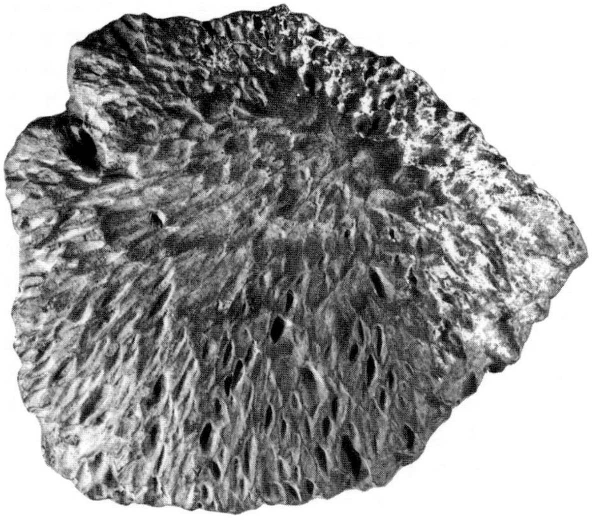

Fig. 5.13
Brustseite (Apex) des Eisenmeteorits von Cabin Creek, Arkansas, mit sehr schön ausgebildeten Remaglypten. Höhe: 44 cm.

Fig. 5.14
Eisenmeteorit von Bushman Land, Namibia. Die Kanten sind durch Ablation gerundet. Deutlich erkennbare Remaglypte sind auf der vertieften Partie der Oberfläche zu sehen. Breite des Stücks: 12,5 cm.

Form und Oberfläche der ‹Donnersteine›

Form: Eine unwahrscheinliche, nicht gesetzmäßige Vielfalt ist vorherrschend. Sie reicht von einfachen eckigen bis gerundeten über kompliziert und unregelmäßig geformten Gebilden bis zu Stücken, deren Aussehen «wie ein kauernder Hund», «...ähnlich einer Blumenvase», «wie eine Bank», «...mit der Form einer Banane» oder «wie ein Brotlaib» beschrieben werden.
Die meisten Steinmeteorite sind gewöhnliche Gesteinsbruchstücke mit mehr oder weniger gerundeten Formen. Die Stärke der Kantenabrundung ist direkt von der Höhe der Durchflugsgeschwindigkeit des Meteoroids in der Erdatmosphäre, dessen innerer Beschaffenheit und Größe abhängig sowie von der Länge der Flugbahn und damit der Dauer, während welcher Ablation die Meteoroidform verändern konnte. Eisenmeteorite sind unregelmäßig geformte Nickeleisenbrocken, für die bezüglich der Kantenabrundung das oben Gesagte ebenfalls Gültigkeit hat. Es scheint, daß bei der präatmosphärischen Gestalt der Eisenmeteorite einfache eckige und konische Formen etwas häufiger sind. Das könnte mit der Spaltbarkeit der Taenitkristalle entlang mineralreicher Spaltflächen des Oktaeders, Dodekaeders oder Würfels erklärt werden (Kapitel 6). Und tatsächlich gibt es einen würfelförmigen Meteorit aus der Antarktis (Kantenlänge etwa 10 cm), der sich dann auch als Hexaedrit entpuppte.
Wenn Meteoroide beim atmosphärischen Flug während längerer Zeit eine konstante Lage einnehmen, entstehen orientierte Flugkörper. Am Meteorit kann man deutlich zwischen Vorder- und Rückseite unterscheiden. Bei Steinmeteoriten entstehen domartig gerundete, mitunter konische Formen mit charakteristischen Ablationserscheinungen (Riefen, Furchen, flache längliche Löcher), die

Fig. 5.16 >
Steinmeteorit (Chondrit) von Pultusk, Polen. Feingekörnte schwarze Schmelzkruste. Breite: 5,6 cm.

Fig. 5.15 >>
Der Steinmeteorit (Eukrit) von Pasamonte fiel als Schauer am 24. März 1933. Seine Oberfläche ist von einer glasartigen Schmelzkruste bedeckt, die aufgeplatzte und wieder erstarrte blasenartige Gaslöcher zeigt. Breite: 5,4 cm.

Fig. 5.17 >
Steinmeteorit von Norton County (Aubrit), Kansas. Die glasartige Schmelzkruste ist mit haarfeinen Gaskanälen und -löchern sowie Rissen bedeckt. Breite: 6,6 cm.

Fig. 5.18 >>
Troilit- und silikatreicher Eisenmeteorit von Pitts, Georgia. Die anormale Ausbildung der Schmelzkruste ist auf den hohen und an die Oberfläche reichenden Troilitanteil (rauhe Bereiche) zurückzuführen. Breite: 13,5 cm.

vom Apex radial nach hinten gerichtet sind. Besonders schöne Beispiele orientierter Steinmeteorite sind jene von Krähenberg in Abbildung 2.7 und Horace, Abbildung 5.11.

Ähnliche Ausbildungen können auch bei orientierten Eisenmeteoriten beobachtet werden. Als Beispiele seien genannt: die Eisen von Cabin Creek, Arkansas Abbildung 5.13, und von Bruno, Saskatchewan Abbildung 5.12. Die tiefen Einbuchtungen des Meteorits von Willamette, Oregon, Abbildung 5.10, entstanden wahrscheinlich durch terrestrische Korrosionsvorgänge.

Sehr charakteristische Kennzeichen der Eisenmeteorite sind die Remaglypte (aus dem Griechischen = durch Bruch ausgehöhlt), daumengroße Vertiefungen, die mit einer gewissen Regelmäßigkeit auf der Oberfläche angeordnet sind. Sie entstanden beim Vorüberströmen sehr schnell bewegter turbulenter Heißluftmassen entlang der Oberfläche des Meteoroids. Remaglypte sind nicht durch das Ausbrennen von niedrigschmelzenden Mineralen (z. B. Troilit, Schreibersit, siehe Kapitel 6) entstanden, wie vielfach angenommen wird. Sehr schön ausgebildete Remaglypte sind bei den Eisen von Cabin Creek in Abbildung 5.13 und von Bushman Land, Namibia, Abbildung 5.14 zu sehen.

Schmelzkruste: Die Oberfläche frisch gefallener Steinmeteorite ist von einer meistens schwarzen, in seltenen Fällen farblosen bis grünlichen, glatten bis gekörnten, oft glänzenden Schmelzkruste bedeckt, die durch Erhitzung beim Atmosphärendurchflug entstand. Sie besteht aus einfachen Schmelzprodukten des Meteorits und ist oft von glasartiger Beschaffenheit. Mitunter können darauf und darin Riefen, Fließmarken, Gasaustrittslöcher sowie in flüssigem Zustand aufgeplatzte und durch plötzliche Abkühlung erstarrte Blasen festgestellt werden. Bei frischen Eisenmeteoriten ist äußerlich eine schwarze glatte Schmelzkruste sichtbar, die zum größten Teil aus Magnetit (FeO) und anderen Mineralen besteht. Das Gefüge des Meteoriteneisens ist bis in eine Tiefe von durchschnittlich 10 mm von der Reibungshitze beeinflußt und verändert worden. Typische Oberflächen von Schmelzkrusten bei Steinmeteoriten sind auf den Abbildungen 5.15–5.17, solche von Eisenmeteoriten auf den Abbildungen 5.12–5.14 zu sehen.

Von der bisher beschriebenen äußeren Beschaffenheit der Meteorite gibt es Übergangsformen bei Arten, die aus einem Gemisch von Nickeleisen und Silikaten bestehen. Beispiele dafür sind die Pallasite, Mesosiderite und silikatreichen Eisenmeteorite. Das Äußere eines silikatreichen Eisenmeteorits ist in Abbildung 5.18 zu sehen.

Durch längeres Verbleiben auf der Erdoberfläche verwittern die Meteorite und erhalten in den meisten Fällen (Ausnahme: gewisse Achondrite) ein braunes rostiges Aussehen.

Abb. 6.1
Querschnitt durch den Eisenmeteorit Gibeon (IVA, Of). Die verschiedenen Orientierungen der Widmanstättenschen Figuren in den Feldern 1–9 zeigen, daß der abgebildete Bereich des feinen Oktaedrits ursprünglich aus 9 verschiedenen Taenitkristallen zusammengesetzt war. Breite der angeätzten Probe 50,5 cm. (Sammlung Museum Bally-Prior, Schönenwerd).

6

SYSTEMATIK MINERALOGIE PETROLOGIE ZUSAMMENSETZUNG

Bei der Klassifikation der Meteorite aufgrund ihrer chemischen Zusammensetzung unterscheidet man drei große Hauptgruppen: Stein-, Steineisen- und Eisenmeteorite. Die Steinmeteorite lassen sich weiter gliedern in die undifferenzierten Chondrite, welche seit ihrer Entstehung nicht oder nur wenig metamorph verändert wurden, und in Achondrite, die im Lauf ihrer Geschichte starke Umwandlungen erfuhren. Mesosiderite enthalten etwa gleichviel Silikatanteil wie Nickeleisen. Pallasite bestehen aus Silikaten (Olivin) in einer schwammartigen metallischen Grundmasse. Eisenmeteorite bestehen zur Hauptsache aus Nickeleisen. Neben der chemisch-genetischen Klassifikation in 17 Untergruppen teilt man Eisenmeteorite aufgrund ihrer Struktur auch ein in Oktaedrite, Hexaedrite und Ataxite. Achondrite, Mesosiderite, Pallasite und Eisenmeteorite werden auch als differenzierte Meteorite bezeichnet.
Verwandtschaftliche Beziehungen (Clan-Bildungen) der einzelnen Meteoritenarten und Gruppen untereinander lassen sich mit der Häufigkeitsverteilung von Isotopenanomalien feststellen.

Namengebung

Neue Meteorite werden in der Regel nach Ortschaften – Weilern, Dörfern, Städten – benannt, die in nächster Nähe des Fundes oder Falles liegen. So erhielt zum Beispiel der 1984 gefundene Schweizer Meteorit den Namen ‹Twannberg› nach dem gleichnamigen Weiler, auf dessen Gebiet er entdeckt wurde. Weitere Meteoritennamen nach Ortschaften sind etwa ‹Aarhus›, ‹Ensisheim›, ‹Ramsdorf›, ‹Kiel›, ‹Môcs›, ‹Prambachkirchen› etc. In schwach besiedelten Gebieten können für die Namengebung aber auch die geographischen Bezeichnungen von Flüssen, Bergen, einer Bucht oder Insel verwendet werden, wie dies beispielweise bei ‹Prairie Dog Creek›, Kansas, ‹Cape York›, Grönland oder ‹Ella Island›, Grönland der Fall ist. Wichtig dabei ist, daß die einmal gewählten Namen beibehalten werden und daß sie auf den gebräuchlichsten topographischen Karten der jeweiligen Region verzeichnet sind. Eine zwingende Anforderung an Meteoritennamen ist, daß sie unverwechselbar, eindeutig sein müssen. Das Nomenklatur-Komitee der ‹Meteoritical Society› hat spezielle Richtlinien ausgearbeitet, nach denen Meteoritennamen vergeben werden und die dafür sorgen, daß bezüglich der Namengebung keine Konfusionen entstehen. Diese Richtlinien wurden in der Zeitschrift der Gesellschaft publiziert (‹Meteoritics›, 1980, Vol. 15, Seiten 102–103). Die Nomenklatur der antarktischen Meteorite wird weiter unten erwähnt.
Werden Meteorite nach gleichnamigen Fundstellen benannt, die jedoch in verschiedenen Regionen (Staaten, Bezirken) liegen, erhält die offizielle Bezeichnung einen Zusatz: zum Beispiel ‹Colby (Kansas)› und ‹Colby (Wisconsin)›. Proben vom gleichen Fundort, die sich bereits aufgrund ihrer Zusammensetzung grundsätzlich unterscheiden, werden ebenfalls im Namen gekennzeichnet: ‹Dordrecht (iron)› und ‹Dordrecht (stone)›. Stammen zwei oder mehr Meteorite vom gleichen Ort und ist keine geographische Unterscheidung möglich, wie dies in dünn besiedelten Gegenden der Fall sein kann, erhalten die Namen Zusätze durch Kleinbuchstaben: ‹Tulia (a)› und ‹Tulia (b)›. Bei zu weit gefaßter Namengebung sind nachträglich auch geographische Beifügungen zur Präzisierung möglich: ‹Klondike (Gya Gulch)› und ‹Klondike (Skookum Gulch)›. Funde von gleichen Lokalitäten, die jedoch in größeren zeitlichen Abständen gemacht wurden, kennzeichnet man mit der Jahreszahl: ‹Duel Hill (1854)› und ‹Duel Hill (1873)›. Zu verschiedenen Zeitpunkten aufgefundene Stücke, die zum gleichen Fall gehören, werden numeriert: ‹Barratta No. 1›, ‹Barratta No. 2› etc. Zuständig für alle Fragen der Namengebung ist auf jeden Fall das bereits genannte Nomenklatur-Komitee, welches neue Meteorite in periodischen Abständen im ‹Meteoritical Bulletin› der Zeitschrift ‹Meteoritics› veröffentlicht. Nachstehend als Beispiel die erste Publikation des Meteorits Twannberg im Meteoritical Bulletin No. 64 vom September 1986:

Discovery of the *Twannberg*, Switzerland, iron meteorite

Name	TWANNBERG
Place of find:	Nidau district, canton Bern, Switzerland. 47°7′28″N., 7°10′44″E.
Date of find:	9 May, 1984
Class and type:	Iron. Hexahedrite to coarsest octahedrite. 5.1% Ni. Similar in structure and composition to Tombigbee River.
Number of individual specimens:	1
Total weight:	15,91 kg
Circumstances of find:	Found in barley field, after ploughing.
Source:	R. W. Buehler, P. O. Box 6, CH-5026, Densbueren, Switzerland; V.F. Buchwald, Institute of Metallurgy, Bygning 204, 2800 Lyngby, Denmark.

Eine Übersicht über alle zur Zeit bekannten Meteorite gibt der 1985 in 4. Auflage erschienene englische ‹Catalogue of Meteorites›. Es liegt in der Natur jedes derartigen Katalogwerkes, daß es bereits bei seinem Erscheinen nicht mehr auf dem neuesten Stand ist. Im gedruckten Buch sind alle Meteorite bis Januar 1984 berücksichtigt. Man hat bei den Herausgebern des Katalogs, dem ‹British Museum› in London, daher nach Mitteln und Wegen gesucht, wie man diese Daten aktueller gestalten und Wissenschaftlern, Museen sowie Sammlern, jährlich aktualisiert, zugänglich machen könnte. Eine Lösung auf der Basis elektronischer Datenverarbeitung bot sich an. Seit September 1987 gibt es den ‹Catalogue of Meteorites› auch auf Datenträgern für Computer. Er kann mit jedem Personal Computer der XT- oder AT-Reihe, welcher über eine Festplatte als Speicher verfügt, betrieben werden. Das erforderliche Betriebssystem ist MS-DOS 2.11 oder aufwärtskompatible Versionen. Mit jährlichen Nachträgen, die einfach auf die dem British Museum zurückgesandten Disketten kopiert werden, wird dafür gesorgt, daß die rund 3700 Einträge (September 1987) wirklich immer auf dem neuesten Stand sind.

Sehen wir uns vom Meteorit ‹Bohumilitz›, CSSR, den Computer-Eintrag im ‹Catalogue of Meteorites› an, mit allen geographischen, bibliographischen und analytischen Angaben sowie der Verteilung des Materials auf die verschiedenen Sammlungen der Welt.

Bohumilitz
Vimperk (= Winterberg), Jihocesky, Czechoslovakia
49° 3' N. 13° 46' E.
Find, 1829
Synonym(s): Bohumilice, Prachin, Vyskovice
Iron. Octahedrite, coarse (1.9 mm) (IA).
A mass of about 52 kg was found near Bohumilitz Castle, Verh. Ges. vaterl. Mus. Prag, 1830, 8:15, 26 Edinburgh J. Sci., 1830, 3 (6, new ser.): 310. A second mass of 962 g was found near Bohumilitz in 1899, and a third mass of 5850 g was found in 1925 at Vyskovice. References, V. F. Buchwald, Iron Meteorites Univ. of California 1975,: 334. This meteorite may have fallen on 1 January, 1770, J. V. Zelikzo, Prehled mineralu jiznich Czech, Vodnany, Bohemia 1936, (M. A. 6-392) but is too heavily weathered for this to be the case, V. F. Buchwald (op. cit.). Classification and analysis, 7,37 % Ni, 75,3 ppm. Ga, 264 ppm. Ge, 1.8 ppm. Ir., J. T. Wasson, (Icarus, 1970, 12:407).
44 kg Prague, Nat. Mus.; 4,7 kg Vienna, Naturhist. Mus.; 1,5 kg Paris, Mus. d'Hist. Nat.; 1,5 kg Chicago, Field Mus. Nat. Hist.; 1,3 kg Berlin, Humboldt Univ.; 634 g Budapest, Nat. Hist. Mus.; 325 g Washington, U.S. Nat. Mus.; 466 g Tempe, Arizona State Univ.; 248 g New York, Amer. Mus. Nat. Hist. [1927, 155] 244 g, (a slice). [35726] 97 g, [1920, 292] 44 g, (etched slice). [34613] 21 g, [1985, M. 275] 2,5 g, [1985], M. 276] 114 g.

Die Notwendigkeit einer solchen Maßnahme liegt auf der Hand. Von den bereits über 9000 gefundenen antarktischen Meteoriten (Kapitel 3) wird jedes Jahr eine größere Anzahl neu klassifizierter Proben in den Katalog übernommen. Und gerade bei den zahlreichen Meteoriten aus der Antarktis ist eine sorgfältige Katalogisierung und Übersicht über das klassierte Material besonders wichtig. Die antarktischen Meteorite benennt man nach den jeweiligen Fundorten und mit einer Zahlenfolge: Zum Beispiel «Reckling Peak 80233» oder «Elephant Moraine 79001».

Aus praktischen Gründen (elektronische Datenverarbeitung) hat sich für Listen und Kataloge eine Benennung mit Abkürzungen eingebürgert. Funde bis und mit 1981 erhielten drei Buchstaben aus dem Namen und einen von der jeweiligen Expedition, die gefolgt sind von einer fünfstelligen Nummer. Die ersten beiden Ziffern bezeichnen das Dezember-Jahr der Expedition, die folgenden drei Ziffern sind fortlaufende Numerierungen: ALHA 81005 wäre demnach ein Meteorit aus den ‹ALLAN HILLS›, Expedition ‹A›, der im antarktischen Sommer 1981/82 gefunden wurde und die Nummer 005 erhielt. Ab 1982 erfolgte die Fundort-Kennzeichnung im Namen nur noch durch drei Buchstaben: ALH 82600. Die japanischen Namen enthalten sogar einen Bindestrich: Yamato-74044 oder Y-74044.

Die Klassifikation der Meteorite

Der Schlüssel zum Verständnis der biologischen und geologischen Welt ist ein genaues Klassifikationssystem. Denken wir etwa an das in der Zoologie und Botanik gebräuchliche binomische System des Schweden Carl von Linnée (1707–1778). Seit der Einführung 1735 durch die Publikation in ‹Systema naturae› diente es bis heute der wissenschaftlichen Beschreibung von Tieren und Pflanzen durch Verwendung von Gattungs- und Artnamen.

Meteorite sind bezüglich ihrer Eigenschaften keine einheitlichen Körper, die bei einer gesetzmäßigen, kontinuierlichen Abfolge von Ereignissen entstanden. Entsprechend schwierig ist es also, sie in ein Klassifikations-Schema einzuordnen.

Erste Klassierungsversuche wurden von Partsch

Tabelle 6.1
Die Klassifikation der Meteorite

Symbol	Klasse	Hauptminerale	Beispiel
Undifferenziert: Chondrite			
E	Enstatit Chondrite	Enstatit, Nickeleisen	Abee
H	Olivin-Bronzit Chondrite	Olivin, Bronzit, Nickeleisen	Jilin
L	Olivin-Hypersthen Chondrite	Olivin, Hypersthen, Nickeleisen	L'Aigle
LL	Amphoterite	Olivin, Hypersthen-Bronzit, Plagioklas, Nickeleisen	Ensisheim
C1, 2	Kohlige Chondrite	Serpentin, Sulfate, organische Bestandteile	Orgueil, Mighei
C3, 4	Kohlige Chondrite	Olivin, Pyroxen, organische Bestandteile	Ornans, Allende
C5	Kohlige Chondrite	Olivin, Silikate, Magnetit	Mulga (West)
CHANOM	Anormale Chondrite		Winona
Differenziert, silikatreich: Achondrite			
Ca-arme Achondrite (0,3–1,9% Ca)			
AUB	Aubrite	Enstatit, Forsterit	Aubres
DIO	Diogenite	Hypersthen, Klinobronzit	Ibbenbüren
URE	Ureilite	Olivin, Klinobronzit, Nickeleisen, Graphit, Diamant	Kenna
Ca-reiche Achondrite (3–8% Ca)			
HOW	Howardite	Hypersthen, Plagioklas (Bytownit)	Kapoeta
EUC	Eukrite	Pigeonit, Plagioklas (Bytownit)	Stannern
ACANOM	Anormale Achondrite	z. B. Diopsid, Olivin, Chromit	Nakhla
Differenziert, silikatreich: Steineisenmeteorite			
MES	Mesosiderite	Pyroxen, Plagioklas (Bytownit), Nickeleisen	Crab Orchard
PAL	Pallasite	Nickeleisen, Olivin	Finmarken
LOD	Lodranite	Nickeleisen, Olivin, Pyroxen, Tridymit	Lodran
Differenziert, metallreich: Eisenmeteorite			
IAB	Oktaedrite (6,4–8,7% Ni)	Kamazit, Taenit, Graphit, Silikate, Karbide	Canyon Diablo
	Ataxite, Oktaedrite (8,7–25% Ni)	Kamazit, Taenit, Silikate	Four Corners
IC	Oktaedrite (6,1–6,8% Ni)	Kamazit, Taenit, Graphit, Silikate, Karbide	Arispe
IIAB	Hexaedrite (5,3–5,7% Ni)	Kamazit, Daubréelith	Avce
	Oktaedrite (5,7–6,4% Ni)	Kamazit, Taenit	Sikhote-Alin
IIC	Oktaedrite (9,3–11,5% Ni)	Kamazit, Taenit	Unter-Mässing
IID	Oktaedrite (9,6–11,3% Ni)	Kamazit, Taenit	Hraschina
IIE	Oktaedrite (7,5–9,7% Ni)	Kamazit, Taenit	Arlington
IIF	Oktaedrite (10,6–14% Ni)	Kamazit, Taenit	Monahans
IIIAB	Oktaedrite (7,1–9,3% Ni)	Kamazit, Taenit, Troilit	Cape York
	Oktaedrite (8,4–10,5% Ni)	Kamazit, Taenit, Phosphate	Bella Roca
IIICD	Oktaedrite (6,2–13% Ni)	Kamazit, Taenit, Karbide	Lamesa
	Oktaedrite (16–23% Ni)	Kamazit, Taenit, Karbide	Tazewell
IIIE	Oktaedrite (8,2–9% Ni)	Kamazit, Taenit, Cohenit, Graphit	Coopertown
IIIF	Oktaedrite (6,8–8,5% Ni)	Kamazit, Taenit	Moonbi
IVA	Oktaedrite (7,4–9,4% Ni)	Kamazit, Taenit	Gibeon
VB	Ataxite (16–18% Ni)	Kamazit, Taenit	Hoba
IRANOM	Anormale Eisenmeteorite	Kamazit, Taenit, Silikate, Graphit, Phosphide	Twannberg

(1843) und Shepard (1846) auf der Basis von 65 Stein- und 25 Eisenmeteoriten vorgenommen. Vorarbeiten für das heute noch gebräuchliche Klassifikationssystem leistete Gustav Rose beim Ordnen der Meteorite im Mineralogischen Museum Berlin. Roses Vorschlag, 1863 publiziert, wurde von verschiedenen Bearbeitern wie Tschermak (1872), Brezina (1896), Prior (1920), Yavnel (1968) und Mason (1971) aufgenommen und weiter bearbeitet. Das im ‹Catalogue of Meteorites› verwendete System basiert auf jenem von G. T. Prior (1920), modifiziert von B. Mason (1961), B. Mason und H. B. Wiik (1964), J. T. Wasson (1974) und V. F. Buchwald (1975). Die Systematik in diesem Buch lehnt sich an jene des ‹Catalogue of Meteorites›, Ausgabe 1985, an.
Tabelle 6.1 zeigt die Unterteilung in die vier Hauptgruppen: Chondrite, Achondrite, Steineisenmeteorite und Eisenmeteorite mit den jeweiligen Untergruppen, den entsprechenden Kurzzeichen und jeweils charakteristischen Mineralen.

Die wichtigsten Minerale der Meteorite

Tabelle 6.1 zeigt, daß es eigentlich nur verhältnismäßig wenige Minerale sind, die wesentlich zur Gesamtzusammensetzung der Meteorite beitragen. Die wichtigsten vorkommenden Minerale – ein gutes Dutzend – sind in Tabelle 6.2 zusammengefaßt.

Neben diesen ‹gewöhnlichen› Meteoritenmineralen gibt es nun noch über 70 weitere (insgesamt rund 90 Minerale), die, wenn auch selten und nur in geringen Mengen, in Meteoriten festgestellt wurden. Etwas mehr als zwei Dutzend davon, darunter auch Daubréelith und Schreibersit von Tabelle 6.2, fand man bislang nur in Meteoriten. Einige typische Meteoritenminerale sind auf den Abbildungen 6.2–6.8 abgebildet.

Die undifferenzierten Meteorite (Chondrite)

Rund 70 % aller Meteorite bestehen zur Hauptsache aus Silikaten mit unterschiedlichen Gehalten an Nickeleisen und anderen Mineralen. Man bezeichnet sie daher als Steinmeteorite. 93 % aller

<< Abb. 6.2
Idiomorph ausgebildeter Forsterit Kristall aus der dunklen feinkörnigen Grundmasse des kohligen Chondrits Murchison (CM2). REM-Aufnahme. Breite des Kristalls 0,4 mm.

< Abb. 6.3
Stapel zirkulär angeordneter Magnetitplättchen aus dem kohligen Chondrit Orgueil (CI1). Magnetit in dieser Form fand man auf der Erde bislang nicht. REM-Aufnahme. Länge des Stapels 0,009 mm.

<< Abb. 6.4
Kubischer Chromit Kristall, eingebettet in Kamazit, aus dem Eisenmeteorit Zacatecas. Die hellen Einschlüsse (oben und ganz unten) sind Kamazit, die grauen Einschlüsse Troilit. Breite des Chromits 0,4 mm.

< Abb. 6.5
Daubréelith Lamellen (grau) in einem Troilit Einschluß des Eisenmeteorits Iquique. Troilit (weiß und dunkel) weist infolge Schockeinwirkung mehrfache Zwillingsbildung auf. Gekreuzte Polarisatoren. Bildbreite 0,17 mm.

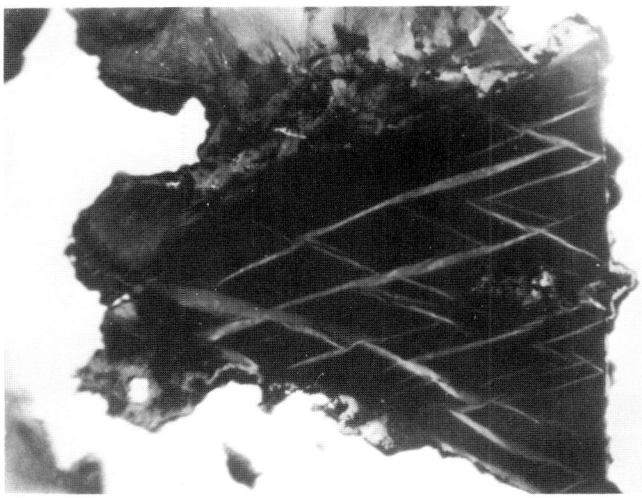

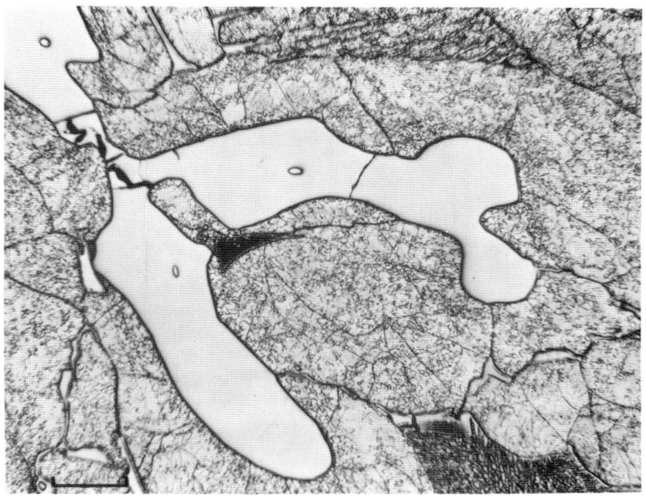

<< Abb. 6.6
Graphit Kristall aus dem Eisenmeteorit Mundrabilla II. Schrägschnitt mit Druckzwillingslamellen. Vergrößerung 115 ×.

< Abb. 6.7
Cohenit Kristalle (hell) in Kamazit des Eisenmetorits Canyon Diablo. Die schwarzen Einschlüsse oben links sind brekziierter Schreibersit. Geätzt. Bildbreite 4,16 mm.

Tabelle 6.2
Die wichtigsten Minerale der Meteorite

Olivin (Mg, Fe)$_2$[SiO_4], Silikat. Mischkristall mit unterschiedlichen Anteilen an Mg und Fe:
Forsterit Mg_2SiO_4 = Mischkristall der Olivinreihe mit Mg
Fayalit Fe_2SiO_4 = Mischkristall der Olivinreihe mit Fe

Pyroxen (Mg, Fe, Ca)$_2Si_2O_6$, Silikat. Mischkristall mit unterschiedlichen Anteilen an Mg, Fe und Ca.
Orthopyroxen:
Enstatit $Mg_2[Si_2O_6]$ mit 0–15% FeO
Bronzit (Mg, Fe)$_2$[Si_2O_6] mit 5–15% FeO
Hypersthen (Fe, Mg)$_2$[Si_2O_6] mit 15–34% FeO
Klinopyroxen:
Pigeonit $CaMg[Si_2O_6]$ Ca-armer Pyroxen.
Diopsid $CaMg[Si_2O_6]$

Feldspat

Plagioklas $Na[AlSi_3O_8]$ – $Ca[Al_2Si_2O_8]$, Feldspat-Mischkristall mit unterschiedlichen Gehalten an Na und Ca.
Albit, Na-reicher Plagioklas (An_0–An_{10})
Oligoklas, Na-reicher Plagioklas (An_{10}–An_{30})
Bytownit, Ca-reicher Plagioklas (An_{70}–An_{90})
Anorthit, Ca-reicher Plagioklas (An_{90}–An_{100})

Orthoklas $K[AlSi_3O_8]$ – Kalifeldspat, der in Meteoriten selten festgestellt wird

Kamazit Alpha-Fe(Ni), Ni $<7{,}5\%$, metallisches Nickeleisen mit weniger als 7,5% Nickel

Taenit Gamma-Fe(Ni), Ni $>25\%$, metallisches Nickeleisen mit mehr als 25% Nickel

‹**Serpentin**› (Mg, Fe)$_6Si_4O_{10}(OH)_8$, wasserhaltiges Mg, Fe-Silikat

Graphit C, hexagonale (und rhomboedrische) Form des Kohlenstoffs

Diamant C, kubische Form des Kohlenstoffs

Chromit $FeCr_2O_4$, eisenhaltiges Chromoxid

Tridymit SiO_2, monokline Form von Quarz, $>400°C$ hexagonal

Magnetit Fe_3O_4, Eisenoxid

Troilit FeS, Eisensulfid

Daubréelith $FeCr_2S_4$, Eisen-Chrom-Sulfid

Karbide, z.B. Cohenit (Fe, Ni)$_3$C

Phosphide, z.B. Schreibersit, Rhabdit (Fe, Ni)$_3$P

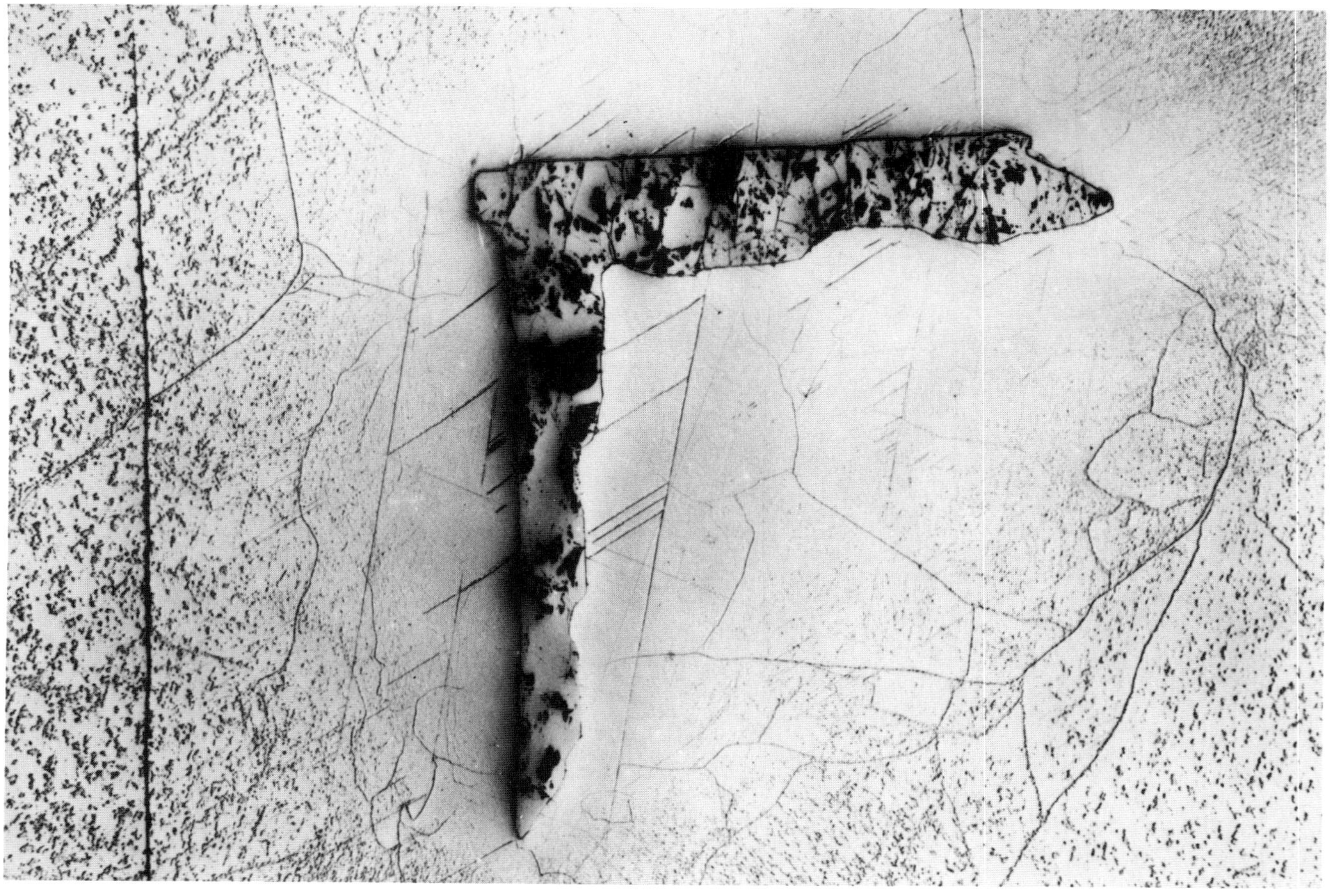

Abb. 6.8
Schreibersit, skelettiert (Bildmitte) und gerade, schwarz (links), im Kamazit des Eisenmeteorits Twannberg. Im großen Kristall sind durch Schockeinwirkung entstandene Spaltrisse sichtbar. Auf der gleichen Ursache beruhen die nach dem Oktaeder (111) angeordneten Neumannschen Linien des hellen Bereichs um den Kristall. Die helle Umgebung zeigt Kamazit-Korngrenzen: sie ist ärmer an Nickel und Phosphor als der restliche Kamazit. Breite des großen Kristalls 3,2 mm.

Steinmeteorite, der weitaus größte Teil also, gehören zur Klasse der Chondrite. Diese werden so genannt, weil an ihrem Aufbau millimeter- bis erbsengroße Kügelchen, sogenannte Chondren (von griech. chondros = Korn) wesentlich beteiligt sind. Diese liegen eingebettet in eine Grundmasse (Matrix), die beim größten Teil der gewöhnlichen Chondrite aus Olivin, Pyroxen, Plagioklas, Troilit und unterschiedlichen Gehalten an Nickeleisen besteht. Auf der Erde findet man keine den Chondriten chemisch und petrologisch ähnlichen Gesteine. Vor allem die Gehalte an metallischem Nickeleisen in Form von Kamazit und Taenit und dem in Silikaten gebundenen Eisen haben zu einer chemischen Klassifizierung der Chondrite in verschiedene Gruppen geführt. Dabei gilt, daß mit abnehmendem Eisengehalt im Olivin der Gehalt an metallischem Eisen in Form von Nickeleisen ansteigt. In der Praxis wird dies durch die Angabe des Fayalit-Gehaltes kenntlich gemacht. Die Bezeichnung eines Olivins mit Fa_{27} bedeutet, daß er zu 27 Mol% aus Fayalit (Fe_2SiO_4) besteht.

Abbildung 6.9 zeigt die chemische Klassifikation der Chondrite.

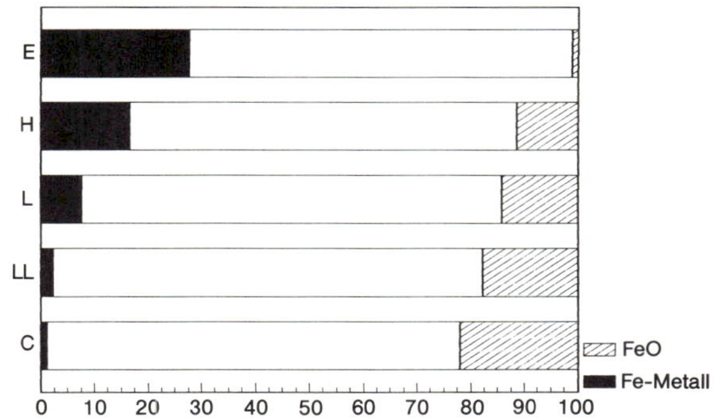

Abb. 6.9
Chemische Klassifikation der Chondrite. (Anteile in %).

Abb. 6.10a
Brustseite des antarktischen Enstatit-Chondrits Allan Hills 81021 mit gut erkennbaren, radial nach hinten angeordneten Schmelzspuren vom Flug durch die Atmosphäre. Breite 12,9 cm.

Abb. 6.10b
Antarktischer Enstatit-Chondrit ALHA81021 (gleiches Stück wie Abb. 6.10a), im NASA-Labor aufgebrochen. Brustseite unten. Breite 8,1 cm.

Die *Enstatit Chondrite* (E-Chondrite) enthalten bis zu 28 % metallisches Eisen mit geringen Nickelgehalten sowie Eisen chemisch gebunden in Troilit (FeS) und fast kein Eisenoxid (Gesamteisengehalt 22–35 Gew. %). Sie sind somit chemisch stark reduziert. Ihr Silikatanteil besteht zu etwa 65 % aus dem Orthopyroxen Enstatit sowie rund 5 % Plagioklas (Feldspat).
Abbildung 6.10 a+b zeigt den Enstatit Chondrit ALHA81021,0 ganz und in aufgebrochenem Zustand.

Tabelle 6.3
Petrologische Klassifikation der Chondrite

	1	2	3	4	5	6
E			Galim (b) Quingzhen Yamato 6901 5	Abee Adhi Kot Indarch 14[1]	Reekling Peak A80259 St. Marks Yilmia 3	Happy Canyon Hrittis Pillistfer 12
H			Bremervörde Tieschitz Sharps 42[2]	Kesen Ochansk Ybbsitz 243[3]	Allegan Pultusk Eichstädt 531	Chitado Forsbach Kernouvé 239
L			Khohar Mezö-Madaras Hallingeberg 60[4]	Albareto Bjurböle Lanzenkirchen 81	Farmington Knyahinya Ergheo 149[5]	L'Aigle Bruderheim Mocs 664
LL			Bishnupur Chainpur Parnallee 15[4]	Barntrup Kelly Soko-Banja 12[7]	Innisfree Krähenberg Olivenza 25	Appley Bridge Ensisheim Jelica 79
C	CI1 Alais Ivuna Orgueil 5	CM2 Essebi Mighei Murchison 51	CO3 Colony Ornaus 17 CV3 Allende Vigarano 19	Coolidge Allan Hills 82135 Yamato 6903 8	Karoouda Mulga (West) Yamato 82104 3	
CHANOM	Acapulco, Kakangari, Pontlyfni, Winona etc.					10

1 Einschließlich 1 E4–5
2 Einschließlich 5 H3–4, 1 H3–5, 1 H3–6
3 Einschließlich 4 H4–5, 2 H4–6
4 Einschließlich 2 L3–4, 4 L3–6
5 Einschließlich 2 L5–6
6 Einschließlich 1 LL3–6
7 Einschließlich 1 LL4–5, 1 LL4–6
Petrologisch nicht eindeutig zugeordnet: 5 C; 72 H; 64 L; 9 LL
Stand: September 1987. Daten aus ‹Catalogue of Meteorites Database›.

Die *Olivin-Bronzit Chondrite* (H-Chondrite) weisen einen Gehalt an metallischem Eisen (Fe^0) von 14–19 % auf, dazu kommt ein Nickelanteil von etwa 1,7 %. Der Gesamteisengehalt beträgt 25–31 Gew.-%. Sie werden auch als ‹High iron› – oder H-Chondrite bezeichnet. Der Silikatanteil besteht etwa zu gleichen Teilen aus Olivin mit Fa_{15-20} und Orthopyroxen (Bronzit).

Die *Olivin-Hypersthen Chondrite* (L-Chondrite) enthalten 4–11 % metallisches Eisen, dazu kommt im Mittel 2 % Nickel. Der Gesamteisengehalt beträgt 20–23,5 Gew.-%. Aufgrund des niederen Eisengehaltes werden sie auch als ‹Low iron›- oder L-Chondrite bezeichnet. Bei den Silikaten herrschen Olivin mit Fa_{21-26} und Orthopyroxen (Hypersthen) vor.

Die *eisenarmen Olivin-Hypersthen Chondrite* (LL-Chondrite, Amphoterite) enthalten nur noch 0,5–4 % metallisches Eisen und etwa 0,9 % Nickel. Der Gesamteisengehalt liegt bei 18,5–21,5 Gew.-%. Diese ‹Low iron – Low metal› – oder LL-Chondrite heißen auch Amphoterite. Das Hauptmineral bei den Silikaten ist wiederum Olivin mit Fa_{27-32}, neben Orthopyroxenen (Hypersthen, Bronzit) und Plagioklas.

Die *kohligen Chondrite* (C-Chondrite) sind die primitivsten Meteorite überhaupt. Ein Mitglied (C1) der fünf petrologischen Typen (C1–5, siehe unten) weist überhaupt keine Chondren auf. Die kohligen Chondrite sind frei von metallischem Eisen oder enthalten nur Spuren davon. Die Gesamteisengehalte liegen je nach Typ zwischen 17 und 25 Gew.-%. Ihre chemische Zusammensetzung ist uneinheitlich. In einigen Typen findet man wasserhaltige Silikate, Serpentin zum Beispiel, Magnetit, Sulfate und Kohlenwasserstoff-Verbindungen.

Eine Klassifikation der Chondrite allein aufgrund der chemischen Zusammensetzung, etwa den Gewichtsverhältnissen von Fe/SiO_2, SiO_2/MgO oder dem Verhältnis von reduziertem (metallischem) Eisen zu Gesamteisen (Fe^0/Fe), reicht für die Beschreibung der sehr unterschiedlichen Chondritentypen innerhalb der verschiedenen Gruppen nicht aus. Man hat daher nach weiteren Unterscheidungsmerkmalen gesucht. Die Chondrite waren seit ihrer Bildung nie mehr aufgeschmolzen. Man bezeichnet sie daher oft auch als ‹undifferenzierte Meteorite›. Die mannigfaltigen thermischen Einflüsse jedoch, denen sie ausgesetzt waren, beeinflußten den Grad der Rekristallisation maßgeblich. Dieser äußert sich in der Mineralogie und der Textur. Die beiden Amerikaner W. R. Van Schmus und J. A. Wood haben 1967 ein Klassifikationsschema vorgeschlagen, das sowohl den chemischen Aufbau als auch den petrologischen Status des Chondritenmaterials berücksichtigt. Das noch heute verwendete System ist in Tabelle 6.3 dargestellt. In den einzelnen Kästchen sind typische Vertreter und die Gesamtzahl der bis September 1987 bekannten Meteorite angeführt.

Betrachten wir Tabelle 6.3 etwas näher. Die Typen 3–6 der H-, L- und LL-Chondrite bezeichnet man auch als *gewöhnliche Chondrite*. Ihre Textur entspricht weitgehend jener von körnigem Gestein. Durch thermische Metamorphose vergröberte sich das Gefüge und führte zu einer von Typ 3 zu Typ 6 zunehmenden Verzahnung zwischen den Chondren und der Matrix. Während der Mineralbestand der Typen 1–3 im Ungleichgewicht ist, erfolgte mit zunehmender Metamorphose ab Typ 3 Ionenaustausch durch Diffusion.

Man geht davon aus, daß alle gewöhnlichen Chondrite einmal verfestigte und unregelmäßig zusammengesetzte Mineralgesellschaften des petrologischen Typs 3 mit scharf ausgebildeten Chondren waren. Ein Mitglied davon ist der LL3-Meteorit ‹Bishunpur›. Seine Textur ist auf Abbildung 6.11 abgebildet.

Die Chondren sind bei Vertretern dieses Typs wohl ausgebildet und liegen in einer verhältnismäßig feinkörnigen Grundmasse. Durch thermische Beeinflussung (Wiedererhitzung, verbunden mit langsamer Abkühlung) lösten sich die im Ungleichgewicht befindlichen Minerale, die als Gemenge von Hoch- und Niedrigtemperaturmodifikationen vorlagen, auf und lieferten Ionen an andere, bestrebt, den Gleichgewichtszustand herbeizuführen. Damit verbunden war Kristallwachstum der einzelnen Komponenten, welches zur Verwischung der ursprünglichen Textur führte. Der petrologische Typ 6 zeigt daher nur noch wenige gut ausgebildete Chondren in einer Matrix von ineinander verzahnten Silikatkristallen sowie Metall- und Sulfideinsprenglingen. Abbildung 6.12 zeigt in einem Dünn-

Abb. 6.11
Bishunpur (LL3). Die scharf ausgebildeten Chondren des petrologischen Typs 3 sind von unterschiedlicher Größe und Beschaffenheit. Dünnschliff. Durchlicht. Bildbreite 8,1 mm.
Abb. 6.12 V
Zavid (H6). Höherer Metamorphosegrad hat zur Verwischung der Textur geführt. Gut ausgebildete Chondren sind vereinzelt vorhanden. Weiß ist Fe(Ni). Dünnschliff. Durchlicht. Breite 1,9 cm.

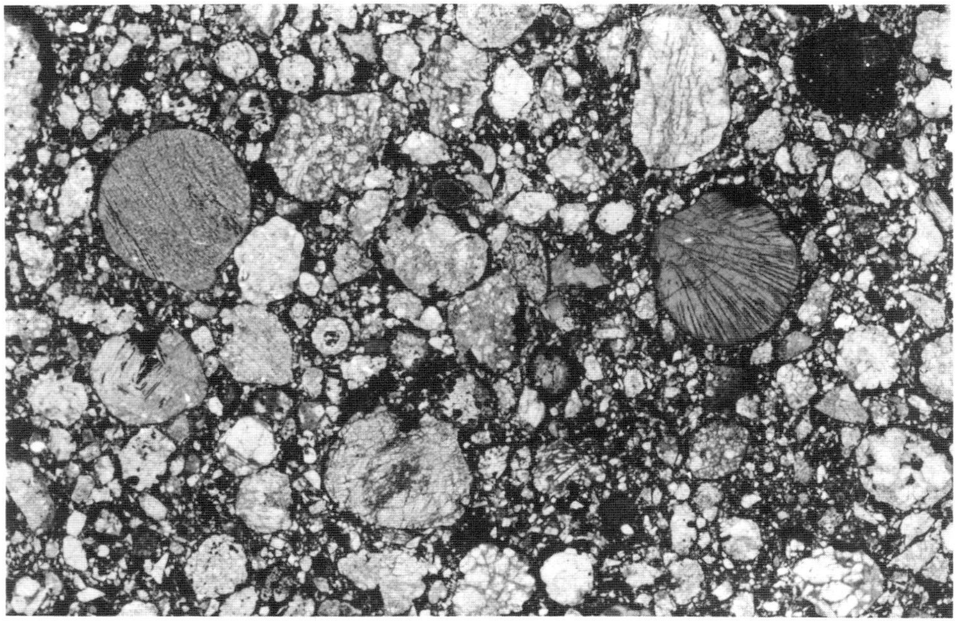

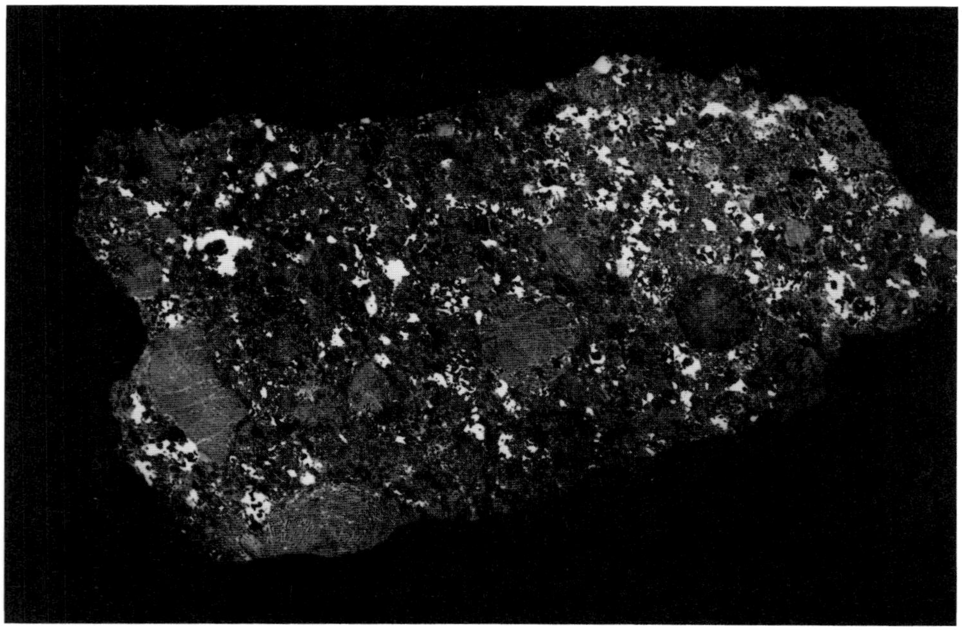

schliffbild des H6-Chondrits ‹Zavid› eine typische Ausbildung der Komponenten dieser Art zu sehen. Abbildung 6.13 ist eine Dünnschliffzeichnung des H5-Chondrits Utzenstorf.

Kohlige Chondrite – Reste solarer Urmaterie

Eigentlich ist dieser Untertitel nicht ganz zutreffend. Alle Chondrite können bezüglich der chemischen Geschichte des Sonnensystems als solare Urmaterie angesprochen werden, doch ist diese, wie wir oben gesehen haben, bei den gewöhnlichen Chondriten bereits durch Metamorphose verändert worden. Einzig bei den kohligen Chondriten des Typs 1 und 2 ist das nicht der Fall. Diese beiden kohligen Chondrite sind die einzigen Meteorite, welche mit Ausnahme der flüchtigen Elemente das ursprünglichste bekannte Material darstellen. Sie entstanden bei der Abkühlung der Gas- und Staubwolke, aus der sich die Sonne und die Planeten vor 4550 Millionen Jahren bildeten. Vor allem die C1-Chondrite sind es, die den Elementhäufigkeiten des nichtflüchtigen kondensierbaren Teils im solaren Urnebel entsprechen. Die C-Chondrite der Typen 1 und 2 haben beide eine Matrix aus serpentinähnlichen wasserhaltigen Schichtsilikaten, Fe-und Ni-Sulfiden, Magnetit, Karbonaten und Sulfaten. Die meist dunkle Grundmasse enthält außerdem Kohlenstoff in Form von komplexen organischen Verbindungen, die bis 5 Gewichts-% ausmachen können. Diese Minerale und organischen Stoffe sind nur bei niedrigen Temperaturen stabil. Die C1- oder CI1-Chondrite (I steht für den Meteorit ‹Ivuna›, Tansania) sind ohne Chondren. Ihr Wassergehalt beträgt etwa 20 %, das ist rund doppelt soviel wie jener in den C2- oder CM2-Chondriten (M bezieht sich auf den Meteorit ‹Mighei›, Ukraine), die dafür wohl ausgebildete Chondren besitzen. Für CI1- und CM2-Chondrite wird aufgrund verschiedener Überlegungen und Beobachtungen eine Herkunft von Kometenkernen diskutiert.
Einige kohlige Chondrite enthalten höhere Anteile an refraktären (nichtflüchtigen) Elementen wie Ca, Al und Mg. Diese liegen auch bei hohen Temperaturen noch in der festen Phase vor. Refraktäre Elemente kommen nur in weißlichen Einschlüssen

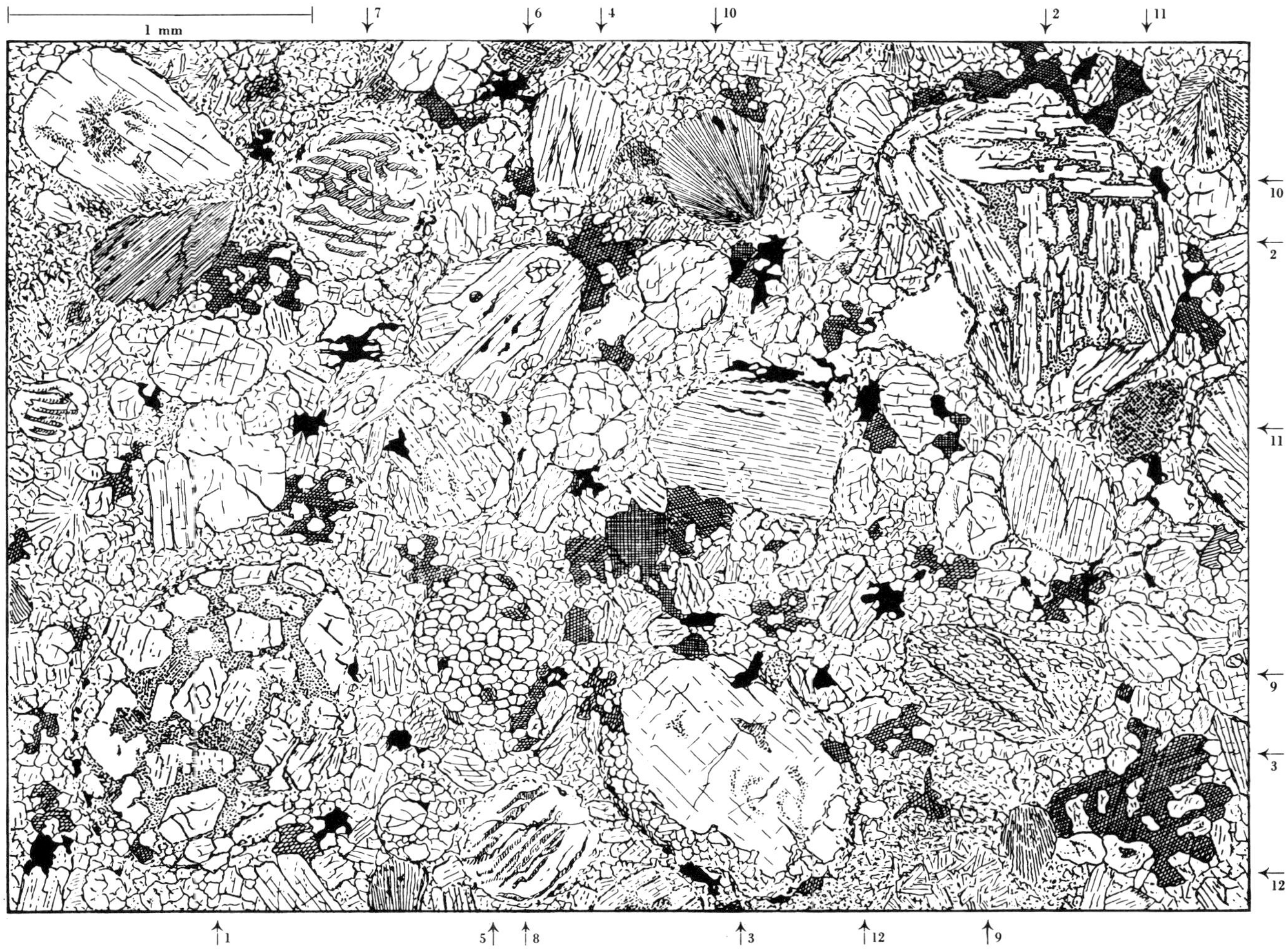

Abb. 6.13
Utzenstorf (H5). Dünnschliffzeichnung. Kreuzschraffur vertikal-horizontal = Troilit, Kreuzschraffur diagonal = Fe(Ni) inkl. Cohenit, schwarz = Magnetit-Chromit. 1–3 isometrische Olivin-Chondre; 2–2 leistenförmige Olivin-Chondre; 3–3 polysomatische, kristalline Olivin-Chondre mit links einem Saum kleiner Olivinkörner, ‹Schläuche und Fahnen› im großen Korn = Glas; 4–11 polysomatische, kristalline Olivin-Chondre; 6–9 Olivin-Chondre, ‹Pflastergefüge› aus kleinen Olivinkörnern; 6 Enstatit-Chondre mit eingeschlossenen Olivinkörnern; 7, 8 Olivin-Chondren, monosomatisch, mit dunkelbraunen Glaszügen durchsetzt; 9–9 Olivin-Chondre mit feinsten Glaseinlagerungen, 10–10 Enstatit-Chondre, strahlig, exzentrisch; 11–11 kryptokristallines Korn; 12–12 feines ‹Zerreibsel›, beginnende Rekristallisation. (Zeichnung aus: Huttenlocher und Hügi, 1952).

vor, den sogenannten CAI's (Calcium-Aluminium-reiche Einschlüsse, engl.: Inclusions). Man findet diese vor allem in C-Chondriten der Typen CM2 und CV3 (V steht für den Meteorit ‹Vigarano›, Italien). Sie bestehen hauptsächlich aus seltenen Mineralen wie Spinell ($MgAl_2O_4$), Fassait (Al, Ti-reicher Pyroxen), Melilith ($Ca_2Al_2SiO_7$-Ca_2MgSiO_7), Grossular ($Ca_3Al_2[SiO_4]_3$), Perowskit ($CaTiO_3$) und anderen. Die CAI's geben uns Hinweise auf die Entstehungsgeschichte des Sonnensystems. Die beim Aufbau der CAI-Mineralen vorhandenen Elemente Calcium, Aluminium, Magnesium und Titan besitzen verhältnismäßig hohe Schmelzpunkte. Sie würden daher auch als erste aus einem heißen, sich abkühlenden Nebel solarer Zusammensetzung kondensieren. Handelt es sich bei den CAI's um das älteste erhalten gebliebene feste Material aus dem solaren Urnebel? Vieles spricht dafür. Die CAI's, die man sehr häufig im kohligen Chondriten von Allende findet, enthalten sogenannte ‹Fremdlinge›, Legierungen von schwerflüchtigen Metallen wie Wolfram (W), Osmium (Os), Iridium (Ir), Ruthenium (Ru), Platin (Pt) und Molybdän (Mo), die als Kondensate von einem Gas solarer Zusammensetzung angesehen werden müssen. Eingehende Untersuchungen solcher Legierungen haben außerdem gezeigt, daß es im solaren Nebel große lokale Unterschiede in Temperatur, Druck und Oxidationsgrad gegeben haben muß. Isotopendaten und Altersbestimmungen bestätigen, daß CAI's das älteste feste Material des Sonnensystems sind.

∨ Abb. 6.14
Einzelexemplar des kohligen Chondrits Murchison (CM2). Auf der Bruchfläche sind die im Text beschriebenen CAI's als helle Einschlüsse zu sehen. Maßstab in cm.

∨∨ Abb. 6.15
Vigarano (CV3), kohliger Chondrit. Neben rundlichen Chondren in dunkler Grundmasse sind weiß (Mitte und oben) CAI's, Calcium-Aluminium-reiche Hochtemperatur-Einschlüsse zu sehen. Bildbreite 2 cm.

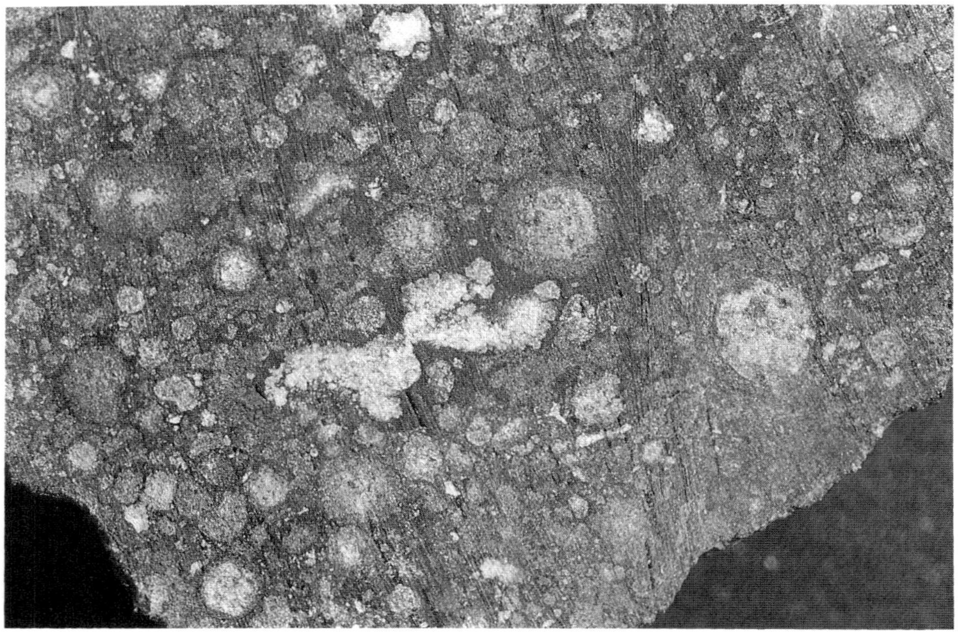

Kohlige Chondrite des Typs 2 und 3 stehen somit jenem festen Kondensat am nächsten, das durch Abkühlung des solaren Gasgemischs auf 200 K (das entspricht −73 °C) entstehen wurde. Die Zusammenhänge zwischen Temperatur und Kondensationsreihenfolge verschiedener Minerale aus einem Nebel solarer Zusammensetzung sind in Abbildung 6.16 dargestellt.
Abbildung 6.14 zeigt einen einzelnen Stein des CM2-Chondrits ‹Murchison›, der zusammen mit anderen am 28. September 1969 in Australien als Schauer niederging. Auf Abbildung 6.15 ist ein sehr schöner CAI-Einschluß im Meteorit ‹Vigarano› zu sehen. Der Stein fiel am 22. Januar 1910 in Italien. Wohl ausgebildete Chondren und weißliche unregelmäßig geformte CAI's sind auf der Schnittfläche des Meteorits ‹Allende›, Mexiko (8. Februar 1969), in Abbildung 6.17 zu sehen. Allende war sprichwörtlich ein ‹Glücksfall›: Fand man doch von diesem CV3-Chondrit – wie am Schluß von Kapitel 1 geschildert wurde – über zwei Tonnen Material, das sehr eingehende Untersuchungsarbeiten erlaubte.

Exkurs: Entstehung und Klassifikation der Chondrenarten

Der primitive Charakter chondritischer Materie wird durch radiometrische Messungen und Beobachtungen an Anomalien in der Isotopenzusammensetzung bestimmter chemischer Elemente mit Alterswerten von $4{,}55 \cdot 10^9$ Jahren bestätigt (siehe auch Kapitel 7).
Wie aber erklärt man sich die Entstehung der Chondren selber? Über diese Frage allein sind unzählige wissenschaftliche Publikationen und ganze Bücher geschrieben sowie zahlreiche Erklärungsarten angeboten worden. Alles, was man heute mit Sicherheit weiß, ist, daß die Entstehung der Chondren bislang noch nicht überzeugend erklärt werden konnte.
Jedes der zur Zeit zur Diskussion stehenden Modelle kann grundsätzlich einer der folgenden Kategorien zugeordnet werden (nach Wasson, 1985):
- Kondensation als Materietropfen in einem gleichmäßig sich abkühlenden undifferenzierten solaren Urnebel.

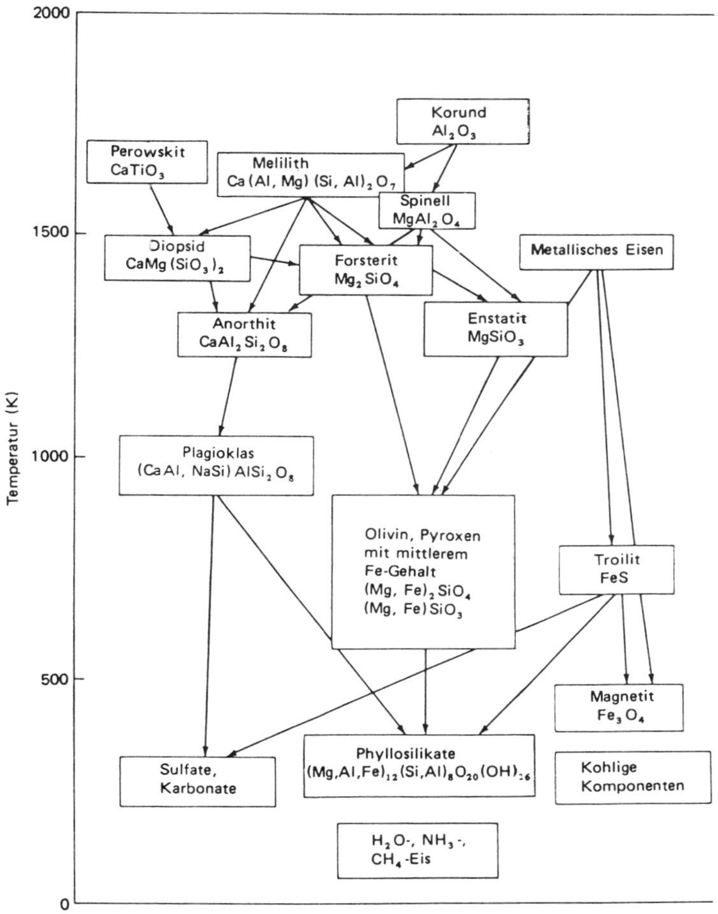

Abb. 6.16
Vereinfachte Darstellung der Kondensationsabfolge in einem Urnebel solarer Zusammensetzung. Absteigend sind in den Kästchen jene Minerale zu sehen, die durch Wechselwirkung mit den Gasen des Nebels entstehen. Bei gleichmäßiger Abkühlung im ganzen Nebel würden sich bei sehr niedrigen Temperaturen und thermischem Gleichgewicht für die Akkretion nur die Minerale der unteren Kästchen (C1-Chondrite) bilden. Das Vorkommen von Hochtemperatureinschlüssen (CAI's) in kohligen Chondriten der Typen C2 und C3 deutet auf thermische Störungen des Nebels während der Abkühlung und/oder Akkretion bei Temperaturen über 500 K hin. (Nach: Wood, 1979)

- Kondensation in einer differenzierten Urnebelwolke in Verbindung mit einem abrupten Temperatursprung.
- Kondensation in der Atmosphäre eines hypothetischen ‹Protoplaneten› (solarer Miniatur-Urnebel).
- Aufschmelzung und Erstarrung fester Mineralkörner durch äußerliche hohe Energieeinwirkung auf den solaren Urnebel (z. B. Blitz).
- Aufschmelzung und tropfenförmige Erstarrung durch Impakt planetarer Körper auf einen großen Meteoritenursprungskörper.
- Aufschmelzung und Erstarrung fester Teilchen nach Zusammenstoß sehr kleiner Körper im Urnebel.
- Aufschmelzung interstellarer Materie bei deren Integration in den solaren Urnebel.

Etwas mehr Klarheit gibt es bei der Klassifizierung der verschiedenen Chondrenarten nach rein petrologischen (beschreibenden) Gesichtspunkten. Von den bei Chondren immer wieder zu beobachtenden Gemeinsamkeiten in der Ausbildung sind die fünf häufigsten in Gesteinsdünnschliffen angetroffenen Typen auf Abbildung 6.18 und 6.19 zu sehen. Abbildung 6.18 zeigt eine kleine Auswahl der wichtigsten Chondrenarten.

Abb. 6.17
Aufgeschnittene Einzelexemplare des 1969 gefallenen kohligen Chondrits Allende (CV3). Zwischen den gerundeten Chondren in dunkler Matrix sind die weißen CAI's gut zu sehen. Maßstab in cm.

Abb. 6.18
Die wichtigsten Chondrenarten im Dünnschliff.
Durchlicht:

1) Gestreifte Chondre (Harfenchondre) im Meteorit Mezö-Madaras, L3. Streifenförmig angeordnete Olivinkörner sind eingebettet in durchsichtigem Glas (grau). Breite 2,4 mm.

2) Porphyritische Chondre im Meteorit Hallingeberg, L3. Olivinkörner (weiß) in klarem isotropischem Glas (grau). Breite 1 mm.

3) Radiale Pyroxen-Chondre im Meteorit Sharps, H3. Breite 1 mm

4) Glasartige Chondre im Meteorit Sharps, H3. Federartige Olivine (weiß) sind eingebettet in isotropisches Glas (grau). Breite 1 mm.

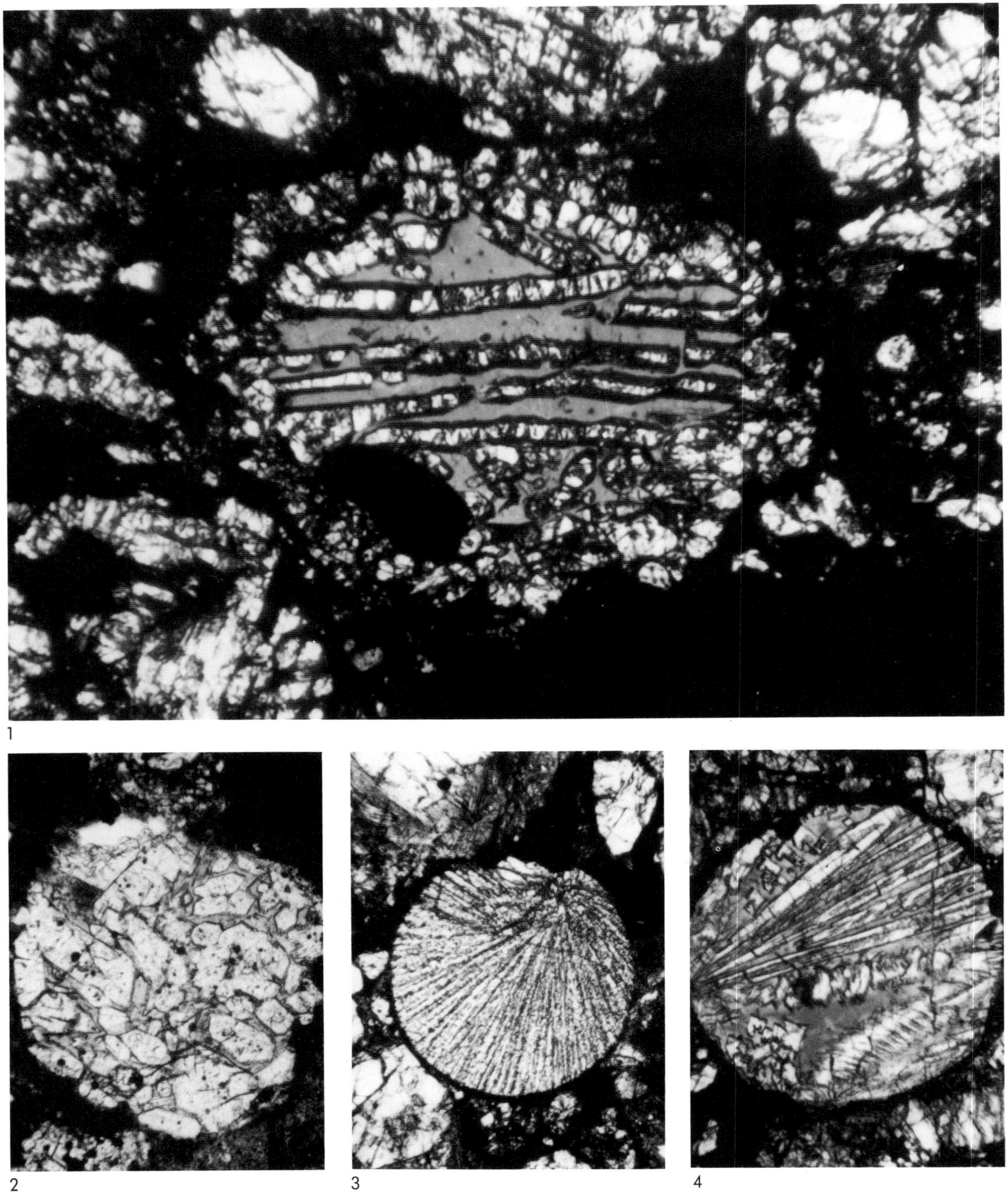

Abb. 6.19
Brekziiertes lithisches Fragment aus rekristallisiertem chondritischem Material im Meteorit Hallingeberg, L3. Dünnschliff. Durchlicht. Breite ˉ mm.

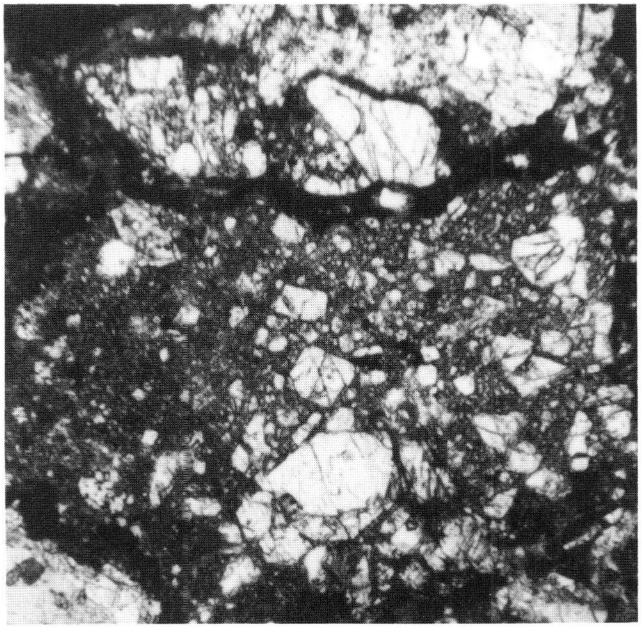

Differenzierte silikatreiche Meteorite

Bis jetzt sind wir der bis vor einigen Jahren gebräuchlichen traditionellen Betrachtungsweise der Einteilung in Meteoritenklassen gefolgt und haben gesehen, daß Chondrite seit ihrer Entstehung nie so hoch erhitzt wurden, daß sie schmolzen. Die bis jetzt gebräuchliche Klassifizierung, eine auf objektiver Beschreibung beruhende künstliche Einteilung, war rein phänomenologisch. Seit einigen Jahren ist man dazu übergegangen, den Gedanken der Meteoritenentstehung stärker in die Klassifikation einzubringen.
H. B. Wiik schrieb dazu schon 1956:
«Dieses (System) ist nur dazu bestimmt, ein Bild der chemischen Beziehungen zwischen den Untergruppen zu geben. Es ist nicht dazu bestimmt, etwas über die Entstehung (der Meteorite) auszusagen. Es gibt nur ungenügende Hinweise, die es gestatten, irgendwelche klaren Schlüsse bezüglich der Genesis der verschiedenen Meteoritengruppen zu ziehen.»
Die Einteilung in undifferenzierte und differenzierte Meteorite ist, wie wir noch sehen werden, ein Schritt in Richtung einer Betrachtungsweise, welche sich, gewissermaßen übergeordnet, stärker am ‹Lebenslauf› von möglichen Meteoriten-Herkunftskörpern orientiert (Kapitel 7). Dabei unterscheiden wir aus praktischen Gründen in silikat- und metallreiche differenzierte Meteorite. Zu diesen gehören alle verbleibenden Gruppen: die Achondrite, die Steineisenmeteorite und die Eisenmeteorite.
Für ihre Entstehung gilt in der Modellvorstellung, daß sie von verschiedenen Mutter- oder Herkunftskörpern (Planeten, Planetoiden) stammen. Diese begannen aufgrund der frei werdenden Akkretionsenergie und einer zusätzlichen Aufheizung durch radioaktive Isotope zu schmelzen. Dabei differenzierten sie sich mehr oder weniger vollständig in einen Kern (Eisenmeteorite), den darüberliegenden Mantel (Steineisenmeteorite) und in eine äußerste Schicht, die Kruste (Achondrite). Abbildung 7.5 zeigt den Schnitt durch einen solchen Asteroiden.

Die Achondrite

Betrachten wir zuerst die Achondrite. Sie sind selten und machen mit einem Anteil von 7 % die Minderheit der Steinmeteorite aus. Eine stark vereinfachte chemische Klassierung ist auf Abbildung 6.20 dargestellt.
Tabelle 6.1 zeigt die traditionelle Unterteilung der Achondrite in Ca-arme, zu denen die *Aubrite*, *Diogenite* und *Ureilite* gehören, und in Ca-reiche, denen man die *Eukrite* und *Howardite* zuordnet.
Die *Eukrite (EUC)* sind aus basaltischer Schmelze erstarrte Gesteine, die irdischen Basalten stark gleichen. Obwohl Eukrite bei ihrer Entstehung thermisch sehr stark beansprucht worden waren, konnte man ihre Erstarrungsalter mit 4,4–4,6 Milliarden Jahren bestimmen. Sie sind demnach älter als die ältesten Basalte auf der Erde. Den Eukriten ähnliche Erstarrungsalter kennt man bis heute nur noch von Mondbasalten.

Abb. 6.20
Stark vereinfachte chemische Klassifikation der Achondrite.

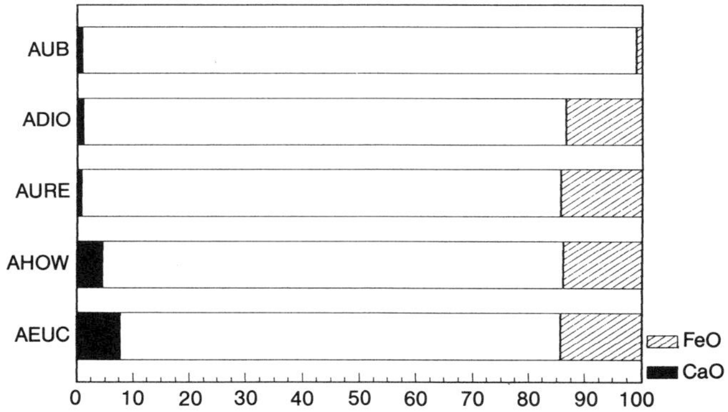

Abb. 6.21
Cumberland Falls (AUB). Polymikte Brekzie aus aubritischem und anormalem chondritischem Material (dunkel). Sammlung USNM.

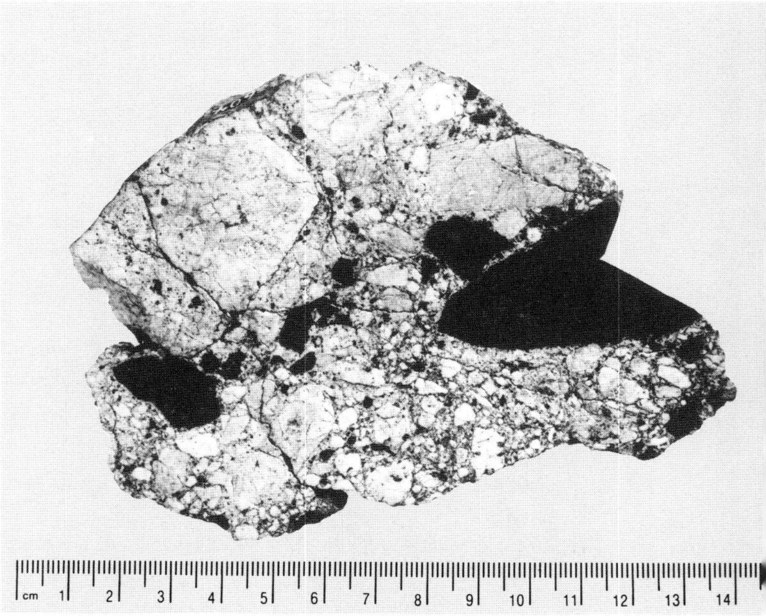

Abb. 6.22
Johnstown (DIO). Monomikte Brekzie aus gerundeten bis eckigen Trümmern von Pyroxenkristallen in unterschiedlichen Grautönen. Sammlung AMNH. Dünnschliff. Gekreuzte Polarisatoren. Bildbreite 2,5 cm.

Die *Diogenite (DIO)* oder Hypersthen-Achondrite sind mit den Eukriten verwandt und entstanden wie diese magmatisch. Man nimmt an, daß sie sich – durch unbekannte spätere Ereignisse – im Mantelbereich des selben kleinen planetaren Körpers bildeten.

Die *Howardite (HOW)* schließlich sind keine einheitlichen Gesteine, sondern polymikte Brekzien. Sie setzen sich zusammen aus einem Gemisch von eukritischem Material und von Einschlägen zermalmten Diogeniten. Ihr hoher Gehalt an Sonnenwind-Edelgasen zeigt, daß sie wahrscheinlich von der Oberfläche des Howarditen-Mutterkörpers stammen.

Die *Aubrite (AUB)* oder Enstatit-Achondrite, meistens stark brekziierte Gesteine, scheinen nicht magmatisch entstanden zu sein. Sie gleichen in gewissem Sinne Enstatit-Chondriten, unterscheiden sich von diesen aber durch das Fehlen von Chon-

Abb. 6.23a
PCA82506 (URE). Aufgebrochener antarktischer Ureilit von Pecora Escarpment. Auffällig ist die durch den hohen Kohlenstoffgehalt bedingte Dunkelfärbung der Matrix. Breite des Meteorits 16 cm.

Abb. 6.23b
EETA82600.0 (HOW). Antarktischer Howardit von Elephant Moraine.

Abb. 6.24
EETA79006 (HOW). Antarktischer Howardit von Elephant Moraine. Howardite stammen von einer planetaren Oberfläche (ähnlich dem Regolith auf dem Mond) und sind Brekzien von Eukriten und Diogeniten.

Abb. 6.25
Stannern (EUC). Basaltischer Achondrit, hauptsächlich aus Feldspat (Plagioklas, hell) und Pyroxen bestehend. Sammlung Museum Bally-Prior, Schönenwerd. Dünnschliff. Durchlicht. Breite 1 cm.

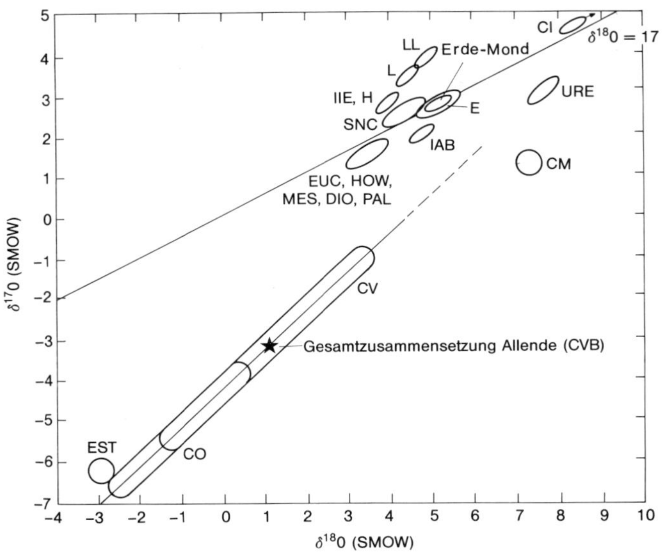

Abb. 6.26
Häufigkeitsanomalien der Sauerstoffisotope $^{17}O/^{18}O$, gegeneinander grafisch aufgetragen, machen verwandtschaftliche Beziehungen oder Clan-Bildungen zwischen den verschiedenen Meteoritengruppen sichtbar. Am auffälligsten ist, daß die Eukrite, Howardite, Diogenite und Mesosiderite eine geschlossene Gruppe, einen Clan, bilden, was auf einen gemeinsamen Mutterkörper hindeutet. Der Clan ‹EST› unten links bezieht sich auf das ‹Eagle Station Trio› (siehe Text). Die Werte von Erde und Mond liegen auf einer Geraden mit Steigung 1/2. Die steilere Gerade der CO- und CV-Chondrite beruht auf Zumischung von reinem ^{16}O während der Bildung. SMOW bedeutet ‹Standard Mean Ocean Water› (Standardmittelwert von Meerwasser). Daten aus Clayton et al., 1976.

dren und einen viel geringeren Eisen- und Schwefelgehalt.

Die *Ureilite (URE)* schließlich, auch als Olivin-Pigeonit-Achondrite bezeichnet, fallen vor allem durch ihren Gehalt an Kohlenstoff in Form von Graphit und Diamant aus dem Rahmen der bisher bekannten Achondrite.

Die *anormalen Achondrite (ACANOM)* bilden eine ziemlich heterogene Gruppe, der man neben anderen auch die bereits in Kapitel 3 erwähnten SNC-Meteorite zurechnet.

Sauerstoffisotope und Clan-Einteilung

Die Verwandtschaft verschiedener Meteoritengruppen, das heißt die Frage, ob sie von einem gemeinsamen Mutterkörper stammen, läßt sich auch über die Isotope des Sauerstoffs bestimmen. Das Element Sauerstoff hat drei stabile Isotope, deren Verhältnisse zueinander in irdischen Proben nur um wenige Prozent schwanken. Und diese Schwankungen zeigen überdies noch Regelmäßigkeiten.

Trägt man das $^{17}O/^{16}O$ Isotopenverhältnis über dem $^{18}O/^{16}O$ Verhältnis auf, dann liegen alle auf der Erde (und dem Mond) gemessenen Werte auf einer Geraden, die annähernd eine Steigung von 1/2 hat. Diese Steigung ist leicht dadurch zu erklären, daß die Massendifferenz der Isotope ^{18}O und ^{16}O gerade doppelt so groß ist wie die von ^{17}O und ^{16}O. In jedem Fall bilden alle Proben des Erde-Mond-Systems einen elliptischen Bereich längs einer Geraden mit Steigung 1/2 in Abbildung 6.26. Wo liegen nun die Sauerstoffisotopenverhältnisse meteoritischer Proben? Es ist das Verdienst von Robert N. Clayton und seiner Arbeitsgruppe in Chicago, daß hier eine Methode gefunden wurde, die gemeinsame Mutterkörper für verschiedene Meteoritenklassen dokumentiert. Viele Meteoritenklassen bilden nämlich ihren eigenen Bereich im Sauerstoffisotopen-Diagramm der Abbildung 6.26. Erstaunlicherweise sind Eukrite, Howardite, Diogenite und Mesosiderite in einer geschlossenen Gruppe, einem ‹Clan› zu finden, was auf einen gemeinsamen Mutterkörper hindeutet. In diesem Fall wird der Asteroid Vesta, auch aufgrund der Analyse seines reflektierten Sonnenlichts, als erfolgversprechender ‹Kandidat› diskutiert. Weitere Clans wie beispielsweise das ‹Eagle Station Trio› sind in Abbildung 6.26 ebenfalls dargestellt.

Die SNC-Meteorite werden im Kapitel 7 noch einmal erwähnt.

Auf den Abbildungen 6.21–6.25 sind typische Vertreter der bisher genannten Achondrite abgebildet.

Die Steineisenmeteorite

Zu den Steineisenmeteoriten zählt man die insgesamt nur 79 Mitglieder umfassende Gruppe der differenzierten silikatreichen *Mesosiderite (MES)*, der *Pallasite (PAL)* und der *Lodranite (LOD)*. Eine Übersicht ist auf Tabelle 6.1 zu sehen.

Die *Mesosiderite (MES)* bestehen aus einer mechanischen, metamorph überprägten Mischung von Silikatgesteinen und Nickeleisen. Der Silikatanteil besteht hauptsächlich aus Pyroxen (Hypersthen) und Plagioklas, ist sehr heterogen und gleicht stark den Howarditen. Er unterscheidet sich von diesen durch ein niedrigeres Verhältnis von Ca/Al. Daneben kommen in geringen Mengen auch gerundete Olivin-Einsprenglinge vor. Das Nickeleisen tritt als unregelmäßige Körner und Adern aus Taenit auf mit mehr als 35 % Ni und zeigt mit Ausnahme des anormalen Mesosiderits ‹Steinbach› keine Widmanstättenschen Figuren (siehe weiter unten). Es enthält, vor allem in den Adern, Anzeichen von

Abb. 6.27
Crab Orchard (MES). Der Schnitt durch diesen Mesosiderit zeigt eine ehemalige planetare Oberflächenbrekzie: dunkel sind achondritische Gesteinstrümmer mit hohen Gehalten an Sonnenwind, hell ist Fe(Ni). Sammlung AMNH. Auflicht. Breite 22,8 cm.

Abb. 6.28 u.r.
Salta (PAL). Typisches Aussehen eines geschnittenen, polierten und geätzten Pallasits. Die eckigen bis gerundeten Olivinkörner im cm-Bereich sind als schwarze Bezirke sichtbar; hell ist Fe(Ni) mit Hüllkamaziträndern und Widmanstättenschen Figuren. Sammlung USNM. Breite der Scheibe 19 cm.

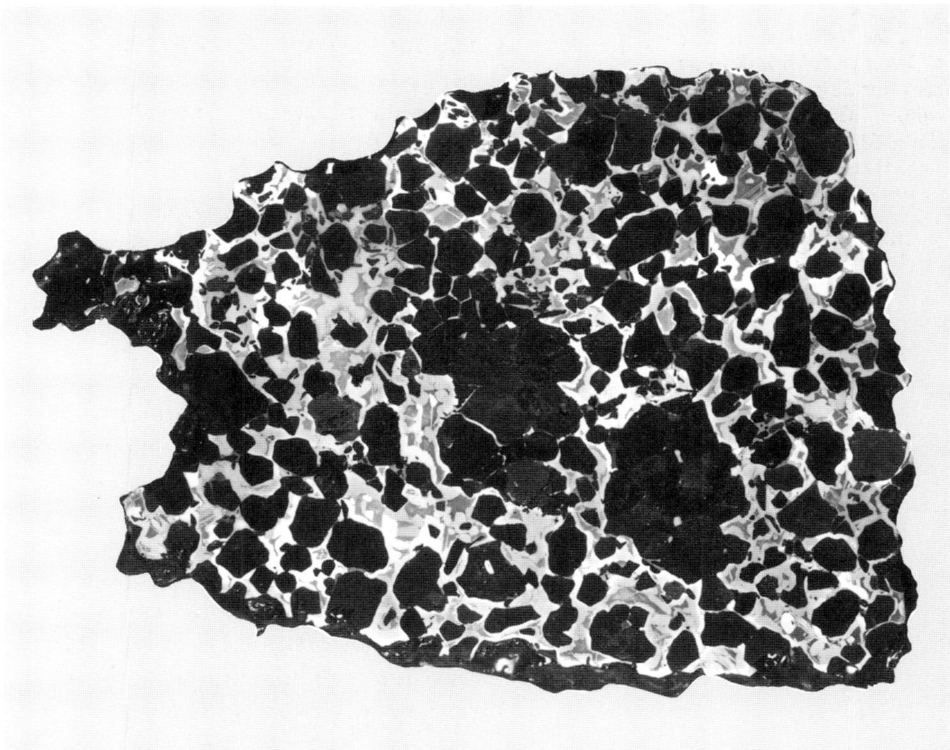

Hochdruckeinwirkungen, die möglicherweise auf Impaktereignisse zurückzuführen sind. Die Mesosiderite könnten eine ähnliche Einwirkung wie Howardite durchgemacht haben (Abbildung 6.26), doch ist es möglich, daß sie von unterschiedlichem Ausgangsmaterial abstammen.

Die *Pallasite (PAL)* bestehen etwa zu gleichen Teilen aus einem Netzwerk von Nickeleisen mit darin eingelagerten Olivinmassen. Das metallische Gefüge zeigt im polierten und angeätzten Schnitt Widmanstättensche Figuren. Es enthält etwa 8–13 % Ni. Die teilweise über zentimetergroßen Olivine (Fa_{11-13} und Fa_{18-20}) sind von eckiger bis rundlicher Form. Pallasite enthalten viel Sulfid (Troilit) und in geringen Mengen Schreibersit. Aufgrund von Sauerstoffisotopen-Untersuchungen haben einige Bearbeiter vorgeschlagen, die Pallasite von ‹Springwater›, ‹Eagle Station› und ‹Itzawisis› zu einer eigenen Untergruppe zusammenzufassen (‹Eagle Station Trio›).

Die *Lodranite (LOD)* sind sehr seltene anormale Mesosiderite mit ungefähr gleichen Anteilen an Nickeleisen, Olivin und Pyroxen. Bis im September 1987 waren nur gerade drei Vertreter dieser Gruppe bekannt.

Abbildung 6.27 zeigt den Mesosiderit ‹Crab Orchard›. Auf Abbildung 6.28 ist eine Scheibe des Pallasits ‹Salta› zu sehen.

Abb. 6.29
Edmonton (Kentucky), Eisenmeteorit (IIIC, Of). Die geätzte Scheibe zeigt die für feine Oktaedrite typische Widmanstättensche Struktur. Sammlung USNM. Breite der Scheibe 24 cm.

Tabelle 6.4
Chemisch-genetische Klassifikation der Eisenmeteorite

Gruppe	Freq. (%)	Bandbreite (mm)	Struktur	Ni (mg/g)	Ga (µg/g)	Ge (µg/g)	Ir (µg/g)
IA	17,0	1,0-3	Om-Ogg	64-87	55-100	190-520	0,6-5,5
IB	1,7	0,01-1,0	D-Om	87-250	11-55	25-190	0,3-2,0
IC	2,1	<3	Anom, Og	61-68	49-55	212-247	0,07-2,1
IIA	8,1	>50	H	53-57	57-62	170-185	2-60
IIB	2,7	5-15	Ogg	57-64	46-59	107-183	0,01-0,9
IIC	1,4	0,06-0,07	Opl	93-115	37-39	88-114	4-11
IID	2,7	0,4-0,8	Of-Om	96-113	70-83	82-98	3,5-18
IIE	2,5	0,7-2	Anom	75-97	21-28	62-75	1-8
IIF	1,0	0,05-0,21	D-Of	106-140	9-12	99-193	0,8-23
IIIA	24,8	0,9-1,3	Om	71-93	17-23	32-47	0,15-20
IIIB	7,5	0,6-1,3	Om	84-105	16-21	27-46	0,01-0,15
IIIC	1,4	0,2-3	Off-Ogg	62-130	11-92	8-380	0,07-2,1
IIID	1,0	0,01-0,05	D-Off	160-230	1,5-5,2	1,4-4,0	0,02-0,07
IIIE	1,7	1,3-1,6	Og	82-90	17-19	34-37	0,05-6
IIIF	1,0	0,5-1,5	Om-Og	68-85	6,3-7,2	0,7-1,1	0,006-7,9
IVA	8,3	0,25-0,45	Of	74-94	1,6-2,4	0,09-0,14	0,4-4
IVB	2,3	0,006-0,03	D	160-180	0,17-0,27	0,03-0,07	13-38

(abgeändert, nach Wasson, 1985)

Differenziert, metallreich: Eisenmeteorite

Eisenmeteorite sind differenzierte metallreiche Meteorite. Sie bestehen zur Hauptsache aus *Kamazit*, kubisch raumzentriertem Alpha-Fe(Ni) mit weniger als 7,5 % Ni, in der älteren Literatur auch ‹Balkeneisen› genannt und aus *Taenit*, kubisch flächenzentriertem Gamma-Fe(Ni) mit mehr als 25 % Ni, auch als ‹Bandeisen› bezeichnet. Kein eigentliches Mineral, sondern ein Gemisch aus den beiden Phasen Kamazit und Taenit ist der *Plessit*, der auch ‹Fülleisen› genannt wird. Daneben enthalten Eisenmeteorite zum Teil beträchtliche Mengen an Sulfiden (Troilit), sowie Phosphide (Schreibersit), Karbide (Cohenit) und andere Mineralien oder Spurenelemente. Typische Mineralien aus Eisenmeteoriten sind auf den Abbildungen 6.2–6.8 und den Abbildungen 6.33 und 6.35 zu sehen.

Die heute gültige Klassifikation in klar definierte genetische Gruppen beruht auf der chemischen Zusammensetzung der Eisenmeteorite. Sie wurde von J. T. Wasson, Los Angeles, im Buch ‹Meteorites›, 1974, ausführlich beschrieben, und ist in Tabelle 6.4 zu sehen.

Strukturen in Eisenmeteoriten

Neben der eben vorgestellten chemisch-genetischen Klassifikation ist seit langem auch eine Einteilung der Eisenmeteorite nach strukturellen Merkmalen üblich. Diese ist zuletzt von V. F. Buchwald in ‹Handbook of Iron Meteorites›, 1975, ausführlich beschrieben worden. Sie wird zusammen mit den chemisch-genetischen Gruppenbezeichnungen auch im ‹Catalogue of Meteorites› zur Klassifikation der Eisenmeteorite verwendet.
Während die chemischen Gruppen Rückschlüsse auf genetische Zusammenhänge erlauben, dient die Unterteilung der Eisenmeteorite in verschiedene Strukturtypen vor allem der Beurteilung ursprünglicher Abkühlungsvorgänge sowie sekundärer Prozesse durch Metamorphose und Deformation infolge Schockeinwirkung (z. B. Impaktereignisse). Größe und Ausbildungsart der Kamazitkristalle sind entscheidende Kriterien für die strukturelle Einteilung in *Oktaedrite*, *Hexaedrite* und *Ataxite*.
Für die Untersuchung und Beurteilung der Struktur sind geschliffene und polierte Flächen des Eisens notwendig, die man mit verdünnter alkoholischer Salpetersäure (HNO_3) anätzt (Kapitel 8).
Bei den *Oktaedriten* werden sich kreuzende *Widmanstättensche Figuren* sichtbar, die den durchschnittenen parallel den Flächen eines Oktaeders angeordneten Kamazitlamellen entsprechen. Je nach Schnittlage zu den Oktaederflächen können solche Kamazitbalken unterschiedlich breit erscheinen. Es ist jedoch ohne weiteres möglich, ihre effektive Dicke zu berechnen. Das Vorgehen ist von V. F. Buchwald, 1968, beschrieben worden (Literaturverzeichnis). Breite Kamazitbalken entsprechen hohen, dünne niedrigen Nickelgehalten. Die Zusammenhänge zwischen der Balkenbreite und der Einteilung in sehr breite (Ogg), breite (Og), mittlere (Om), feine (Of), sehr feine (Off) und plessiti-

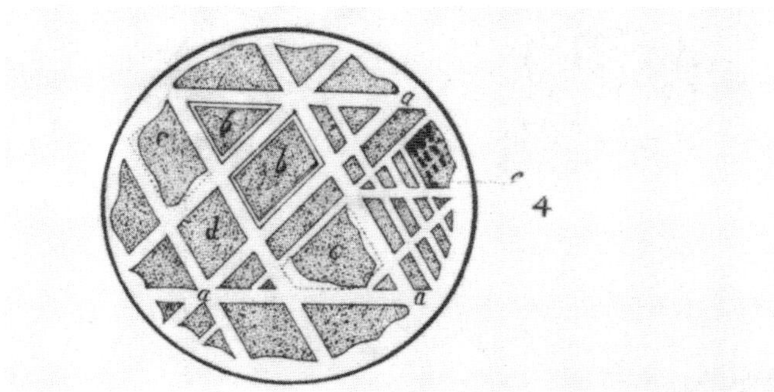

Abb. 6.30
Der in Italien lebende Engländer William (Guglielmo) Thomson publizierte 1804 in der ‹Bibliothèque Britannique› jene Ätzmuster an meteoritischem Eisen, die später unter dem Namen Widmanstättensche Figuren bekannt wurden.

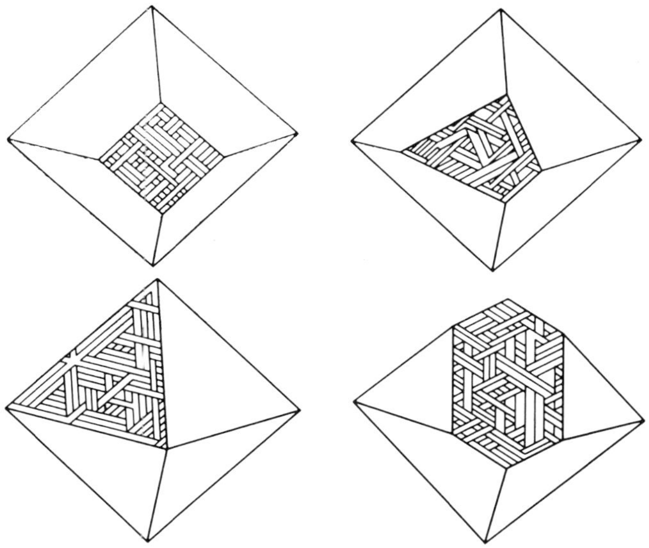

Abb. 6.31
Raumlage der Kamazitbalken parallel den Flächen eines Oktaeders und verschiedene mögliche Schnittlagen. (Nach Tschermak, 1894)

Tabelle 6.5
Strukturtypen der Eisenmeteorite

Typ	Symbol	Breite (mm)	Typischer Vertreter
Hexaedrite	H	–	Edmonton (Kanada)
Sehr breite Oktaedrite	Ogg	>3,3	Sikhote-Alin
Breite Oktaedrite	Og	1,3–3,3	Toluca
Mittlere Oktaedrite	Om	0,5–1,3	Cape York
Feine Oktaedrite	Of	0,2–0,5	Gibeon
Sehr feine Oktaedrite	Off	<0,2	Föllinge
Plessitische Oktaedrite	Opl	<0,2 (Nadeln)	Unter-Mässing
Ataxite	D	–	Hoba

Abb. 6.32
Widmanstättensches Gefüge des Meteorits von Coopertown (siehe Abb. 8.8), grafisch umgesetzt zur Unterscheidung von Kamzit (weiß), Taenit (schwarz) und Plessit (punktiert). Bildbreite 10 cm.

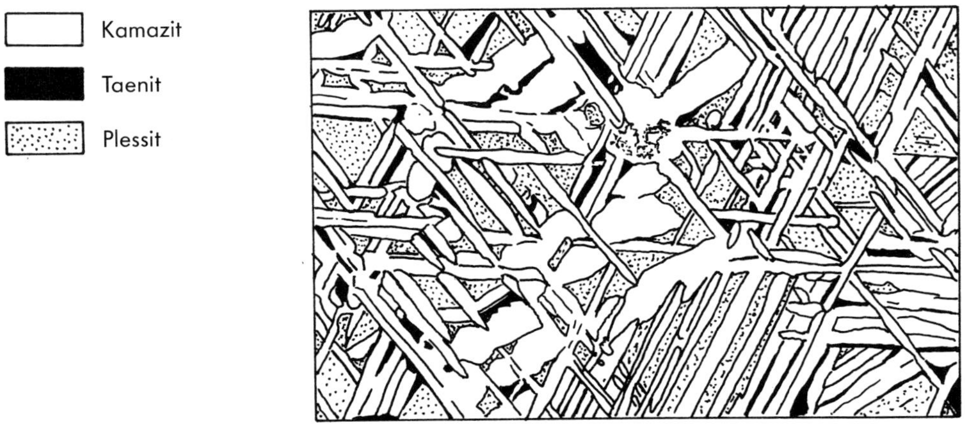

Abb. 6.34
Sikhote-Alin (IIB, Ogg). Beispiel für einen sehr groben Oktaedriten, dessen Widmanstättensches Gefüge nur auf großen Querschnitten erkennbar wird. Schreibersit-Kristalle sind von Hüllkamazit eingeschlossen. Sammlung GM Kopenhagen. Geätzt. Breite der Scheibe 14 cm.

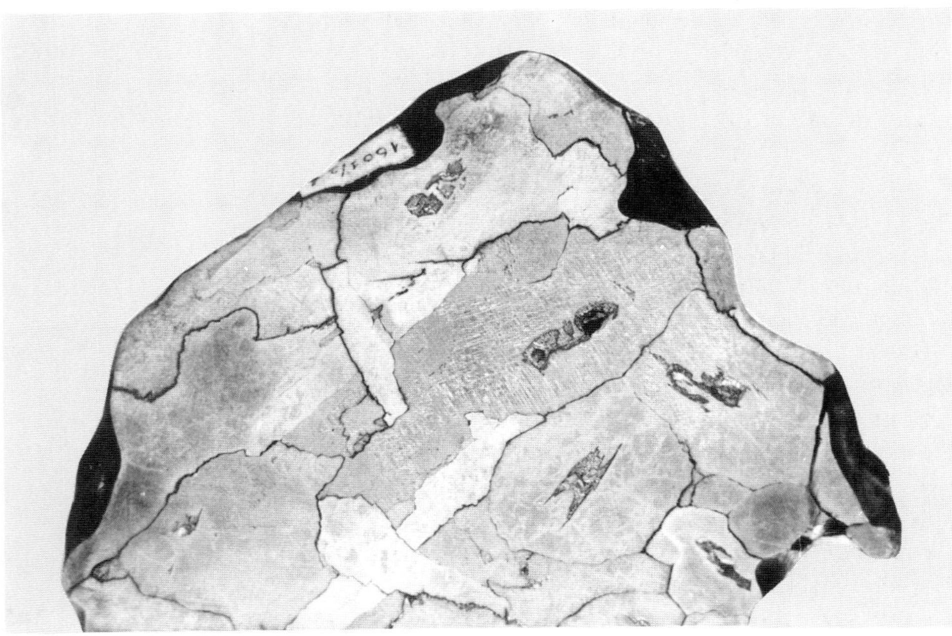

sche Oktaedrite (Opl) sind in Tabelle 6.5 enthalten. Die Beziehungen zwischen Strukturtypen und Nikkelgehalten zeigt Tabelle 6.4. Die Raumlage der Kamazitbalken parallel den Oktaederflächen ist auf Abbildung 6.31 dargestellt.

Erstmals entdeckt wurden diese Ätzfiguren vom in Neapel lebenden Engländer William (Guglielmo) Thomson (1761–1806?) beim Anätzen eines Stükkes des Pallaseisens. Er publizierte seine Beobachtung 1804 mit Abbildungen in der in Genf herausgegebenen ‹Bibliothèque Britannique› (Abbildung 6.30) und 1808 in einer wissenschaftlichen Zeitschrift, die in Siena herauskam.

Vier Jahre später machte der Österreicher Freiherr Alois von Widmanstätten beim Ätzen von meteoritischem Eisen die gleiche Entdeckung und stellte davon Naturselbstdrucke her. Diese zeigte er 1808 seinen Bekannten. Ob er damals von Thomsons Publikation von 1804 Kenntnis hatte, ist nicht bekannt. Publiziert wurde die von Widmanstättensche Entdeckung erst 1820 durch Carl von Schreibers, welcher die Strukturen als Widmanstättensche Figuren bezeichnete. Das Verdienst der Erstentdeckung gebührt jedoch eindeutig Thomson. – Es wäre hoffnungslos, sie in Thomsonsche Figuren umtaufen zu wollen.

Eingefaßt sind die Kamazitbalken des Gefüges von dünnen Taenitschichten, die im Schliff als feine schwarze Linien erscheinen und die mitunter auch schmale Zwickel zwischen Kamazitlamellen auffüllen können. Sie werden bei der Ätzung mit verdünnter Säure aufgrund ihres hohen Nickelgehalts weniger angegriffen und bleiben gegenüber dem Kamazit erhaben. Das ‹Füllmaterial› zwischen den sich kreuzenden Kamazitbalken besteht aus dem Fülleisen Plessit. Gelegentlich können um Einschlüsse recht dicke Ränder von Alpha-Eisen beobachtet werden. Diese nennt man auch Hüllkamazit (Swathing kamacite). Auf der Strichzeichnung der Abbildung 6.32 sind die geschilderten Zusammenhänge sichtbar. Abbildung 6.33 zeigt sehr schön ausgebildete Widmanstättensche Figuren in einer Scheibe des mittleren Oktaedrits ‹Augusta County› (IIIA, Om, Balkenbreite 1,4 mm), mit einem großen Troilit-Einschluß. Auf Abbildung 6.29 ist der feine Oktaedrit ‹Edmonton (Kentucky)›, (IIICD-ANOM, Of, Balkenbreite 0,32 mm) abgebildet.

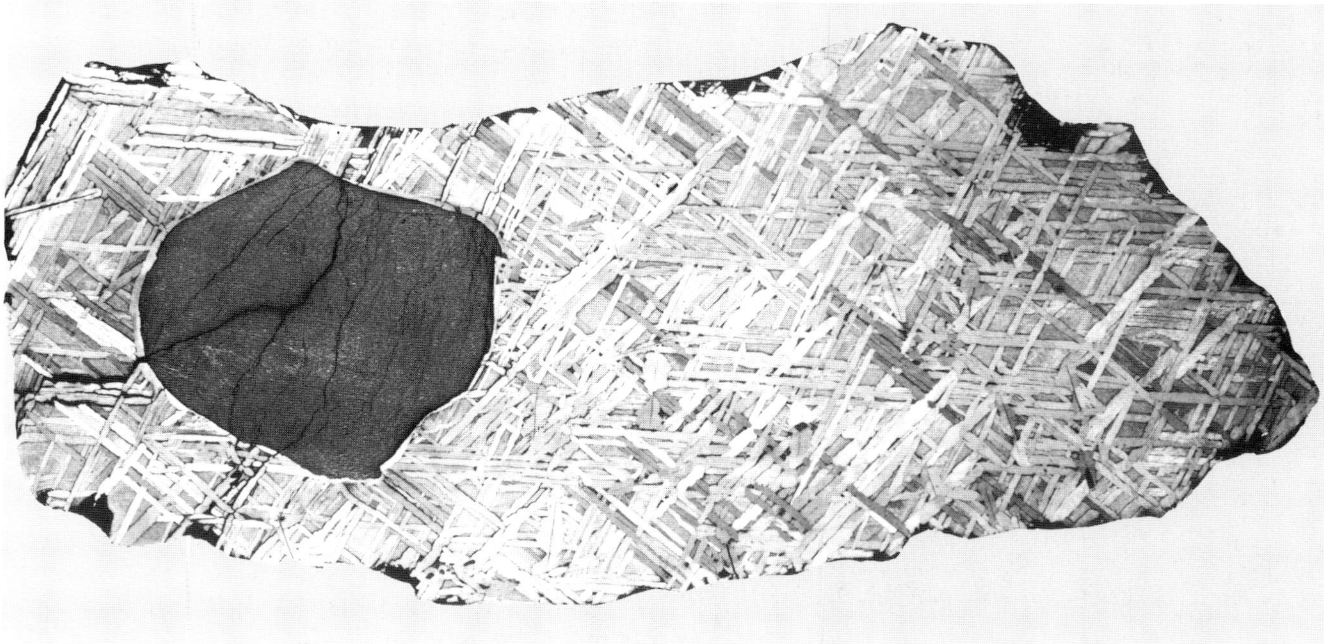

Abb. 6.33
Augusta County, Eisenmeteorit (IIIA, Om). Große Troiliteinschlüsse sind typisch für diesen mittleren Oktaedriten. Als ganz dünne schwarze Striche im Widmanstättenschen Gefüge sind Reichenbachsche Lamellen aus Chromit-Troilit zu sehen. Sammlung USNM. Geätzt. Breite der Scheibe 21 cm.

Sehr gut erkennbar sind die verhältnismäßig großen und dunkel erscheinenden Plessitfelder. Abbildung 6.34 zeigt den Meteorit ‹Sikhote-Alin› (IIB, Ogg, Balkenbreite 9 mm), einen Vertreter der sehr groben Oktaedrite. Bemerkenswert an diesem Stück sind die unregelmäßig-eckigen Einschlüsse des Phosphids Schreibersit inmitten von Hüllkamazit. ‹Balfour Downs› (IA, Om, Balkenbreite 1,3 mm), ein Vertreter der mittleren Oktaedrite ist auf Abbildung 6.35 zu sehen. Zu beachten ist der Schreibersiteinschluß (S), umrandet von Cohenit (C) und Hüllkamazit (K).

Fe(Ni)-Phasendiagramm und Widmanstättensche Figuren

Widmanstättensche Figuren gibt es in makroskopischer Ausbildung nur in meteoritischem Eisen. Ihre Entstehung ist abhängig vom Nickelgehalt des Eisens, der Temperatur, in der sich die feste Phase befindet, und der Abkühlungsgeschwindigkeit.
Das Fe-Ni Phasendiagramm auf Abbildung 6.36 macht die Vorgänge verständlich, die bei der Abkühlung eines Eisen-Nickel-Gemischs ablaufen. Auf dem Diagramm sind drei Felder zu unterscheiden. Auf und oberhalb der Linie, die von 900 °C leicht schräg nach rechts unten verläuft, ist die einzige stabile Phase Taenit (kubisch-flächenzentriertes Gamma-Eisen). Die Linie entspricht dem minimalen Nickelgehalt, welcher Taenit bei entsprechender Temperatur haben muß. Im Bereich auf und links der Kurve, die von 900 °C steil nach unten verläuft, ist Kamazit (kubisch-raumzentriertes Alpha-Eisen) stabil. Diese Linie markiert den maximalen Nickelgehalt, den Kamazit in Abhängigkeit von der Temperatur haben kann. Das Feld zwischen diesen Linien enthält unter idealen Bedingungen (für unsere Betrachtungen sei homogene Phasenzusammensetzung angenommen) ein Gemisch von Kamazit und Taenit. In diesem Bereich sind die Anteile an Kamazit und Taenit bestimmt durch den Nickelgehalt des Gesamtmetalls sowie den Temperaturverlauf. Dabei ist es für das Verständnis des Phasendiagramms wichtig zu wissen, daß der mengenmäßige Anteil der jeweiligen Phasen *umgekehrt proportional* ist zur Distanz eines gegebenen Gesamtnickelgehalts und der jeweiligen Phasengrenze (Begrenzungslinie) bei der entsprechenden Temperatur.
Betrachten wir als Beispiel auf Abbildung 6.36 eine 10 %ige Fe(Ni)-Legierung:
Knapp unterhalb etwa 700 °C setzt die Kamazit-

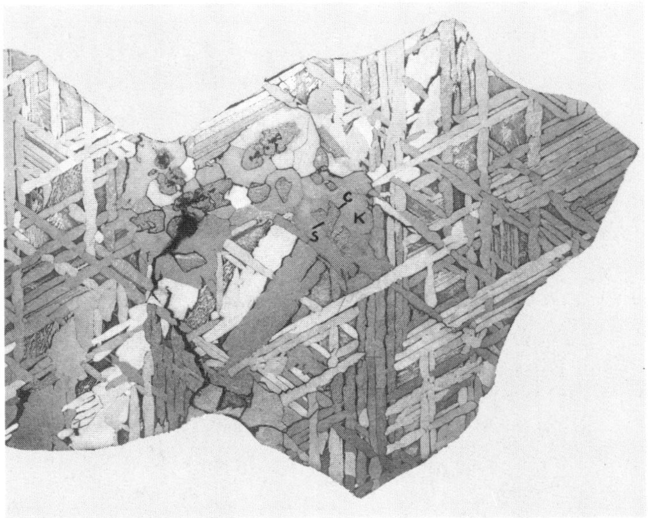

Abb. 6.35
Balfour Downs, Eisenmeteorit (IA, Om). Mittlerer Oktaedrit mit skelettierten Schreibersit-Einschlüssen (S), die umgeben sind von einem dünnen Cohenit-Rand (C) und breiten Bereichen von Hüllkamazit (K). Sammlung USNM. Geätzt. Breite 9,9 cm.

keimbildung ein und Kamazit scheidet sich im kubischen Kristallgitter entlang oktaedrischer Flächen aus. Bei 560 °C enthält Kamazit über 6 % Nickel, Taenit etwa 25 % Nickel. Das Gesamtmetall besteht zu 77 % aus Kamazit und zu 23 % aus Taenit. Kamazitbildung hängt von der Diffusion des Nickels ab. Diese ist im raumzentrierten Gitter des Kamazits etwa 10mal größer als im flächenzentrierten Taenit. Kamazit kann somit, sehr langsame Auskühlung vorausgesetzt, als Produkt von Festkörperdiffusion wachsen und Nickel an Taenit abgeben, der dabei immer Ni-reicher wird. Diffusionsvorgänge sind jedoch stark temperaturabhängig. Bei weiterer Abkühlung auf 400 °C enthält Kamazit bereits etwa 7 % Nickel, Taenit über 45 %. Der Anteil des Kamazits am Gesamtmetall beträgt nun 91 %. Dieser wird zum Teil als Kamazitbalken in oktaedrischer Raumlage ausgeschieden und bildet zusammen mit den verbleibenden 9 % Taenit, welcher dünne Leisten als Bandeisen bildet, das Fülleisen (Plessit). Bei weiterem Absinken der Temperatur nimmt der Ni-Gehalt des Kamazits ab mit gleichzeitiger Zunahme der Balkendicke. Die Diffusionsvorgänge laufen nur noch sehr langsam ab. Die von der zunehmenden Alpha-Eisenoberfläche abgegebenen Ni-Atome können vom umgebenden Gamma-Eisen nicht mehr alle aufgenommen werden. Wenn nun die Abkühlung über einen sehr langen Zeitraum erfolgt, haben die Nickelatome ausreichend Zeit, sich ins Taenitgitter einzulagern. Ist die Abkühlungsgeschwindigkeit dagegen groß, wird die Differenz zwischen den beiden Diffusionsraten größer. Es bilden sich Nickelablagerungen entlang den Taenitgrenzen, wobei das Innere des Gamma-Eisens nickelärmer bleibt. Quantitative Nickelbestimmungen mit der Elektronenmikrosonde ergeben Werte, die grafisch als M-förmige Ni-Profile dargestellt werden können. Diese Zusammenhänge sind auf Abbildung 6.37 zu sehen.

Aus dieser Differenz der Diffusionsrate Kamazit-Taenit lassen sich für Eisenmeteorite die Abkühlraten ermitteln. Die Absolutwerte solcher Abkühlraten liegen nach Buchwald (1975) zwischen 0,4 °C und 500 °C. Geschätzte Werte aus dem Tempera-

Abb. 6.36 >
Fe(Ni)-Phasendiagramm.

Abb. 6.37 >>
Ni-Gehalt im Kamazit-Taenit-Kamazit des Meteorits ‹Grant› (M-Profil). (Nach: Goldstein und Axon, 1973)

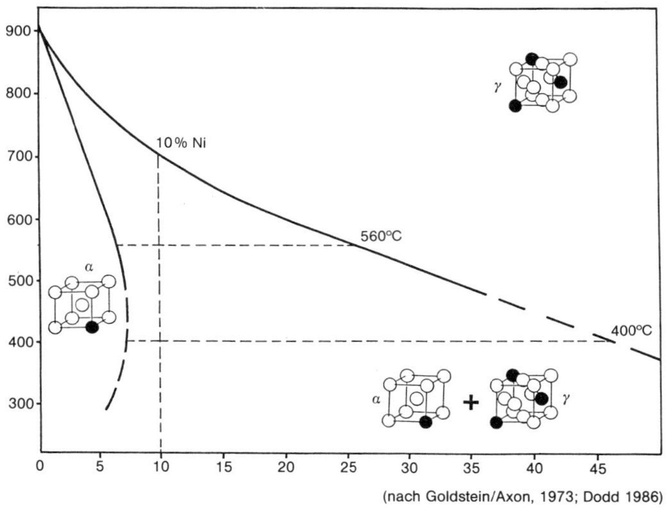

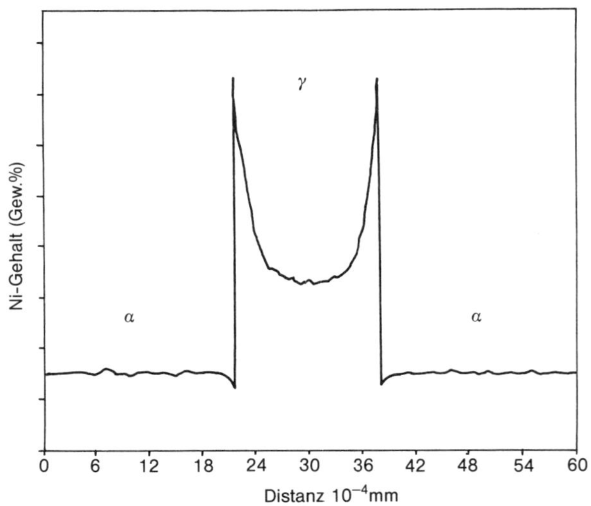

Abb. 6.38
Edmonton (Canada), Eisenmeteorit (IIA, H). Hexaedrit mit gut ausgebildeten Neumannschen Linien. Sammlung USNM. Geätzt. Breite 10,5 cm.

Abb. 6.39
Hoba, Eisenmeteorit (IVB,D). Ataxit ohne klar erkennbare Strukturen. Das orientierte Hell-Dunkel-Muster deutet auf unvollkommene Entmischung des Fe(Ni) hin. Schwarz sind Troilit-Einschlüsse. Sammlung USNM. Geätzt. Breite 16 cm.

turbereich, in welchem die Widmanstättenschen Figuren entstehen (700–450 °C), sind in Tabelle 6.6 enthalten.

Wenn nun aber die Abkühlung eines Fe(Ni)-gemischs mit einem Ni-Gehalt links der Alpha/Alpha+Gamma-Kurve erfolgt, bildet sich nur Kamazit in großen würfelförmigen (hexaedrischen) Einzelkristallen. Solche Meteorite bezeichnet man als Hexaedrite. Diese können kein Widmanstättensches Gefüge mehr aufweisen. Charakteristisch für Hexaedrite sind neben dem geringen Nickelgehalt die bis mehrere Zentimeter langen *Neumannschen Linien*. Das sind mechanische präatmosphärisch entstandene Zwillingslamellen in Kamazit. Sie treten im kubischen Kristallgitter in 12 verschiedenen Orientierungen auf. Neumannsche Linien kann man auch im Kamazit von Oktaedriten und sogar in einigen Ataxiten beobachten.

Tabelle 6.6
Geschätzte Abkühlraten verschiedener Eisenmeteorite

Chemische Gruppe	Abkühlraten in °C/10^6 Jahre
I	1–3
IIC	65–250
IIIA	1,5–10
IIIB	1–2
IVA	7–80
IVB	2–20

(nach Goldstein, 1969)

Bei sehr hohen Ni-Gehalten im Gesamtmetall dagegen bildet sich Kamazit in feinsten Spindeln aus, sodaß ein plessitisches Gefüge entsteht oder sogar ein ataxitisches (a taxis, griech.: ohne Gestalt).

Ein typischer Hexaedrit ist auf Abbildung 6.38 abgebildet; ein Ataxit ist auf Abbildung 6.39 zu sehen. Abbildung 6.1 zu Beginn des Kapitels zeigt den Querschnitt durch einen feinen Oktaedriten, der ursprünglich aus 9 einzelnen Taenitkristallen zusammengesetzt war, worin sich bei der Abkühlung Widmanstättensche Figuren in neun verschiedenen Orientierungen bildeten.

Abb. 7.1
Inneres Sonnensystem (Merkur bis Mars), Asteroidengürtel und Umlaufbahn von Jupiter. Ebenfalls eingezeichnet sind die berechneten ursprünglichen Umlaufbahnen der beim Fall photografisch erfaßten Meteorite Lost City, Pribram und Innisfree.

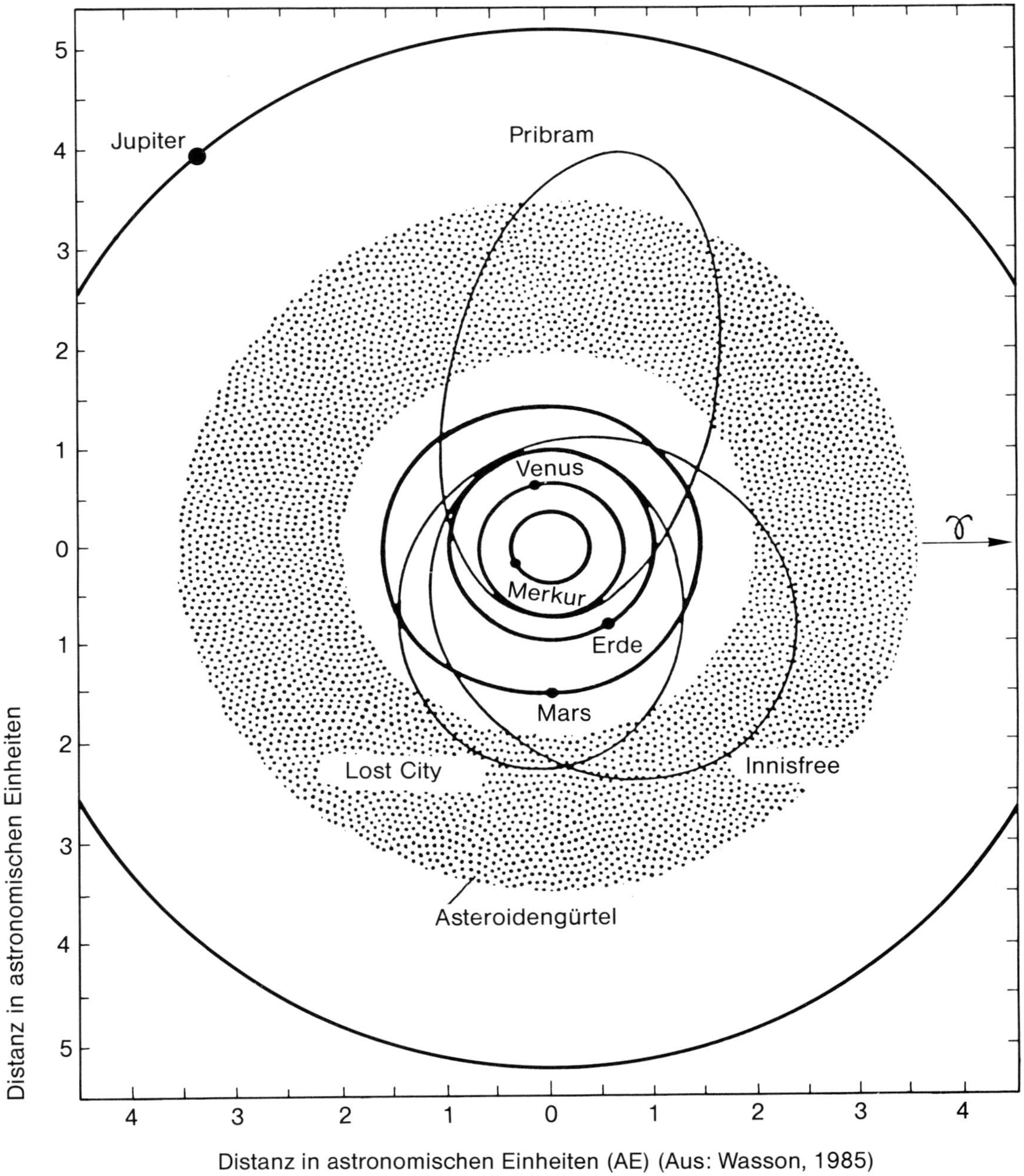

7

URSPRUNGSORTE UND WISSENSCHAFTLICHE BEDEUTUNG DER METEORITE

Meteorite sind überwiegend Bruchstücke von Asteroiden, die als Kleinplaneten direkt gebildet wurden und nicht Fragmente eines einzigen großen Planeten sein können. Die meisten der Asteroiden bewegen sich im Bereich eines Gürtels zwischen Mars und Jupiter um die Sonne.
Fünf Meteoritenfragmente aus der Antarktis stammen mit Sicherheit vom Mond; für die 8 bekannten SNC-Meteorite ist eine Herkunft vom Mars wahrscheinlich. Meteorite sind die ältesten bekannten Gesteine.
Große chemische und isotopische Unterschiede zeigen, daß sie von mindestens 50 verschiedenen Mutterkörpern stammen. Der größte Teil von ihnen ist durch sekundäre Prozesse mehr oder weniger stark verändert worden. Einzig die kohligen Chondrite blieben von diesen im wesentlichen verschont. Sie stammen von petrographisch primitiven Asteroiden.
Kohlige Chondrite sind somit die einzige uns zugängliche Materie, deren Untersuchung Aufschluß gibt über die Bildungsbedingungen in der Urzeit des Sonnensystems.

Abb. 7.2 >
Umlaufbahnen der Planeten projiziert auf die Ekliptikebene. Die Bahnen der erdähnlichen inneren Planeten Merkur bis Mars sind oben rechts vergrößert dargestellt. Jupiter, Saturn, Uranus, Neptun und Pluto bilden zusammen die gasförmigen äußeren Planeten. Der Pfeil weist in Richtung des Frühlingspunktes. Distanzen in astronomischen Einheiten. (Aus: Wasson, 1985)

Bis jetzt haben wir uns fast ausschließlich mit irdischen Aspekten der Meteorite befaßt. Wir wissen einiges über ihre Geschichte seit sie auf der Erde sind und haben gesehen, welche Spuren sie beim Einschlag auf die Erdoberfläche hinterlassen können. Wie oft Meteorite fallen und wo man sie findet, wurde ebenfalls besprochen. Wir kennen ihre äußere Gestalt und Größe und haben uns im letzten Kapitel eingehend mit der Klassifikation, der Mineralogie und der Petrologie beschäftigt. Zwei wichtige Themenbereiche sind bis jetzt aber noch unbeachtet geblieben: Die Frage nach der Herkunft der Meteorite, dem Bereich des Sonnensystems, wo sie entstanden, und nach der Rolle, die sie in der Kosmologie als Informationsträger in bezug auf die Entstehung unseres Sonnensystems und auf das Wechselspiel der in und auf planetaren Körpern ablaufenden jüngeren Prozesse spielen.
Wenden wir uns vorerst der Frage nach der Herkunft der Meteorite zu. Demokrit (460–371 v. u. Z.), einer der scharfsinnigsten Denker unter den alten Philosophen, sagte bezüglich der Kometen und vom Himmel gefallener Steine, er nehme an, es gäbe mehr wandernde Sterne als die bekannten fünf Planeten. Aber er setzte weder ihre Zahl noch ihre Namen fest, da ja selbst die Bahnen dieser fünf Planeten noch nicht genau bekannt seien.
Aristarch von Samos (312–230 v. u. Z.) nahm ein heliozentrisches Planetensystem an, das aber von Ptolemäus (um 140 n. u. Z.) mit einem neuen geozentrischen Modell beantwortet wurde. Die Kirche anerkannte das ptolemäische Weltbild, das richtige von Aristarch ging verloren. Man sah die Erde lange Zeit als Zentrum des Alls an. Keine 500 Jahre ist es her, daß scharfdenkende Männer wie Kopernikus, Galilei, Kepler, Newton und Halley die Erde als das erkannten, was sie wirklich ist: ein Planet. Sie beschrieben die physikalischen Grundlagen, wie zum Beispiel Massenanziehung (Gravitation) als das alles regelnde Gesetz.
Raumsonden haben im letzten Vierteljahrhundert völlig neue Wege in der Erkundung des Sonnensystems eröffnet. Planeten und ihre Monde haben sich aus astronomisch entfernten Objekten zu geologisch fast vertrauten Körpern verwandelt. Abbildung 7.2 gibt einen vereinfachten Überblick über den grundsätzlichen Aufbau des Sonnensystems.

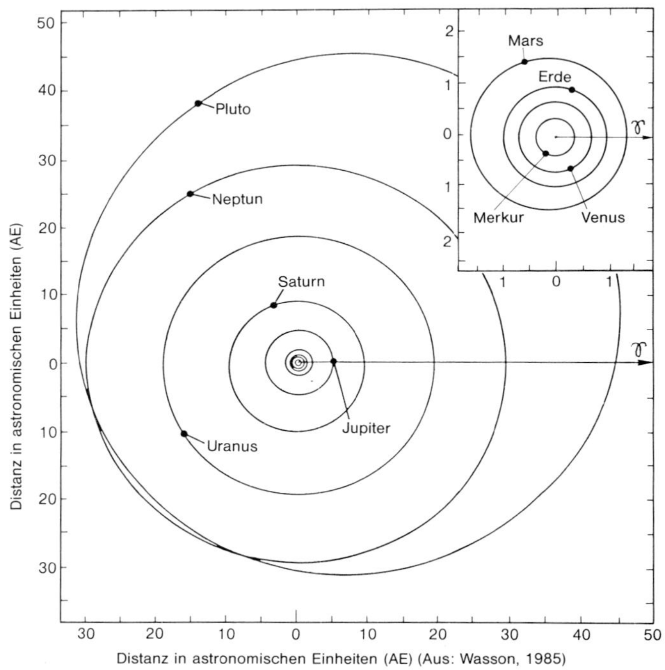

Asteroiden als Ursprungskörper

Bis heute liegen keine Befunde vor, die auf eine Herkunft der Meteorite aus Bereichen außerhalb unseres Sonnensystems schließen lassen. Somit bleibt auf der Suche nach geeigneten Meteoritenquellen ‹nur noch› das große Sonnensystem und die Kometen. Zum Glück gibt es hier eine ‹heiße› Spur, die wir verfolgen können. Durch fotografische Aufnahmen und Auswertungen der Leuchtspur von auf die Erde niedergehenden Meteoroiden konnten bisher die Bahndaten von drei nach dem Fall aufgefundenen Meteoriten einwandfrei berechnet werden: Pribram, Lost City und Innisfree (Kapitel 2). Die Aphelien (sonnenfernste Punkte) ihrer elliptischen Umlaufbahnen vor der Kollision mit der Erde liegen zwischen Mars und Jupiter. Aus dieser Gegend kennt man aufgrund astronomischer und astrophysikalischer Beobachtungen planetare Kleinkörper – auch Asteroiden oder Planetoiden genannt –, deren Anzahl nach Schätzungen 10000 übersteigen dürfte. Rund 3000 sind mit Größen und Bahndaten bekannt; von den restlichen weiß man, zum Teil durch einmalige Beobachtung, daß es sie gibt.

Die bekannten Planetoiden haben Durchmesser zwischen etwa 10 und 1000 km. Infrarotaufnahmen zeigen aber, daß mit aller Wahrscheinlichkeit viele kleinere Asteroiden existieren, die zusammen mit den größeren als ‹interplanetarer Schotter› im Bereich der Asteroiden die Sonne umkreisen. Dieser Asteroidengürtel, die Umlaufbahnen der inneren Planeten und rekonstruierte Meteoroidbahnen sind in Abbildung 7.1 zu Beginn dieses Kapitels dargestellt.

Astronomen und Astrophysiker haben sich mit den Asteroiden des inneren Sonnensystems befaßt, deren Bahndaten genau berechnet und mit Hilfe der multispektralen Fotometrie von über 100 Objekten die spektrale Oberflächen-Eigenschaften (Farbe, Albedo) ermittelt.

Dabei stellte sich heraus, daß aufgrund der verschiedenen Albedos die Oberflächen der Asteroiden chemisch unterschiedlich sein müssen. Rund drei Viertel aller Asteroiden sind dunkel. Der dunkelste, 95 Arethusa, mit einem Albedo von 0,019 ist schwarz wie Kohle. 44 Nysa heißt der hellste mit einem Wert von 0,48. Die dunklen ‹kohligen› Asteroiden erhielten die Bezeichnung C-Asteroiden. Unter diesen gibt es, hauptsächlich im Außenbereich des Gürtels und bei den Trojanern, die sich in den stabilen sogenannten Librationspunkten auf der Jupiterbahn (von der Sonne aus gesehen 60 Grad vor und hinter dem Riesen) befinden, einige dunkle von rötlicher Farbe.

Mittlere Albedos und rote Farbe besitzen etwa 15% der Asteroiden. Sie werden als S-Typen bezeichnet und scheinen eine Zusammensetzung aus Fe(Ni) und Magnesiumsilikaten aufzuweisen.

M-Typen sind ebenfalls von mittlerer Helligkeit. Von ihnen nimmt man an, daß sie nur aus Fe(Ni) bestehen. Der verbleibende Rest (E-, P-, D-, U-Typen) der Asteroiden ist von unbekannter Zusammensetzung. Im äußeren Gürtelbereich findet man hauptsächlich C-Asteroiden; im mittleren Gürtelbereich halten sich diese zusammen mit den S-Typen etwa die Waage; M-Typen und die bezüglich ihrer Zusammensetzung unbekannten und seltenen Arten sind auf den ganzen Gürtelbereich verteilt.

Daß man sich eingehend mit diesen planetaren Kleinkörpern befaßte, hat seinen guten Grund: Der eigentliche Anstoß war vor 30 Jahren die Beobachtung, daß Meteorite wegen ihrer kleinen Bestrahlungsalter einen ‹Mutterkörper› haben mußten (Begemann, Geiss und Hess, 1957). Man begann, diesen unter den Asteroiden zu suchen, stellte dann aber fest, daß mehrere Asteroiden in Frage kommen konnten (siehe auch Seite 150). Als Bestrahlungsalter bezeichnet man jenen Abschnitt in der Geschichte von Meteoriten, den sie als etwa metergroße Körper im interplanetaren Raum zubringen. Sie sind dann ungeschützt der kosmischen Strahlung ausgesetzt, deren hochenergetische Teilchen durch Kernreaktionen neue ‹Atomsorten› erzeugen. Aus diesen kosmogenen stabilen und radioaktiven Isotopen kann das Bestrahlungsalter berechnet werden. Es beträgt für Steinmeteorite etwa 10^5–10^8 Jahre, für Eisenmeteorite 10^8–10^9 Jahre. Die übrige Zeit seit ihrer Entstehung vor etwa 4,6 Milliarden Jahren müssen die Meteorite abgeschirmt gegen die kosmische Strahlung in solchen ‹Mutterkörpern› verbracht haben.

Weitere Beobachtungen, die diese Befunde stützten, aber teilweise erst später gemacht wurden, sind nachstehend skizziert:

– Die Reflexionsspektren einiger Asteroiden stimmen auffallend gut mit Albedos verschiedener Meteoritenarten überein, die man an pulverisierten Proben im Labor ermittelt hatte. Besonders auffällig ist dies am Beispiel der Eukrite und dem Asteroid ‹4 Vesta› zu sehen. Abbildung 7.3 zeigt weitere vermutete Zusammenhänge zwischen Meteoriten und Asteroiden als mögliche Meteoritenursprungskörper.

– Auf manchen Asteroiden haben Schmelzvorgänge und chemische Differenzierung (Kapitel 6) stattgefunden, während andere ihre ursprüngliche Zusammensetzung mehr oder weniger behielten.

– Es gibt Asteroiden, die auf ihrem Flug der Erdbahn sehr nahe kommen. Die aus 52 beobachteten Objekten bestehenden Amor-Asteroiden nähern sich der Sonne bis auf weniger als 1.3 AE. (1 Astronomische Einheit entspricht der Entfernung Erde–Sonne von 149,6 Millionen Kilometer). Sie kreuzen die Marsbahn aufgrund ihrer Exzentrizität, von einigen Ausnahmen abgesehen, nicht aber jene der Erde, und sind mit den Aphelien weit genug von

Abb. 7.3
Reflexionsspektren (Albedos) einiger Asteroiden und möglicher zugehöriger Meteorite. Von diesen wurden die Albedos in Laborversuchen ermittelt. (Nach Chapmann, 1975).

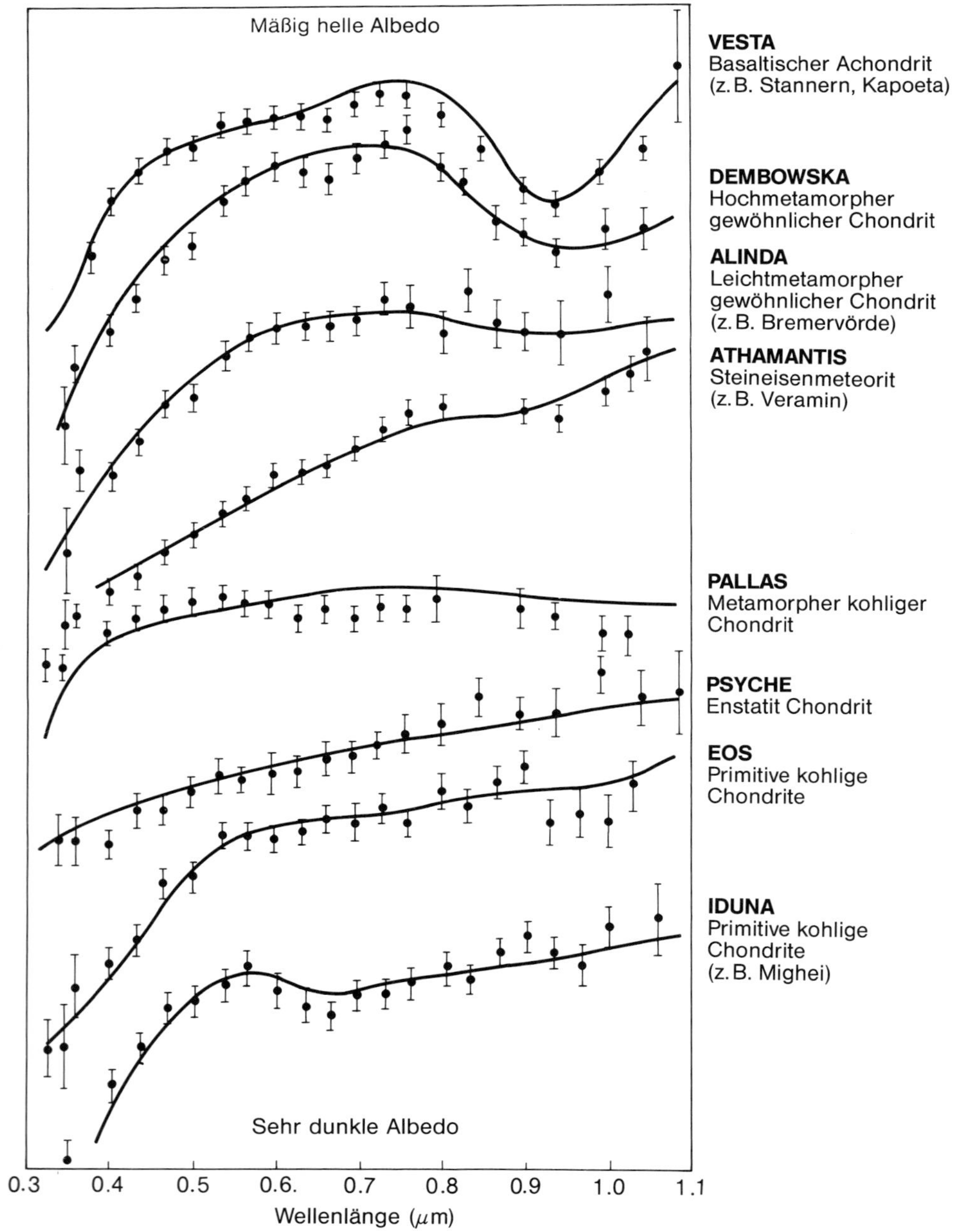

Jupiter weg, als daß sie von dessen Schwerefeld innerhalb kurzer Zeit nachhaltig gestört werden könnten.
Die 49 *Apollo-Asteroiden* überschneiden die Erd- und die Marsumlaufbahn. Ihre Perihelien liegen teilweise sogar innerhalb der Merkurbahn. Außerdem kennt man 7 Asteroiden, deren große Halbachse kleiner als 1 AE sind, die aber aufgrund ihrer Bahnexzentrizität die Erdbahn ebenfalls kreuzen. Diese Asteroiden werden nach einem ihrer Mitglieder als *Aten-Gruppe* bezeichnet. Ihre Bahnen liegen vollständig innerhalb der Marsbahn.
Eine Übersicht über die besprochenen Asteroidenfamilien gibt Tabelle 7.1, einige Asteroidenbahnen sind in Abbildung 7.4 wiedergegeben.

Tabelle 7.1
Erdnahe Asteroidenfamilien

Name	Anzahl beob.	Population geschätzt	a	Q	q
				Distanzen in AE	
Aten	7	100	<1	$\geqq 0{,}983$	
Apollo	49	700	$\geqq 1$		$\leqq 1.017$
Amor	52	2000*	>1		$1.017<q<1.4$

*davon etwa 500 erdbahnkreuzende Amors.
a = Große Halbachse, Q = Apheldistanz, q = Periheldistanz
(Daten nach Shoemaker et al., 1988)

Insgesamt beobachtete man bis heute über 40 Asteroiden, die in die Nähe der Erdbahn kamen und wieder kommen werden. Viele hat man noch nicht entdeckt oder sie sind zu klein, um von der Erde aus festgestellt zu werden. Nach Schätzungen von Astrophysikern ist mit etwa 1300 erdbahnkreuzenden Asteroiden zu rechnen. Dabei gibt es dynamische Hinweise, daß eine unbekannte Anzahl von ihnen ausgebrannte (entgaste) Kometenkerne sein könnten.
In diesem Zusammenhang dürfte von Interesse sein, wie nahe denn eigentlich solche Kleinplaneten der Erde kommen. Den Rekord hält ein Planetoid, der sich unserem Mutterplaneten am 25. März 1998 bis auf 3,4 Millionen Kilometer nähern wird. Das entspricht knapp dem Neunfachen der Mondentfernung und ist, astronomisch betrachtet, schon recht nahe. Aufgrund der geringen Größe wird er aber selbst bei seiner größten Annäherung nur als Lichtfleck 13. Größe (etwa so wie Pluto) in einem sehr guten Amateurfernrohr allen-

falls zu sehen sein. 1620 Geographos heißt ein weiterer Kleinplanet, der nahe vorbeiziehen wird. Am 25. August 1994 wird er die Erde bis auf eine Distanz von 4,5 Millionen Kilometer erreichen und als schwaches Lichtpünktchen für Beobachter auszumachen sein.

Wenn man die Bahnen der bekannten erdbahnkreuzenden Asteroiden als stellvertretend für die ganze vermutete Population nimmt, könnten im Mittel pro Million Jahre etwa drei solcher Körper mit der Erde kollidieren. Diese Annahme stimmt mit den in Kapitel 4 gemachten Ausführungen überein.

Die Auswirkungen des Schwerefelds von Jupiter haben zur Bildung der bereits beschriebenen Asteroiden-Familien (Aten, Apollo, Amor, Trojaner) geführt und bewirkten Störungen in der Massenverteilung der Asteroiden im Gürtel. Wenn man die Massen der bekannten Asteroiden in Abhängigkeit ihrer Umlaufzeit grafisch aufzeichnet, fallen einige Lücken – sogenannte Kirkwood-Lücken – auf, die recht genau verschiedenen Periodenbruchteilen des Jupiterjahres entsprechen. Eine quantitative Deutung dieser Erscheinung ist bis heute noch nicht befriedigend geglückt.

Wie aber gelangen Meteoroide aus dem Gürtelbereich hinaus? Wenn – über einen langen Zeitraum hinweg betrachtet – Asteroiden untereinander kollidieren, können dabei immer wieder Trümmer abgesprengt und auf unabhängige Bahnen mit gravitativ bedingten neuen Bahnelementen gebracht werden. Noch heute ist dieser Prozeß nicht zu Ende. Durch dieses interplanetare Mahlwerk entstehen laufend frische Bruchstücke (Meteoroide). Werden diese nicht durch weitere Hochgeschwindigkeitseinschläge pulverisiert, können sie auf einem Planeten oder dessen Monden als Meteorite einschlagen. Durch gravitative Beeinflussung größerer planetarer Körper kann ein solcher Meteoroid beim Vorbeiflug aber auch auf eine Bahn gelangen, die endgültig aus dem Sonnensystem hinausführt.

Wir haben in Kapitel 4 bereits kurz darauf hingewiesen, daß die ‹Lebensgeschichte› planetarer Körper sehr stark durch ihre Einschlagsgeschichte geprägt ist. Dabei wurde festgestellt, daß das kosmische Bombardement durch große Meteorite

Abb. 7.4
Umlaufbahnen einiger repräsentativer Asteroiden um die Sonne. Ebenfalls eingezeichnet ist eine angenommene, mögliche Kometenbahn mit einem Perihel innerhalb der Marsumlaufbahn. (Abgeändert aus: W.K. Hartmann, 1975).

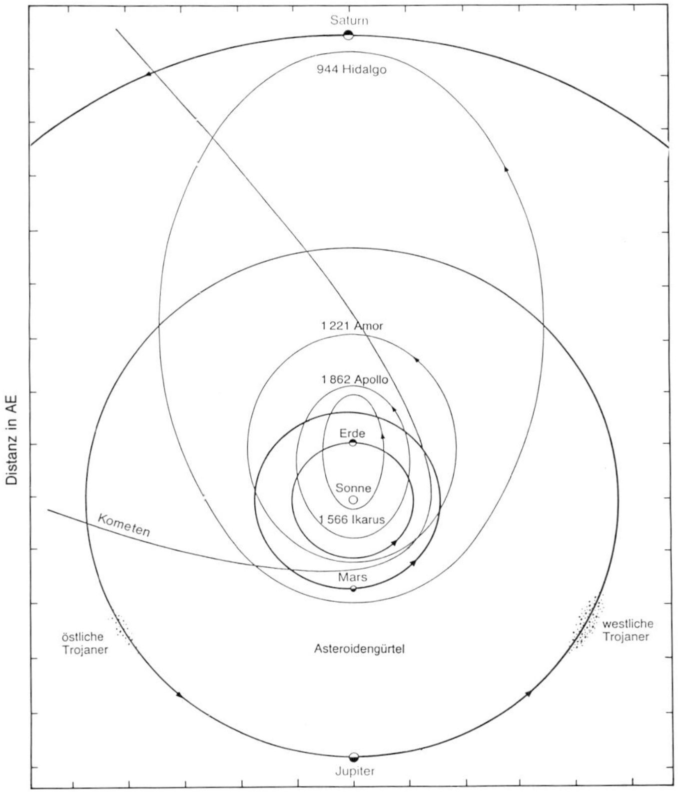

vor rund 4 Milliarden Jahren in einer Art Säuberungsphase nach der Akkretion der inneren erdähnlichen Planeten noch um einen Faktor 10 000 größer war. Wie stark diese intensiven Einschläge planetare Oberflächen veränderten, sehen wir an der geologischen Geschichte des Erdmonds. Drei wesentliche Auswirkungen sind festgestellt worden: Aufbruch, Zersplitterung und Brekziierung der obersten Kilometer der Mondkruste, wobei eine massive Bodenschicht, der Megaregolith, gebildet wurde. Letzte große Einschläge vor etwa 3,8 Milliarden Jahren hinterließen auf dem Mond eine rauhe Oberflächentopographie mit riesigen Einschlagskratern, deren Auswurfsmassen über große Gebiete verstreut wurden. Die Überflutung eines Teils der Mondoberfläche durch Lava endete vor etwa 3,1 Milliarden Jahren, wobei stellenweise altes Krustenmaterial (Megaregolith) durch junge Lava überdeckt wurde.

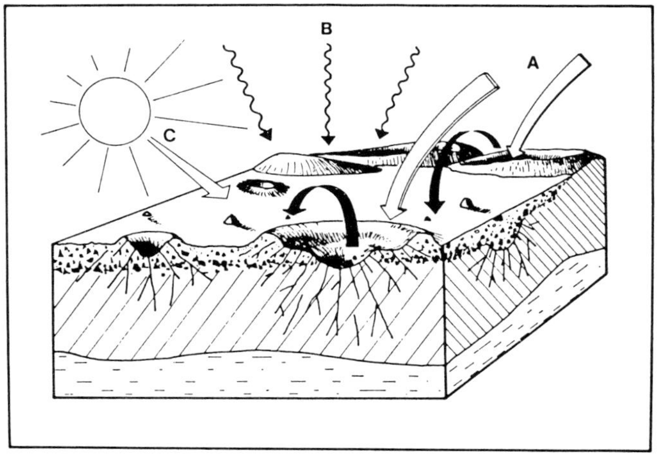

Abb. 7.5
Einwirkungen auf die Oberflächen planetarer Körper am Beispiel des Monds: Feinste Staubteilchen (Mikrometeorite), Meteorite und Kometen (A) bewirken die Zertrümmerung der atmosphärenlosen Oberfläche und die Bildung von Kratern. Dabei wird ständig Material von unten nach oben umgewälzt. Die kosmische Strahlung (B) dringt mit unverminderter Intensität je nach Energie bis zu mehrere Meter tief in das Oberflächenmaterial ein. Von der Sonne (C) kommt nicht nur das sichtbare Licht, sondern auch die solare kosmische Strahlung und der niedrigenergetische Sonnenwind, der nur in die äußeren Schichten der Gesteine einzudringen vermag. Punktiert: Regolith, schraffiert: Megaregolith.

100 μm $\alpha = 70°$

Abb. 7.6
REM-Aufnahme eines Mikrometeoriteneinschlags auf einer Gesteinsprobe vom Mond. Größter Durchmesser des ‹Kraters› 80 μm.

Heute ist die Oberfläche des Erdtrabanten aber überall von einer etwa 10 Meter dicken Lage unverfestigten Gesteinsmaterials bedeckt, das Regolith genannt wird. Dieser Regolith entstand auf der atmosphärenlosen, ungeschützten Mondoberfläche während Jahrmillionen durch Mikrometeoriteneinschläge (Abb. 7.5–7.6).

Einschlagende Körper aller Größen tragen dazu bei, daß der unverfestigte Mondboden umgelagert wird. Größere Brocken durchdringen den Regolith und zerstören auch das darunterliegende Gestein, beim Mond den Megaregolith. Dabei wird ein Teil des Regoliths zu Glaspartikeln aufgeschmolzen. Manche größeren Einschläge führen durch die Schockwelle zur Bildung verfestigter Bodenmaterialien, den Brekzien, die teilweise ausgeworfen, verlagert und beim nächsten größeren Einschlag wiederum bewegt (umgelagert) werden können. Ein Vorgang, den wir beim Ablauf irdischer Einschläge bereits kennengelernt haben. Bodenproben des Monds enthalten alle Produkte der oben geschilderten Prozesse: Bruchstücke des Basisgesteins (Megaregolith), Brekzien sowie Glaspartikel und -kügelchen. Reste eingeschlagener Meteorite sind in Mondgesteinen nicht direkt zu finden. Analysen von Spurenelementen zeigten aber, daß ($\geqq$ 1%) eine meteoritische Komponente, wenn auch nicht in fester Form, vorhanden ist. Ganz im Gegenteil zu gewissen Meteoritenmutterkörpern, die man unter den Asteroiden vermutet.

Man kennt Meteorite, die nicht aus einheitlichem Material aufgebaut sind, sondern ein Gemisch von Bruchstücken unterschiedlicher Zusammensetzung (polymikte Brekzien) darstellen. Noch verwirrender wird die Sache auf den ersten Blick, wenn man weiß, daß die verschiedenen Komponenten auch verschiedene Meteorite und somit ‹Meteorite in Meteoriten› sind.

Wie es dazu kam, kann wiederum mit der Einschlagsgeschichte des jeweiligen Ursprungskörpers erklärt werden, wobei für Asteroiden beachtet werden muß, daß diese aufgrund ihrer geringen Größe viel kleinere Gravitationsfelder haben als der Mond. Das hat zur Folge, daß auf Asteroiden beim Einschlag ausgeworfenes Material über den ganzen Körper verteilt und die Dicke der Regolithschicht somit größer wird. Diese beträgt beim Mond 5–10 Meter (Apollo-Landestellen), und könnte auf Asteroiden mit Größen von 100–300 Kilometer bis etwa 1000 Meter betragen. Mit anderen Worten heißt dies, daß Oberflächenmaterial von Asteroiden viel weniger lang den Einflüssen

des Sonnenwinds und der galaktischen kosmischen Strahlung ausgesetzt war (Abb. 7.5), bis es durch erneuten Einschlag wieder ‹untergepflügt› wurde. Studien dieser Einflüsse wurden unter starker Schweizer Beteiligung durchgeführt (u.a. Sonnenwindsegel) und dienen vor allem der Altersbestimmung des Regolithmaterials vom Mond und der Erklärung des Vorkommens der oben erwähnten ‹Meteorite in Meteoriten›.
In Abbildung 7.7 ist deutlich die Hell-Dunkel-Struktur eines Einzelmeteorits aus dem Schauer von Pultusk zu sehen: Helle cm-große Einschlüsse sind in einer feinkörnigen Grundmasse verteilt. Dieser Meteorit ist ein Teil der Oberflächenschichten seines Mutterasteroids, der durch Einschläge stark zertrümmert und durchmischt wurde. Die dunklen Stellen enthalten große Edelgasmengen, welche von Heinrich Wänke, Mainz, bereits 1963 als direkt eingefangene Teilchen des Sonnenwinds gedeutet wurden.
Ein Beispiel zum Thema ‹Meteorit in Meteoriten› ist in Abbildung 9.8 zu sehen. Es zeigt den Steinmeteorit St. Mesmin. Die polymikte amphoteritische Brekzie (LL-Typ) besteht aus ehemaligem Oberflächenmaterial des Mutterasteroids mit hohen Sonnenwindgehalten und Stücken aus größerer Tiefe des gleichen Körpers – eine ‹kleine Meteoritensammlung› im gleichen Stück. Ein darin enthaltenes Fragment ist ein H-Chondrit, der möglicherweise als Rest eines Einschlagskörpers zu deuten ist.

Mond und Mars als Mutterkörper

Bevor man die Mond- und möglichen Marsmeteorite aus der Antarktis (Kapitel 3) kannte, hatte man angenommen, daß bei einem Großeinschlag auf dem Mond oder einem Planeten wie Mars kein Material unzerstört diesen Körper verlassen könne. Die Gründe dafür waren rein physikalischer Art. Damit ein Stück Gestein einen planetaren Körper verlassen und auf eine eigene Flugbahn gelangen kann, muß es derart beschleunigt werden, daß die Entweichgeschwindigkeit erreicht wird. Diese beträgt auf dem Mond 2,4 km/s, auf dem Mars gar 5 km/s. Diese Entweichgeschwindigkeiten sind in Abbildung 7.9 dargestellt.

Abb. 7.7
Der Edelgase des Sonnenwinds enthaltende Chondrit Pultusk (Fall 30. Januar 1868) mit der für solche Meteorite charakteristischen Hell-Dunkel-Struktur. Die Sonnenwind-Edelgase sind in den dunklen Teilen des Meteorits enthalten.

Daß ein Entweichen ohne größere Beeinträchtigung des Materials tatsächlich möglich ist, zeigte sich bei den Untersuchungen der antarktischen Mondmeteorite (Kapitel 3). Diese, allesamt Regolithbrekzien des lunaren Hochlands, haben den Auswurf vom Mond gut überstanden. Wie aber steht es beim Mars? Die Entweichgeschwindigkeit vom roten Planeten ist etwas mehr als doppelt so hoch wie diejenige vom Mond. Daß es auch für diese Probleme eine Lösung geben könnte zeigt sich, wenn man das Pferd gewissermaßen am Schwanz aufzäumt und zuerst einmal die Untersuchungsergebnisse der in Frage kommenden Meteorite interpretiert.
Wir haben bereits in Kapitel 6 gesehen, daß die SNC-Meteorite mineralogisch und petrographisch irdischen Basalten sehr ähnlich sind. Mit anderen Worten, daß sie, im Gegensatz zu den meisten Steinmeteoriten, die aus undifferenzierter Materie des frühen Sonnensystems bestehen, aus einer Gesteinsschmelze auskristallisierten.
Außerdem haben die SNC's wie irdische Basalte hohe Konzentrationen an flüchtigen Elementen und sind in den relativen Häufigkeiten der seltenen Erdelemente von Lanthan bis Luthetium in recht guter Übereinstimmung mit der Entstehung als vulkanisches Gestein. Abbildung 7.10 zeigt die Textur des SNC-Meteorits Shergotty, der am 25. August 1865 in Indien fiel.

Abb. 7.8
Schematische Darstellung von vier wahrscheinlichen Entwicklungsphasen auf planetaren Körpern von Asteroidengröße. Differenzierung: Schwere Elemente wie Eisen sammeln sich im Kern, ein Gemisch aus Metallen und Silikaten bildet den Mantel, während die Kruste fast nur aus Silikatgesteinen besteht (Schnittdarstellung links). Die Mutterkörper der kohligen Chondrite (Bildmitte) wurden seit ihrer Bildung nicht mehr thermometamorph verändert und stellen somit die älteste Materie im Sonnensystem dar. Durch Großeinschläge und Kollisionen der Asteroiden (Mitte hinten rechts) untereinander brachen diese auf. Unter dem Einfluß des Asteroidenschwerefelds fanden sich die Trümmer wieder zusammen, wobei sich gewissermaßen ein ‹Blockregolith› (Megaregolith, auf Schnittdarstellung rechts) bilden konnte, wo teilweise unteres nach oben gekehrt war, bis ein katastrophaler Zusammenstoß den Asteroiden ganz zerstörte. Solche Trümmer können dann als Meteoroide schließlich auf eigene Umlaufbahnen gelangen und auf der Erde oder anderen planetaren Körpern als Meteorite einschlagen. (Zeichnung: Natalie Bühler nach einer Vorlage von Davis Meltzer, National Geographic 170.3, 1986).

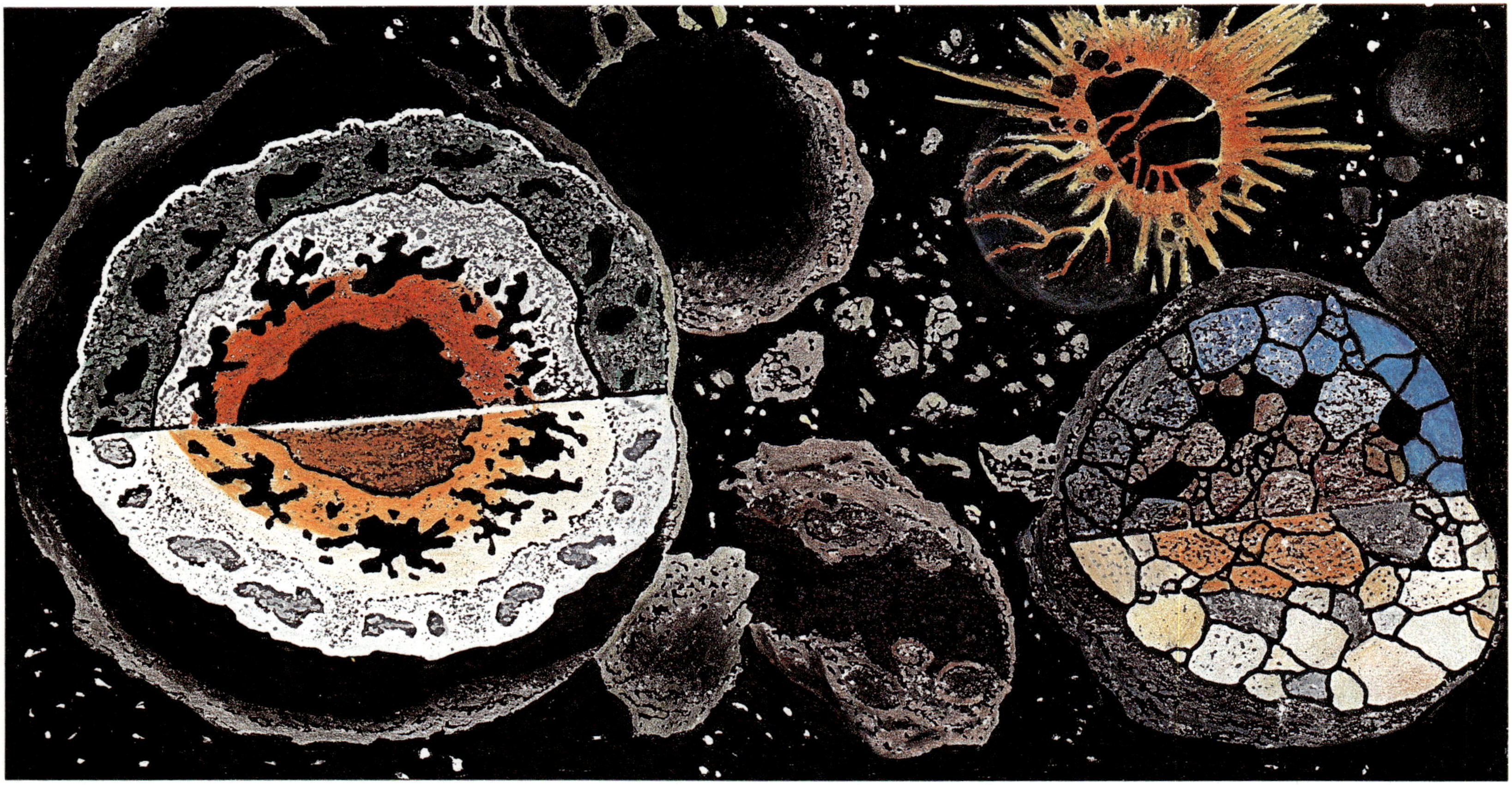

Ebenfalls in Kapitel 6 angedeutet wurden die genetischen Zusammenhänge, die durch die Isotopenzusammensetzungen des Sauerstoffs erkannt werden können. Ludolf Schultz vom MPI für Chemie in Mainz, dessen Ausführungen über Marsmeteorite wir hier folgen, schreibt darüber 1988: «Proben, die von demselben Mutterkörper kommen, fallen in einem 3-Isotopen-Diagramm in ein bestimmtes Feld. (...) Die Isotopenzusammensetzung des Hauptelements Sauerstoff war offensichtlich im frühen Sonnensystem nicht über den gesamten Raum, in dem sich Erde und Meteoritenmutterkörper bildeten, gleich. Alle SNC-Meteorite haben aber eine sehr ähnliche Isotopenzusammensetzung von Sauerstoff, die auf einen gemeinsamen Ursprungskörper im Sonnensystem hindeutet».

Viele SNC's sind durch Schock nachhaltig beeinflußt worden. Im Meteorit Shergotty auf Abbildung 7.10 wies man bereits 1872 eine auf der Erde nicht bekannte glasartige Substanz nach, die zu Ehren des Wissenschaftlers Nevil M. H. Story-Maskelyne den Namen ‹Maskelynit› erhielt. Sie entsteht aus Feldspat bei Einwirkung von sehr hohen Drücken. Es ist allerdings zu bemerken, daß es auch nahezu ungeschockte SNC-Meteorite gibt wie beispielsweise Nakhla, der am 28. Juni 1911 in Ägypten fiel. Ebenso typisch für einige der SNC-Meteorite ist, daß man in ihnen wasserhaltige Minerale feststellte. Schultz dazu: «Für Meteoritenfunde ergibt sich immer das Problem, ob Verwitterung auf der Erde dafür verantwortlich gemacht werden kann, da diese Gesteine oft viele Jahre jeder Witterung ausgesetzt waren. Allerdings kann für Meteorite, die direkt nach ihrem Fall geborgen wurden, angenommen werden, daß die wasserhaltigen Minerale direkt auf dem Mutterkörper der Meteorite gebildet wurden. In allen anderen differenzierten Meteoriten, die auch magnetische Gesteine sind, aber von anderen Mutterkörpern stammen, werden hydratisierte Minerale nicht gefunden».

Hauptargument für einen Ursprung der SNC's von einem Planeten wie etwa Mars ist das niedrige Kristallisationsalter von weniger als 1,4 Milliarden Jahren. Wie schon in Kapitel 6 gesagt wurde, kann nur ein größerer Planet seit seiner Entstehung vor 4,55 Milliarden Jahren so lange Wärme speichern, daß noch nach etwa 3,2 Milliarden Jahren Vulkanismus möglich ist. Mars wäre also ein ‹geeigneter Kandidat›, insbesondere auch, weil man in Gaseinschlüssen des stark geschockten SNC-Meteorits von Elephant Moraine EETA70001 Edelgase und Stickstoff feststellte, deren Element- und Isotopenzusammensetzung jener der Marsatmosphäre ähnlich ist. Bliebe eigentlich ‹nur› noch das Problem des Entweichens.

Viele Modelle für den Auswurfprozeß der SNC's vom Mars sind bislang vorgestellt worden; keines konnte für alle damit verbundenen Probleme befriedigende Lösungen anbieten. Gewißheit über die Herkunft der SNC-Meteorite vom Planeten Mars wird man erst haben, wenn eine ‹sample return›-Mission echtes Marsgestein zur Erde gebracht haben wird.

Meteorite: ‹Rosetta-Steine› des Sonnensystems

Die zu Beginn dieses Kapitels erwähnte Erkenntnis über planetare Körper aus Fernerkundungen durch

Abb. 7.9
Damit ein Körper aus dem Schwerefeld eines Planeten entfliehen kann, muß er mit Entweichgeschwindigkeit nach oben geschossen werden. Um aus dem Sonnensystem heraus zu gelangen, ist zusätzlich die Anziehungskraft der Sonne zu überwinden. Das bedeutet eine Erhöhung der Entweichgeschwindigkeit um den Betrag im Balken rechts. (Grafik P. Signer, ETHZ).

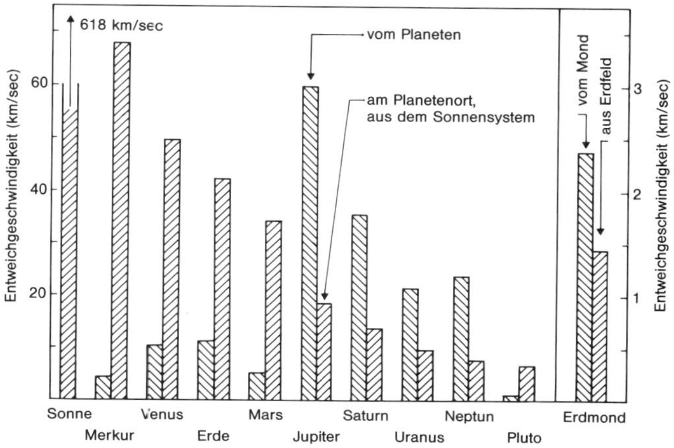

Abb. 7.10
Schnitt durch den basaltischen SNC-Meteorit Shergotty, Indien. Die Einregelung der hellen, stäbchenförmigen Strukturen läßt erkennen, daß sich das Gestein in einer Magmakammer langsam verfestigte, wobei längliche Pyroxenkristalle ausgeschieden wurden.

Raumsonden können die direkte geochemische Analyse von Gesteinen nicht ersetzen, mit der man die Entstehung und Entwicklung des Sonnensystems zu rekonstruieren versucht. Für solche Analysen standen bislang nur Meteorite zur Verfügung. Ihre Bedeutung kann mit dem Stein von Rosetta verglichen werden, der 1799 gefunden wurde. Er enthielt denselben Text in griechischer, demotischer und ägyptischer Schrift (Hieroglyphen) und diente dem Franzosen J. F. Champollion als Grundlage zur Entzifferung der bis zu Beginn des 19. Jahrhunderts nicht lesbaren Hieroglyphenschrift. Die vor allem (im petrologischen Sinn) primitiven Meteoriten enthaltenen Informationen sind für die Kosmologie von ähnlich fundamentaler Bedeutung.

Sie sind der Schlüssel zum Verständnis des Ursprungs und der anschließenden Entwicklung des Sonnensystems.

Begeben wir uns nun mit dieser Behauptung nicht aufs Glatteis der Spekulation? Wir glauben nicht. Man hat früher angenommen, die Asteroiden seien nichts anderes als Trümmer eines größeren planetaren Körpers. Seit einiger Zeit weiß man, daß das nicht stimmt. Asteroiden oder ihre Vorgänger sind nach heutigem Wissen Reste jener planetaren Bausteine (Planetesimale), die sich im solaren Urnebel während der Bildungsphase des Sonnensystems durch Zusammenballung (Akkretion) formten. Bevor sie jedoch einen ‹Asteroidenplaneten› bilden konnten,wurden sie gravitativ gestört und in neue Umlaufbahnen abgelenkt. Die Hauptursache für diese Unregelmäßigkeiten beim Bildungsvorgang sieht man in Gravitationsstörungen durch Jupiter. Einige Asteroiden kollidierten untereinander mit Geschwindigkeiten von mehreren Kilometern pro Sekunde, was häufig zu teilweiser bis totaler Zertrümmerung und Zersplitterung einzelner Asteroiden führte.

Die chemischen und isotopischen Unterschiede verschiedener Meteoritenklassen, so schloß man, können nur bedeuten, daß Meteorite Bruchstücke zahlreicher, solcher unterschiedlich aufgebrochener planetarer Körper sind. Man schätzt, daß in unseren Meteoritensammlungen neben dem Material vom Mond und eventuell vom Mars Proben von etwa 50 verschiedenen Kleinplaneten liegen. Ein Teil von ihnen war kurz nach der Entstehung völlig geschmolzen. In Analogie zum Aufbau der Erde – so stellt man sich vor – bildeten sich Metallkern, metallreicher Mantel sowie aluminium- und siliziumreiche Kruste. Fragmente von Kern, Mantel und Kruste liegen bei dieser Gruppe in Form von Eisenmeteoriten, magnesiumreichen Steinmeteoriten und meteoritischen Basalten vor. Die zweite Gruppe sind Meteorite von Asteroiden, die mit Sicherheit niemals bis zur Schmelztemperatur erhitzt worden sind.

Auf die Frage, warum einige der Kleinplaneten völlig aufschmolzen, andere dagegen nicht einmal eine Temperatur von 100°C erreichten, gibt es bis heute keine Antwort.

Sind Meteorite wirklich die einzigen Objekte, aus denen wir Auskunft über die Bedingungen in der Frühzeit des Sonnensystems erhalten? Warum eignen sich dazu nicht auch irdische Gesteine? Werfen wir einen Blick auf Abbildung 7.11.

Die Bildungsalter von Gesteinen werden mit Hilfe von langlebigen radioaktiven Isotopen bestimmt. Solche Altersbestimmungen führt man in vielen Forschungsinstituten bereits routinemäßig durch. Aus der Konzentration der radioaktiven Isotope, zum Beispiel ^{40}K oder ^{87}Rb, und ihrer Tochterisotope ^{40}Ar beziehungsweise ^{87}SR, können die Bildungsalter der Minerale bestimmt werden, wenn gewisse Voraussetzungen (z. B. geschlossenes System) erfüllt sind. Man hat mit ähnlichen Methoden auch das Alter des Planeten Erde mit 4,56 ± 0,03 Milliarden Jahre ermittelt. Radiometrische Bestimmungen des Alters von vielen terrestrischen Gesteinen und zahlreichen Meteoriten ergaben eindeutig, daß heute die gefundenen irdischen Gesteine jünger als Meteorite sind (mit Ausnahme der SNC-Meteorite). Sie entstanden erst während der Geschichte unseres Planeten. Wohl kann aus ihrer Untersuchung die Entwicklung der Erde rekonstruiert werden, aber aufgrund ihres geringeren Alters – die Erde ist immer noch ein geologisch aktiver planetarer Körper, auf dem laufend alte Gesteine zerstört und neue gebildet werden – können die heute vorhandenen Gesteine nichts über die Entstehung der Erde selber und somit auch nichts über die physikalischen und chemischen Bedingungen bei der Bildung des Sonnensystems aussagen.

Ähnlich ist die Situation bei den von Apollo- und Luna-Missionen zur Erde gebrachten Mondproben. Auch sie geben uns keine Information über die ersten Millionen Jahre ihrer Geschichte; auch bei ihnen ist die ‹Erinnerung› an die Phase ihrer Entstehung durch sekundäre Prozesse verwischt worden.
Warum das? – Die erwähnten Alter sind alle mit radiometrischen Methoden bestimmt worden. Diese messen die Zeit, die seit der letzten chemischen und isotopischen Äquilibrierung eines geschlossenen Systems vergangen ist, die meist bei hohen Temperaturen in einer Schmelze erfolgt. Die davor liegende Zeit ist ausgelöscht. Anders sieht die Altersverteilung bei den Meteoriten aus: Alle Meteoritenalter liegen um das Bildungsalter unseres Planeten verteilt; eine Variation, die auch auf Meßungenauigkeiten zurückzuführen ist. Meteorite sind also tatsächlich feste Materiereste aus der Bildungszeit der Sonne und der Planeten.
Einschränkend muß allerdings gesagt werden, daß nicht alle Meteorite gleichermaßen geeignet sind, über diese frühen Vorgänge Auskunft zu geben. Manche Meteorite sind durch spätere Umwandlungen derart verändert worden, daß Informationen aus der Entstehungsphase stark überprägt sind oder gar verlorengingen. Daneben gibt es aber noch jene Gruppe von Meteoriten, die kohligen Chondrite, welche keine offensichtlichen sekundären Veränderungen erfuhren.
Diesen ältesten Gesteinen aus dem Sonnensystem gilt auf der Suche nach Informationen aus der solaren Urzeit das spezielle Interesse der Wissenschaftler. Die kohligen Chondrite boten chemischen Verbindungen gewissermaßen ‹mineralogische Nischen›, in der sie seit ihrer Bildung vor Veränderungen geschützt waren.
Welche Fragen hat man nun durch Untersuchungen an kohligen Chondriten beantworten können? Es gibt ein gutes Dutzend chemischer Elemente in meteoritischer Materie, bei denen die isotopische Zusammensetzung verschieden ist von jener, welche wir aus irdischen oder lunaren Gesteinen kennen. Solche isotopische Häufigkeitsanomalien kennt man beispielsweise von Sauerstoff (Kapitel 6) oder von Neon. Die Anomalien weichen von der terrestrischen Norm so stark ab, daß man sie nicht durch Prozesse erklären kann, die nach heutigem Wissensstand im Sonnensystem ablaufen. Wie Friedrich Begemann (1982) feststellte, stoßen die daraus gewonnenen Erkenntnisse ein Dogma der Kosmochemie um, an dem man lange festgehalten hatte: «Die Bildung der festen Körper unseres Sonnensystems geschah also *nicht* aus einem präsolaren Nebel, der in seiner elementaren und isotopischen Zusammensetzung vollkommen homogen war».
Erinnern wir uns an die in Kapitel 6 besprochenen Calcium-Aluminium-reichen Einschlüsse (CAI) in kohligen Chondriten, zum Beispiel im Meteorit Allende. Von ihnen nimmt man an, daß sie als erste Materie aus einem heißen, sich abkühlenden Nebel solarer Zusammensetzung kondensierten. Thermodynamisch läßt sich nun die Kondensationssequenz eines heißen Gases solarer chemischer Zusammensetzung errechnen. Sie stimmt in vielen Punkten mit den an den CAT's gemachten Beobachtungen überein. Die in den CAI's gefundenen ‹Fremdlinge› mit hohen Gehalten an schwerflüchtigen Metallen wie W, Os, Ir, Ru, Pt und Mo weisen auf große lokale Unterschiede in Temperatur, Druck und Oxidationsgrad der solaren Nebelwolke hin.
Untersuchungen an Meteoriten stellen somit der Kosmochemie Daten zur Verfügung, an denen Theorien zur Elementerzeugung und zur immer noch offenen Frage nach dem Wie und Warum der Entstehung unseres Sonnensystems getestet werden können.

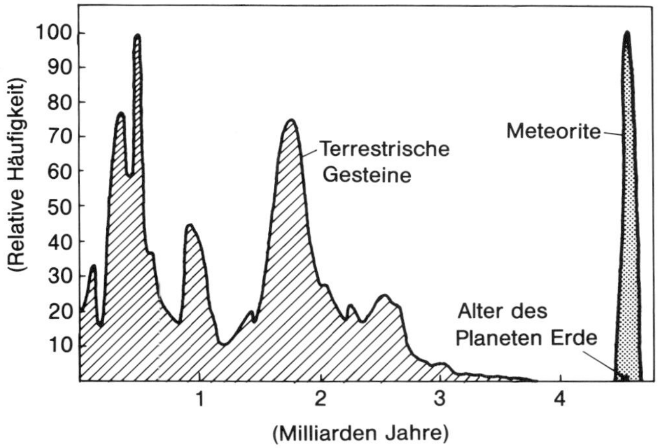

Abb. 7.11
Häufigkeitsverteilung der Bildungsalter von 3400 terrestrischen Gesteinen und 31 Meteoriten. Kein Gestein der geologisch noch heute aktiven Erde datiert bis zur Entstehung des Planets Erde zurück. Meteoritenalter hingegen stimmen mit diesem Ereignis und somit der Bildung des Sonnensystems überein. (Grafik aus L. Schultz, 1982.).

Abb. 8.1
Versuchsanordnung für den qualitativen Nachweis von Nickel. Die notwendigen Reagenzien und das Vorgehen sind im Text beschrieben. Die rote Färbung des Filterpapierstreifens zeigt die Anwesenheit von Nickel in der untersuchten Probe an.

8

METEORITE ERKENNEN UND KONSERVIEREN

Meteorite geben sich häufig durch ihre hohe Dichte, ihre äußere Form und aufgrund der Schmelzkruste zu erkennen.
Der größte Teil der Meteorite ist mehr oder weniger stark magnetisch. Hoher Nickelgehalt des Metallanteils ist ein weiterer Hinweis auf eine mögliche außerirdische Herkunft.
Haben Meteorite lange im Erdboden gelegen, sind sie durch Verwitterungsprozesse angegriffen. Sie vor weiterem Zerfall zu bewahren, kann meist nur durch spezielle Konservierungsmethoden erreicht werden.
Auch das Ätzen von Eisenmeteoritenproben und die anschließende Behandlung muß fachgerecht erfolgen, damit Korrosionsprozesse nicht noch schneller fortschreiten.

Abb. 8.2
Zeus schleudert einen Donnerstein. Bronzestatuette im Nationalen Archäologischen Museum Athen. Höhe der Statuette 15 cm. (Archiv: V.F. Buchwald)

Abb. 8.3
Auswahl von Pseudometeoriten, wie sie Konservatoren naturhistorischer Museen als vermeintliche Meteorite immer wieder vorgelegt werden. Obere Reihe von links: Markasitknolle (Schwefeleisen), Metallschlacke, vulkanisches Glas (Obsidian). Untere Reihe: Pyritkugel (oxidierte Oberfläche), Hämatitgeschiebe (Eisenglanz, gerollt) sowie Bohnerz (ganz und aufgebrochen) Maßstab in cm. (Sammlung Museum Bally-Prior, Schönenwerd)

Wie wir in den vergangenen Kapiteln gesehen haben, gibt es in den drei Hauptgruppen viele verschiedene Arten von Stein-, Steineisen- und Eisenmeteoriten. Dabei haben wir auch zwischen *Fällen*, die beim Niedergehen beobachtet wurden und beim Auffinden entsprechend «frisch» sind, unterschieden und *Funden*, die unter Umständen Jahre bis Jahrhunderte im Erdboden lagen und mehr oder weniger starke Verwitterungserscheinungen aufweisen.
Die Schwierigkeit, Meteorite zu erkennen, besteht darin, sie von irdischen Gesteinen zu unterscheiden. Welche Merkmale stehen uns zur Verfügung, wenn wir ‹im Feld›, zum Beispiel auf einer Wanderung, einen Stein finden, der nicht in den geologischen Aufbau der Umgebung paßt und von dem wir vermuten, er könnte außerirdischer Herkunft sein?

Gewicht

Das Gewicht des Steins kann ungeachtet des Verwitterungszustandes schon ein erster Anhaltspunkt sein. Ist er schwerer oder leichter als ähnlich große Steine des Fundgebiets?
Tabelle 8.1 enthält die ungefähren Dichten der verschiedenen Meteoritenarten.

Tabelle 8.1
Mittlere Dichte der verschiedenen Meteoritenarten

Meteoritenart	Symbol	Mittlere Dichte (g/cm^3)
Steinmeteorite		
Gewöhnliche Chondrite	H, L, LL	3,5
Enstatit Chondrite	E	3,55
Kohlige Chondrite	C1–2	2,55
Kohlige Chondrite	C3–5	3,6
Achondrite		
Ca-arme	AUB, DIO, URE	3,3 ±0,1
Ca-reiche	HOW, EUC	
Steineisenmeteorite		
Pallasite	PAL	4,9 ±0,05
Mesosiderite	MES	
Eisenmeteorite		
Oktaedrite	IAB	
Hexaedrite	IIA	8 ±0,1
Ataxite	IVB	

(Daten aus verschiedenen Quellen)

Tabelle 8.2
Mittlere Dichte häufiger irdischer Gesteine und Minerale sowie deren Kunstprodukte

Gestein	Mittlere Dichte in g/cm^3	Gestein	Mittlere Dichte in g/cm^3
Basalt	3	Kalkstein	2,6
Beton	2,2	Markasit (Schwefeleisen)	4,9
Blei	11,4	Marmor	2,7
Braunkohle	1,5	Messing	8,7
Bronze	8,7	Nickel	8,9
Chamottestein	2	Pyrit (Schwefeleisen)	5
Dolomit	2,85	Roheisen	7,3
Flaschenglas	2,6	Sandstein	2,3
Gips	1,7	Schmiedeisen	7,8
Gneis	2,5	Schiefer	2,7
Gold	19,3	Stahl	7,9
Granit	2,8	Steinkohle	1,3
Gußeisen	7,3	Ton	2,3
Hämatit	5,2–5,3		

Was Kuratoren von Museen etwa als vermeintliche Meteorite (Pseudometeorite) vorgelegt wird, umfaßt ein breites Spektrum von Materialien. Man findet darunter vom abgerollten Flaschenboden, über verschiedene Erzproben und Schlacken bis zu eigentlichen Mineralen (Pyrit- und Markasitknollen, Hämatit u. a.) sowie Eisenteile verschiedenster Art. Zum Vergleich der mittleren Dichte der Meteorite mit jener irdischer Gesteine, Minerale und verschiedener Kunstprodukte, die oft für Meteorite gehalten werden, sind in Tabelle 8.2 die entsprechenden Mittelwerte aufgeführt. Eine kleine Auswahl von Pseudometeoriten und drei Vertreter echter Meteorite sind auf den Abbildungen 8.3 und 8.4 zu sehen.

Methoden zur Dichtebestimmung sind in jedem Physikbuch zu finden. Die Dichte kann man für kleinere Proben bis Faustgröße mit dem folgenden Vorgehen selber hinreichend genau feststellen. Man benötigt dazu eine im Mineralienhandel übliche Analysebalkenwaage, die für hydrostatische Dichtebestimmungen ausgerüstet ist. Sie enthält gewöhnlich am Bügel der Wägeschale einen Haken. Daran hängt man die in einen Kunststoffbeutel (oben offen, damit die Luft entweichen kann) wasserdicht verpackte Probe an einem Faden auf und ermittelt das Gewicht in Luft (a). Sodann wird die Probe in einem mit Wasser gefüllten Becherglas, das man neben den Bügel stellt, gewogen (b); das umgebende Wasser sollte die Luft nach oben

Abb. 8.4
Echte Meteorite: Links ein Steinmeteorit aus dem Schauer von Pultusk. In der Mitte ein Fragment des Pallasits Marjalahti und rechts: angeschliffenes, poliertes und geätztes Einzelstück des Eisenmeteorits Canyon Diablo. Maßstab in cm. (Sammlung Museum Bally-Prior, Schönenwerd)

Auswahl von Pseudometeoriten und drei Vertreter echter Meteorite sind auf den Abbildungen 8.3 und 8.4 zu sehen.

$$D_m = D_W \cdot a/(a-b)$$

wobei D_W die Dichte von Wasser (0,998 g/cm^3 bei 20 °C) ist. Mit der Dichtebestimmung lassen sich Steine, die sich ungewöhnlich schwer anfühlen, mit anderen Gesteinen der Fundregion vergleichen. Sie ist vor allem dann nützlich, wenn die fragliche Probe verwittert oder bräunlich oxidiert ist.

Form und Schmelzkruste

Es gibt aber noch andere wichtige Merkmale, etwa die Form und Oberflächenbeschaffenheit, die auf eine meteoritische Herkunft deuten können. Das untrüglichste äußerliche Kennzeichen ist bei Stein-

Abb. 8.5
Die Suche in einem meteoritenverdächtigen Gebiet mit Hilfe von Metalldetektoren kann für Eisen-, Steineisen- und Steinmeteorite mit hohem Anteil an freiem Fe(Ni) (E- und H-Typen) lohnend, aber sehr zeitraubend und arbeitsintensiv sein.

∨ Abb. 8.6
Was an Metallteilen im Laufe der Jahrzehnte alles in den Boden gelangt, zeigen die Fundgegenstände von der Nachsuche auf dem Twannberg in der Schweiz 1985. Ein weiteres Meteoritenfragment wurde nicht aufgefunden. (Sammlung Museum Bally-Prior, Schönenwerd)

und Eisenmeteoriten die Schmelzkruste, wie sie in Kapitel 5 beschrieben und in den Abbildungen 5.15– 5.17 zu sehen ist. Sie ist bei Steinmeteoriten besonders charakteristisch: fein granuliert und je nach Verwitterungszustand von schwarzer bis brauner Farbe. Bezüglich der Form der Meteorite gelten die Ausführungen in Kapitel 5 ebenfalls. Oft haben sie leicht bis stark gerundete Kanten oder unregelmäßig abgerundete Formen. Daumengroße Einbuchtungen an Eisenmeteoriten – Remaglypte – als Folge von Abtragungsprozessen durch Ablation sind typisch (siehe ‹Cabin Creek› in Abbildung 5.13). Eisenmeteorite sind niemals schwammartig, wie Schlacke aussehend oder klinkerähnlich.

Suchgeräte und Magnetismus

Der weitaus größte Teil aller Meteorite ist hauptsächlich wegen seines Fe(Ni)-Gehalts mehr oder weniger stark magnetisch. Diesen Umstand können wir uns bei der Suche in einem meteoritenverdächtigen Gebiet zunutze machen, indem wir Metallsuchgeräte einsetzen. Mit ihnen kann man im Boden verborgene Eisenstücke und Gesteine mit hohem Anteil an freiem Eisen, wie dies bei E- und H-Chondriten der Fall ist, je nach Größe bis in 100 Zentimeter Tiefe feststellen. Man darf dann allerdings nicht enttäuscht sein, wenn das Suchgerät piepst und nach einiger Grabarbeit anstelle von extraterrestrischer Materie recht irdische Dinge wie abgebrochene Rübenmesser, Stacheldrahtstücke, Geschoßsplitter, Schrauben und ähnliches zum Vorschein kommen, wie das 1985 bei der Nachsuche auf dem Twannberg in der Schweiz der Fall war. Der Einsatz eines Metalldetektors ist auf Abbildung 8.5 zu sehen, Fundgegenstände anthropogener Herkunft vom Twannberg zeigt Abbildung 8.6. Sind wir bereits im Besitz eines meteoritenähnlichen Stückes, kann ein Stabmagnet zur Feststellung des Magnetismus' gute Dienste leisten. Man hält ihn lose zwischen zwei Fingern und nähert sich der zu untersuchenden Probe langsam. Bei Eisen- und Steineisenmeteoriten ist starker Magnetismus feststellbar, der aber im Fall großer oberflächlich liegender Silikat-, Troilit- oder Schreibersiteinschlüsse (wie im Meteorit Pitts, Abbildung 8.9) schwächer werden kann. Troilit und viele Silikatkomponenten sind unmagnetisch, Schreibersit dagegen ist nur weniger magnetisch als Fe(Ni). E- und H-Chondrite ziehen den Stabmagneten etwas schwächer aber immer noch gut spürbar an. Bei L-Chondriten ist ebenfalls noch eine schwache Anziehung zu spüren. LL-Chondrite (Amphoterite), kohlige Chondrite sowie die Achondrite reagieren nicht mehr auf den Magneten.

Der Schmirgelscheibentest

Es kam schon recht oft vor, daß meteoritenverdächtige Steine mit brachialer Gewalt in Stücke geschlagen wurden, damit der Finder einen Blick ins ‹Innere› werfen konnte. Diese Hammerschlagmethode ist untauglich. Falls es sich dabei um einen echten Meteorit handeln sollte, geht in den meisten Fällen Material verloren. Außerdem werden der wissenschaftliche Wert und der Sammelwert stark gemindert. Dasselbe gilt für Eisenmeteorite. Sie dürfen nie, etwa im Schmiedefeuer, auf über 900 °C erhitzt werden, dabei verlieren sie ihre innere Struktur. Wesentlich weniger schädlich und dazu noch erfolgversprechender ist der Test mit der Schmirgelscheibe, wie er von H. H. Niniger schon 1933 vorgeschlagen wurde.
Man hält das zu untersuchende Stück einige Sekunden an eine rotierende feine Schleifscheibe, wie sie jede mechanische Werkstätte zum Schleifen von Werkzeug verwendet. Dadurch wird an einer kleinen Stelle die äußerste, manchmal verwitterte Schicht abgetragen und frisches Material kommt zum Vorschein. Handelt es sich um einen Steinmeteorit, können bei E-, H- und L-Chondriten metallisch glänzende Einsprenglinge im Millimeterbereich ausgemacht werden. Sind diese von gelblicher Farbe und bei näherer Untersuchung mit Handlupe und Nähnadel spröde, könnte es sich um das Eisensulfit Troilit handeln, das in dieser Form nur in Meteoriten vorkommt. Helle, fein verteilte Einsprenglinge von eisenartiger Beschaffenheit in dunkler Matrix können durchaus Fe(Ni) sein, das man von echten Steinmeteoriten kennt. Ähnliche irdische Vorkommen von gediegenem Eisen fand man in Basalt der Insel Disko, Grönland (Massen bis zu 25 Tonnen); Bühl bei Kassel, Deutschland; Antrim in Irland sowie in der Auvergne, Frankreich und an wenigen anderen Orten.
Ein weiterer Hinweis auf eine meteoritische Herkunft des angeschliffenen Steins sind rundliche Querschnitte von Silikateinschlüssen im Millimeterbereich, die in Kapitel 6 besprochenen Chondren, welche sich unter Umständen von der Matrix recht scharf abheben können. Solche Chondren kennt man von irdischen Gesteinen nicht. Entfernt ähnliche Gesteine auf der Erde sind zum Beispiel ‹Chemnitzer Kugelgrünstein› und gewisse oolithische Kalke, u.a. Hauptrogenstein, Grober Oolith und Eisenoolith der Juraformation.
Die Farbe der angeschliffenen Fläche kann im Fall eines Steinmeteorits recht verschieden sein. Sie hängt sehr stark vom Verwitterungsgrad und der Meteoritenzusammensetzung ab. Anschliffe von E-Chondriten sind dunkel bis schwarz mit hellen Nickeleiseneinschlüssen. Solche von H- und L-Chondriten können von Grau über gefleckt Braun, Beige bis Schwarz alle Farben aufweisen, wobei der Gehalt an Fe(Ni)-Einschlüssen bei den H-Typen groß und den L-Typen klein ist. Die Amphoterite (LL-Chondrite) zeigen praktisch keine Fe(Ni)-Einschlüsse; das farbliche Aussehen kann sonst jenem anderer Chondrite gleichen. Bei den Achondriten, die unter den Steinmeteoriten am schwierigsten zu erkennen sind, fehlen in Anschliffen vor allem die Chondren und die Fe(Ni)-Einschlüsse. Die Grundfarben der Matrix sind stark vom Verwitterungsgrad abhängig (Braunfärbung durch Fe-Oxidation). Sie variieren von Grautönen bei den Eukriten, Grau, Braun, Weiß und Schwarz bei den Howarditen bis zu schmutzigem Weiß, dunklen und hellen Grautönen bei den Aubriten. Schliffe von Diogeniten sind eher gelblich bis grünlich, solche von Ureiliten durch Kohlenstoffgehalt dunkel gefärbt.
Blasige drusige Texturen, die in Schliffen zum Vorschein kommen, sind außerordentlich atypisch für Meteorite.

Ist der Anschliff rein metallisch glänzend, könnte es sich um einen Eisenmeteorit handeln. Dieser ist magnetisch und gibt einen metallischen Klang, wenn man mit dem Hammer dagegen schlägt. Zwei Kriterien sind für den Nichtspezialisten zum Erkennen von Bedeutung: Widmanstättensche Figuren beim Anätzen einer geschliffenen Fläche, falls es sich um einen Oktaedriten handelt (Kapitel 6) und der Nickel-Test. Falls Nickel in einem Eisenbrocken von meteoritenähnlicher Form und Beschaffenheit (Kapitel 5) nachgewiesen werden kann, ist dies eines der sichersten Zeichen für die außerirdische Natur des Objekts. Weitergehende Untersuchungen müssen an einem der in Kapitel 9 aufgeführten Naturhistorischen Museen vorgenommen werden.

Qualitativer Nachweis von Nickel

Für den Nickel-Test einer Probe benötigt man die folgenden Reagenzien, die in Apotheken (je nach Land ist ein Giftschein erforderlich) beschafft werden können:

Natriumtartrat ($Na_2C_4H_4O_6 \cdot 2H_2O$)	25 g/100 ml H_2O
Dimethylglyoxim ($C_4H_8N_2O_2$)	1% Lösung in Aethanol
Ammoniaklösung	10% Lösung
Salzsäure-Salpetersäure-Mischung	10 Teile HCl, 1 Teil HNO_3
Filterpapierstreifen	(zur Not gehen auch Kaffeepapierfilter)
Universal-Indikatorpapier	
Reagenzglas	
Schutzbrille und Handschuhe	

Probenvorbereitung

1. Eine stecknadelkopfgroße Probenmenge wird in einem Reagenzglas mit 5 Tropfen der Säuremischung versetzt. Die Säure muß (Raumtemperatur) mindestens 30 Minuten auf die Probe einwirken können.
2. Wenn kein Stückchen der zu prüfenden Probe entfernt werden kann, gibt man direkt einige Tropfen der Säuremischung mit der Pipette vorsichtig auf eine angeschliffene Stelle des vermuteten Eisenmeteorits und läßt sie ebenfalls etwa 1/2 Stunde einwirken.

Durchführung des Nickel-Tests

Im Reagenzglas: Die Säuremischung von 1. wird mit 1 ml Natriumtartratlösung versetzt. Nun stellt man den pH-Wert der Flüssigkeit mit der Ammoniaklösung auf 8–10 ein. Eine große Hilfe ist dabei das Universal-Indikatorpapier. Anschließend wird 1 ml der Dimethylglyoximlösung zugegeben: *Eine blutrote Fällung oder eine auf der Oberfläche schwimmende blutrote Ausscheidung zeigt Nickel an.*

Mit Papierstreifen: Die Filterpapierstreifen werden mit der Natriumtartratlösung getränkt, getrocknet (Haarföhn), und anschließend in der Dimethylglyoximlösung erneut getränkt. Nach der Trocknung (Haarföhn) sind die Filterpapiere nun für den Nachweis bereit. Ein Tropfen der Lösung 1. oder 2. werden auf die Filterpapierstreifen gegeben (bei 2. direkt von der Probe aufgetupft). Anschließend wird der Streifen in der 10%igen Ammoniaklösung gebadet. *Ein bleibender blutroter Fleck beweist, daß die Probe Nickel enthält.*
Abbildung 8.1 zu Beginn dieses Kapitels zeigt die Versuchsanordnung beim Test auf Nickel.

Ätzen und Konservieren der Meteorite

Wir haben oben bereits erwähnt, daß durch Anätzen einer geschliffenen Fläche bei Oktaedriten Widmanstättensche Figuren sichtbar werden. Obwohl deren von bloßem Auge gut erkennbare Anwesenheit ein untrügliches Zeichen für die meteoritische Herkunft des untersuchten Eisenstückes ist, kann man durch ihr Fehlen nicht auf das Gegenteil schließen und annehmen, die Probe sei kein Meteorit. Erinnern wir uns: Hexaedrite zeigen auf geätzten Flächen Parallelscharen feiner Linien (Neumannsche Linien, Abb. 6.32), Ataxite sind, der Name sagt es schon (a taxis, Griech. = ohne Struktur, Abb. 6.33), auch auf geätzten Flächen mit dem unbewaffneten Auge nicht ohne weiteres als solche zu erkennen. *Als Bestimmungshilfe ist also dem Nickeltest der Vorzug zu geben.*
Es kann aber durchaus der Fall sein, daß man eine bereits in der Sammlung vorhandene Probe eines Eisenmeteorits zu Untersuchungs- oder Ausstellungszwecken einer Ätzbehandlung unterziehen will.

Abb. 8.7
Anätzen einer Meteoritenprobe mit NITOL. Wichtig dabei ist sorgfältiges Arbeiten mit Gummihandschuhen und Schutzbrille.

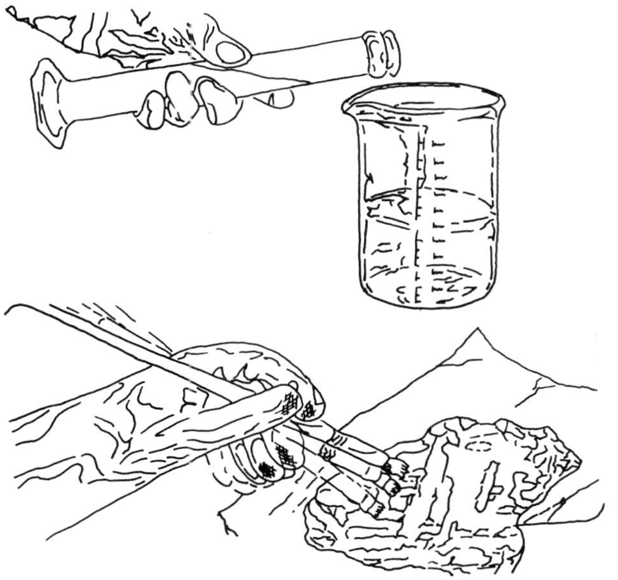

Die völlig ebene Fläche einer Eisenmeteoritenprobe muß zuerst mechanisch durch Schleifen mit Silikonkarbid-Schleifpapier (Körnungen 100 bis 1200) mit anschließendem Polieren (Polierpaste) von Hand oder mittels geeigneter Maschinen vorbereitet werden. Absolut sauberes Arbeiten ist dabei erstes Gebot: Vom gröberen Schleifmittel (niedrigere Körnungszahl) darf in der nachfolgenden feineren Bearbeitungsstufe nichts mehr vorhanden sein (mit Alkohol abwaschen), da sonst unweigerlich Kratzspuren entstehen.
Ist die Probe mechanisch soweit vorbereitet, kann sie angeätzt werden.

Abb. 8.8
Geschliffener, polierter und korrekt geätzter Schnitt durch den Eisenmeteorit Coopertown (IIIE, breiter Oktaedrit, Sammlung NHM Wien). Oben: Beleutungsrichtung von links oben, darunter: Licht von rechts unten. Drei der vier Widmanstättenschen Ebenen sind als klar begrenzte Balken zu sehen; die vierte liegt in der Schnittebene und erscheint in Form von unregelmäßigen horizontalen Kamazitbereichen.

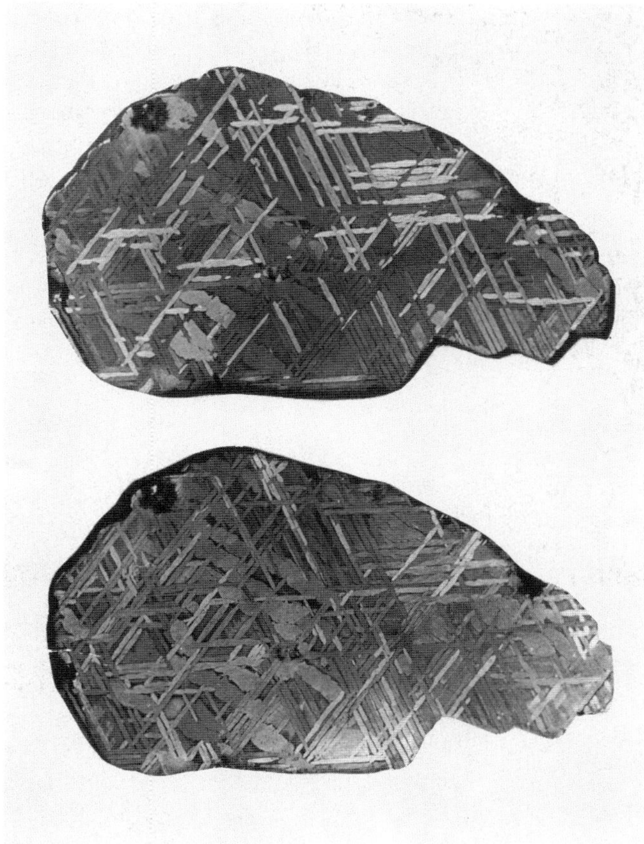

Ätzmittel und Vorgehen

Zur Ätzung verwenden wir NITOL, eine Lösung von 2 Gewichtsprozent konzentrierter Salpetersäure (HNO_3) in 95%igem Aethanol (Aethylalkohol), die man sich in der Apotheke fertig mischen lassen kann. Weiter benötigen wir Aethylalkohol (96%), eine säurefeste Schale, einen etwa 2 cm breiten Pinsel sowie fließendes Wasser, Schutzbrille und Gummihandschuhe.
Die Probe, nehmen wir an, es handle sich um eine Eisenmeteoritenscheibe, legen wir in die säurefeste Schale auf drei etwa gleich hohe Stücke eines Korkzapfens, damit die Unterseite der Probe nicht mit abfließender Säure in Berührung kommt.
Nun wird die zu ätzende Seite des Meteorits gleichmäßig mit zuvor gut durchgeschütteltem NITOL bestrichen. Je nach Nickelgehalt (Säureresistenz) der Probe kann es einige Minuten dauern, bis bei Oktaedriten die sich kreuzenden Balken des Widmanstättenschen Gefüges zum Vorschein kommen. Man kann gelegentlich mit dem Pinsel neue Ätzlösung aufbringen, den Meteorit auch zwischendurch kurz mit fließendem Wasser abspülen

und, diesen aus allen Richtungen betrachtend, den richtigen Zeitpunkt zum Aufhören bestimmen. Die fertig geätzte Scheibe wird nun gründlich mit viel fließendem Wasser gereinigt. Zum Ausspülen eventuell vorhandener Risse eignet sich ein am Hahn angebrachter Gummischlauch, mit dessen Spitze man durch Zusammenkneifen mit zwei Fingern einen scharfen Wasserstrahl formen kann. Nach gründlicher Wässerung trocknen wir das Stück mit dem Föhn und legen es dann für einige Tage in ein Bad aus Aethylalkohol. Nach erneuter Trocknung ist der Ätzvorgang beendet. Abbildung 8.8 zeigt eine geschliffene und geätzte Scheibe des Eisenmeteorits ‹Coopertown›. Bemerkenswert ist, wie die Widmanstättenschen Figuren bei unterschiedlicher Beleuchtungsrichtung hervortreten. Abbildung 8.9 zeigt den silikatreichen Meteorit ‹Pitts›, dessen äußere Form auf Abbildung 5.18 gezeigt ist. In Abbildung 8.10 ist der silikatreiche Meteorit von ‹Four Corners› zu sehen. Die am Rand liegenden schwarzen Einschlüsse könnten bei äußerlicher Untersuchung mit dem Stabmagneten etwas schwächeren Magnetismus bewirken.

Konservierung von Eisenmeteoriten

Alles Eisen hat bei Anwesenheit von Feuchtigkeit die Tendenz zu rosten, auch jenes von Meteoriten. Bei diesen kommt aber noch die Einwirkung von recht aggressiven chlorhaltigen Mineralen dazu, die durch längeres Liegen im feuchten Boden entstanden. Die Neigung zu korrodieren ist von Meteorit zu Meteorit verschieden. Es gibt solche, die rosten trotz aller Bemühungen still vor sich hin und zerfallen; andere bleiben ohne jegliche Rostflecke.

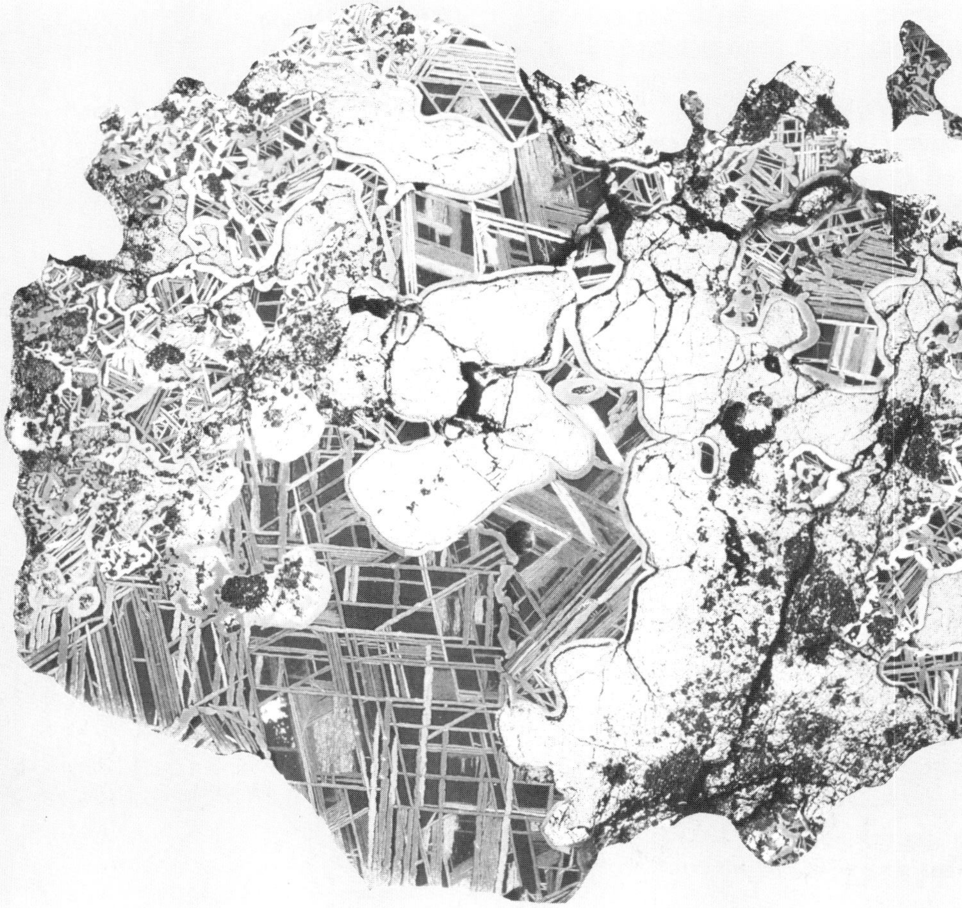

Abb. 8.9
Ein Schnitt durch den Meteorit von Pitts (IRANOM, Gruppe I; Sammlung U.S.N.M.) zeigt große, teilweise an der Oberfläche liegende Silikat- und Sulfideinschlüsse. Diese reagieren bei einer ersten äußerlichen Untersuchung mit dem Magneten schwächer als Nickeleisen. Die äußere Beschaffenheit dieses außergewöhnlichen Meteorits ist in Abbildung 5.18 zu sehen. Breite der angeätzten Probe: 6,4 cm.

Wie Untersuchungen von V.F. Buchwald, Kopenhagen, ergaben (briefliche Mitteilung), ist in Eisenmeteoriten, die aus bestimmten Bodenschichten stammen oder die der Witterung ausgesetzt waren, das Element Chlor (Cl) in unterschiedlichen Konzentrationen enthalten. Buchwald stellte Gehalte von 0,1–6 Gew.% Cl fest. Chlor ist gebunden an das metastabile Mineral *Akaganeit*, welches sich entweder auf der Oberfläche oder in Rissen im Innern der Meteorite findet.
Kommt nun ein solcher Meteorit ins Museum oder in eine Privatsammlung, kann das Chlor aus dem Akaganeit, welches offenbar zum Ionenaustausch fähig ist, freigesetzt werden. Freies Cl^- aus dem Oxidmineral und OH^- aus der Luftfeuchtigkeit bilden Salzsäure (HCl), welche stark korrodierend auf das Meteoritenmaterial einwirkt. Der ‹Nachschub› an Cl findet nach Buchwalds Feststellung laufend statt. Der Prozeß schreitet somit bis ins Innere des Meteorits fort und wirkt sich auf bisher nicht korrodiertes Material aus. Zurück bleibt eine passive stabile Mischung von Goethit-Magnetit oder Magnetit, die kein Chlor mehr enthält. Das Element Chlor scheint fast wie ein Katalysator (Beschleuniger) dieses Prozesses zu wirken.
«Damit ist aber nicht gesagt, daß Eisenmeteorite ohne Chlor nicht korrodieren würden» –, betont der dänische Fachmann. «Die Korrosionsrate ist in einem solchen Fall kleiner und starke Korrosion stellt sich erst bei viel höherer Luftfeuchtigkeit ein». Ist Cl aber vorhanden, kann der geschilderte Zersetzungsprozeß bereits bei Luftfeuchtigkeiten von 30–40% auftreten; selbst dann, wenn Eisen normalerweise nicht angegriffen wird.
Chlor stammt aus der irdischen Umgebung der Meteorite und dessen Einfluß auf Meteorite ist für

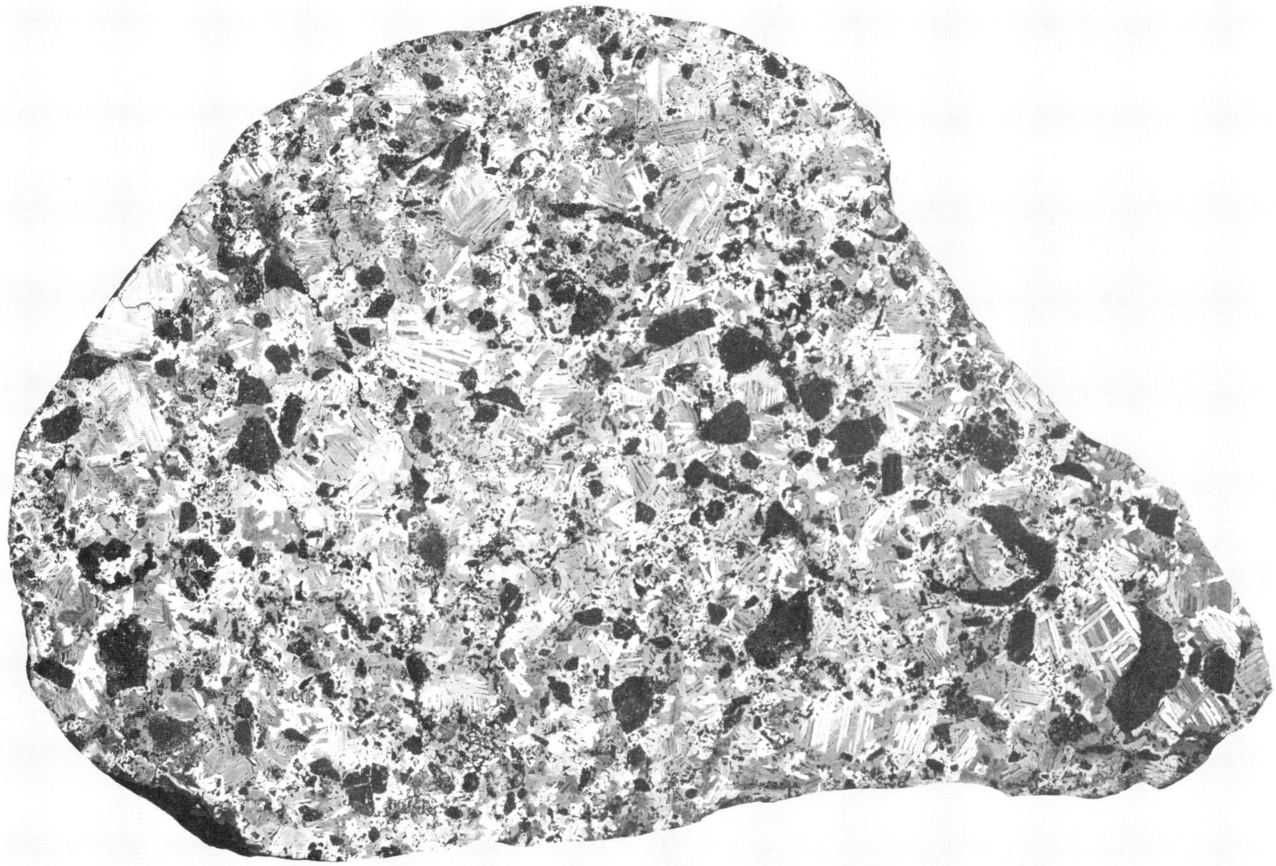

Abb. 8.10
Schnitt durch den silikatreichen Eisenmeteorit von Four Corners (IRANOM, Gruppe I; Sammlung U.S.N.M.) mit polykristalliner Struktur von Fe(Ni) und Silikat-Graphit-Einschlüssen (schwarz).
Breite der angeätzten Probe: 7,8 cm.

Konservatoren und Sammler eine wahre ‹Pest›. Sogar in antarktischen Eisenmeteoriten aus dem Inlandeis stellte der Däne Akaganeit mit bis zu 5 Gew.% Cl fest.
Das im Zusammenhang mit solchen Zerfallsprozessen an Eisenmeteoriten gelegentlich in der Literatur erwähnte Mineral *Lawrencit* existiert nach Buchwalds Untersuchungen nicht.
Für die Konservierung theoretisch ideal wäre Tiefkühllagerung oder Vakuum, Bedingungen, welche in Museen und Sammlungen praktisch nicht realisierbar sind. Wichtig und machbar ist die Aufbewahrung der Meteorite in trockener Umgebung. Silikagel kann zur Aufnahme der Feuchtigkeit in geschlossenen Vitrinen gute Dienste leisten.
Vor Anwendung der nachstehend beschriebenen Konservierungsmethoden muß sich jeder Meteoritenbesitzer bewußt sein, daß dadurch vor allem bei den Steinmeteoriten eine nachträgliche mineralogisch-petrologische Untersuchung erschwert und gewisse chemische und physikalische Analysen verunmöglicht werden.
Aus diesem Grund dürfen kohlige Chondrite in keiner Weise konserviert werden. Konservierungsarbeiten sollten ohnehin nur dann erfolgen, wenn einerseits der Meteorit ohne solche Maßnahmen zerfallen würde und andererseits genügend Material in anderen Sammlungen zur Verfügung steht.
Das Anbringen eines farblosen Schutzlacks kann unter Umständen bereits genügen. Bewährt hat sich das Produkt Paraloid B48N (siehe Bezugsquellen nach dem Literaturverzeichnis). Es ist ein licht- und feuchtigkeitsbeständiges, nicht versprödendes Acrylsäure/Metacrylsäure-Copolymerisat, das in Museen für die Konservierung von Metallteilen Verwendung findet. In ganz hartnäckigen Fällen kann auch eine Versiegelung korrodierender Risse unter Vakuum in Paraloid B48N oder Zweikomponenten-Kunstharz in Betracht gezogen werden. Als Kunstharz eignet sich besonders gut Araldit® Typ N mit Härter Typ HY 956 (Chemikalienhandlung). Achtung: Araldit®, wie es in Tuben als Klebstoff Verwendung findet, eignet sich für unsere Zwecke nicht.
Am besten wird die zu versiegelnde Eisenmeteoritenscheibe ganz in Paraloid B48N oder das nach Vorschrift angerührte Araldit® Typ N gegeben, so daß die ganze Probe vom Einbettungsmittel umgeben und bedeckt ist. Das Gefäß wird in die Vakuumglocke gestellt. An der Oberfläche der Flüssigkeit erscheinen feine Luftbläschen, die anzeigen, daß die Luft aus den Rissen und Höhlungen des Meteorits entweicht und das Konservierungsmittel ihren Platz einnimmt. Bei Paraloid sollte die Einwirkungsdauer unter Vakuum 1 Stunde nicht überschreiten. Bei Araldit heißt es nach 10 Minuten rasch handeln: Bevor die Aushärtung einsetzt, entfernen wir die Probe aus dem Kunstharz, putzen sie mit einem acetonbefeuchteten nichtfusselnden trockenen Tuch ab und lassen sie an einem staubfreien Ort aushärten.
Etwas einfacher geht es auch ohne Vakuumglocke mit Paraloid B48N, dem zur Verminderung der Oberflächenspannung einige Tropfen eines Tensids (0,5 Gew.%, siehe Bezugsquellen) zugesetzt werden. Das zuvor während einiger Tage in Alkohol aufbewahrte Stück wird sorgfältig getrocknet und einige Stunden in das stark verdünnte Paraloid B48N getaucht.
Nachdem dies geschehen ist, nimmt man den Meteorit aus der Konservierungsflüssigkeit, entfernt überschüssiges Paraloid sorgfältig mit einem Tuch und läßt ihn bei Raumtemperatur langsam trocknen. Achtung: Hier den Haarföhn nicht zur Trocknung verwenden, weil sonst die äußerste Schicht relativ schnell fest wird und ein Aushärten im Innern der Risse verunmöglicht.
Wenn wir nun nach Wochen zusätzlich einen Paraloidanstrich aufbringen und das Meteoritenstück trocken aufbewahren, haben wir das Menschenmögliche für die Konservierung getan. Den Glanz des Schutzfilms kann man durch Abreiben mit einem acetongetränkten Lappen etwas mindern.
Im Prinzip können wir die gleichen Konservierungsverfahren – immer mit den zu Beginn dieses Abschnitts gemachten Einschränkungen – für Ausstellungszwecke auch bei Stein- und Steineisenmeteoriten vornehmen.

Berühmtester Pseudometeorit: Draconites Lucernensis

Wir haben oben gesehen, daß die meisten Proben, die Kuratoren von Museen zu sehen kriegen, eher

Pseudometeorite als echte Meteorite sind. Zu welcher Bedeutung Pseudometeorite gelangen können, wollen wir uns – mit einem Schmunzeln – zum Schluß dieses Kapitels am Beispiel des berühmten Drachensteins von Luzern ansehen.
«An einem schwülen Sommertag im Jahr 1420 war in der Gegend von Rothenburg ein Bauer namens Stämpfli eben mit Heuen beschäftigt, als er plötzlich ganz dicht über seinem Kopfe einen feurigen Drachen von der Rigi zum Pilatus hinüberfliegen sah, der in seiner Nähe etwas fallen ließ. Der Dunst und Gestank war dabei so groß, daß der Bauer in Ohnmacht fiel. Nachdem er aus selber wieder aufgewacht, ging er hin, nachzusehen, was der Drache zurückgelassen. Da habe er eine ‹Schweti› (Schweizer Mundart für Menge) geronnen Blutes gefunden und wie er mit seinem Rechenstiel darin gerührt, mitten drin den Drachenstein». Soweit eine zeitgenössische Schilderung über ‹Draconites Lucernensis›, den Luzerner Drachenstein, der in den folgenden Jahrhunderten als heilkräftiger Wunderstein viele Male seinen Besitzer wechselte um schließlich im Naturmuseum Luzern seinen heutigen Platz zu erhalten.
Viele große Naturforscher, darunter auch J. J. Scheuchzer (1672–1733), haben sich mit ihm auseinandergesetzt, ihn beschrieben und abgebildet. Scheuchzer hat den Drachenstein auf seiner Schweizerkarte ‹Nova Helvetiae Tabula Geographica› (1715) publiziert. Er ist dort zusammen mit dem Drachen auf einer Randillustration von J. M. Füssli (1677–1736) zu sehen, was vermutlich zu seiner Berühmtheit beigetragen hat.
Von E. F. F. Chladni wurde er als echter Meteorit angesehen. Erst in den letzten Jahren erkannte man, daß der Drachenstein von Luzern nichts anderes ist, als eine kunstvoll bemalte Tonkugel – oder eben: der wohl berühmteste Pseudometeorit der Welt.

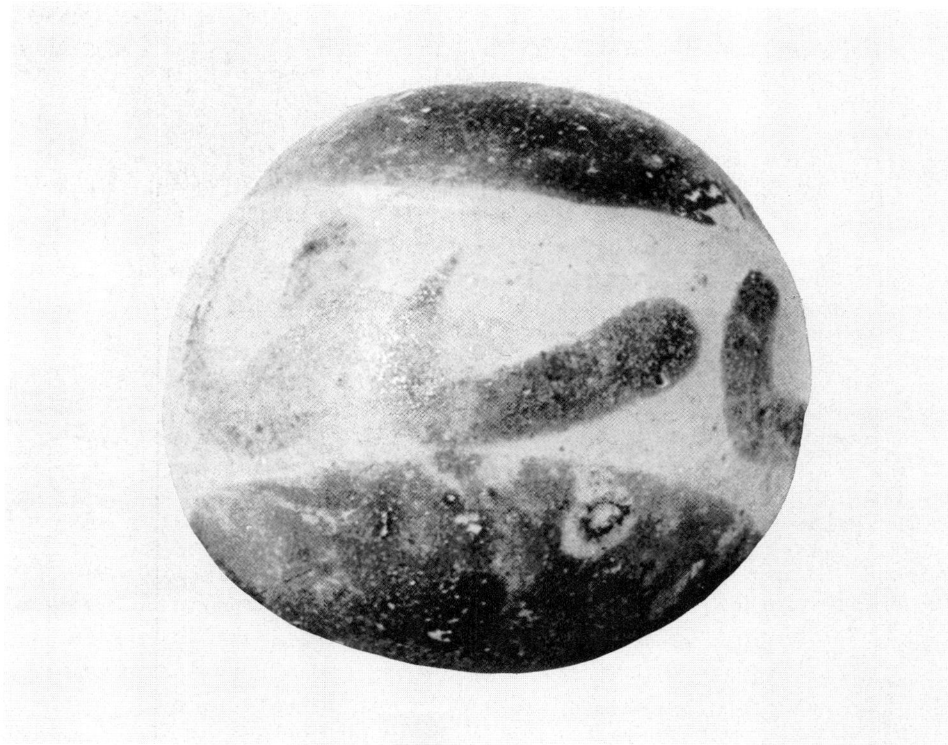

Abb. 8.11
Drachenstein von Luzern. Durchmesser des wohl berühmtesten Pseudometeorits: 5,5 cm. (Sammlung Naturmuseum Luzern)

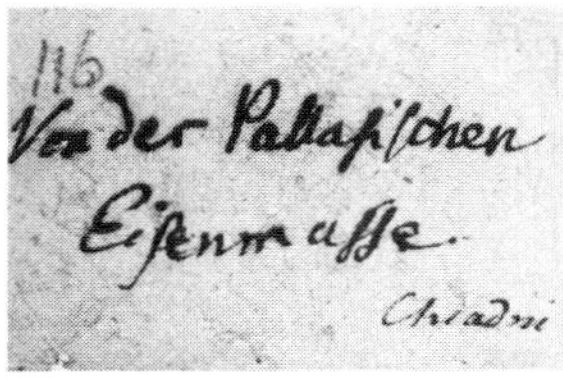

Abb. 9.1
Pallas-Eisen aus der Sammlung Chladni. Breite der Probe: 8 cm, sowie Originaletikette zum Pallas-Eisen von E.F.F. Chladni.

9

METEORITEN-SAMMLUNGEN IN EUROPA

Führer durch eine Auswahl der bedeutendsten europäischen Kollektionen, mit einem Anhang über weitere wichtige Sammlungen in der BRD, der Schweiz und in Österreich

London, British Museum (Natural History)
Kopenhagen, Geologisk Museum
Paris, Muséum National d'Histoire Naturelle
Wien, Naturhistorisches Museum
Bonn, Mineralogisch-Petrologisches Museum
Bern, Naturhistorisches Museum
Genf, Muséum d'Histoire Naturelle
Schönenwerd, Museum Bally-Prior
Berlin DDR, Museum für Naturkunde

British Museum (Natural History)

Adresse	Cromwell Road, London, SW7 5BD, U.K.
Telefon	01 589 6323
Konservator	Dr. A.L. Graham
Öffnungszeiten	Montag–Samstag 10–18 Uhr Sonntag 13–18 Uhr
Eintrittsgebühr	£ 2 / £ 1

Abb. 9.2
Haupteingang des British Museum (Natural History). Das nach Plänen des Architekten Alfred Waterhouse im Stil einer mittelalterlichen Kathedrale ausgeführte Gebäude entstand 1873–1880.

Abb. 9.3
Im Mittelpunkt der Ausstellung stehen die im Text erwähnten großen Meteoritenmassen. In der Bildmitte ist eine Scheibe des Meteorits Mundrabilla, Australien, mit einer Masse von 275 kg zu sehen.

Geschichte der Meteoritensammlung

Die Sammlung enthielt 1807 vier Meteorite. Ihr Bestand nahm stetig zu und umfaßte 1863 bereits 204 Meteorite. Seither wurde die Kollektion laufend vergrößert. Die bedeutendste Erweiterung erfuhr sie 1959 durch Ankauf eines Teils der H.H. Nininger-Sammlung. Seit 1985 sind die Meteorite der Sammlung des Geological Museum (ehemals Museum of Practical Geology) mit den Beständen des British Museum (Natural History) infolge Zusammenschluß der beiden Institutionen vereint. Die Sammlung beherbergt rund 3 000 Meteorite mit Vertretern von über 1435 Fällen und Funden.
Die Meteoritensammlung des British Museum (Natural History) zählt zu den größten und bedeutendsten der Welt. Sie dient zahlreichen Wissenschaftlern als Basis und Referenzsammlung für Forschungsarbeiten auf dem Gebiet der Meteoritenkunde.

Meteoritenausstellung

Die Ausstellung zeigt alle Meteoritentypen mit Erklärungen zu den Themenbereichen ‹Geschichte›, ‹Herkunft›, ‹Chemische Zusammensetzung›, ‹Alter›. Die folgenden großen Massen sind ausgestellt: Cranbourne, Australien (Eisenmeteorit, Oktaedrit, Klasse IA, Fund 1854), 3,5 Tonnen; Campo del Cielo, Argentinien (Eisenmeteorit, Oktaedrit, Klasse IA, Fund, ausgestellte Masse 1813, bekannt seit 1576), 634 kg; Mundrabilla, Australien (Eisenmeteorit, anormaler Oktaedrit IRANOM, Fund 1911), große Scheibe 275 kg; Imilac, Chile (Steineisenmeteorit, Pallasit, Fund 1822), 198 kg; Ghubara, Oman (Steinmeteorit, Olivin-Hypersthen Chondrit, L5, Fund 1954), ganzer Stein 101,6 kg.

Sammlungskatalog: Catalogue of Meteorites (1985): A. L. Graham, A. W. R. Bevan and R. Hutchison. Vierte Ausgabe in Buchform, 460 Seiten, mit Anhang über Meteoritenkrater. Seit September 1987 ebenfalls erhältlich ist eine neueste Ausgabe auf 5.25"-Disketten, die auf XT- oder AT-Computern mit MS-DOS 2.2 oder höher kompatibel betrieben werden kann. Die elektronische Ausgabe enthielt 1987 ca. 900 neue Einträge und soll jährlich nachgeführt werden.

Geologisk Museum

Kopenhagen

Adresse: Oster Voldgade 5–7. DK-1350 Kopenhagen
Telefon: 01135001
Konservator: Dr. Poul Graff-Petersen
Öffnungszeiten: Dienstag–Freitag 13–15.30 Uhr
Samstag, Sonntag 13–16 Uhr
Eintrittsgebühr: Keine

Abb. 9.4
Geologisk Museum, Kopenhagen, 1893 erbaut. Zwei der Cape York-Meteorite sind im Museumsgelände ausgestellt: Agpalilik (A) und Savik I (S). Zeichnung: Chr. Rasmussen.

Geschichte der Meteoritensammlung

1860 wurden die Mineralien- und Meteoritensammlungen des Königlichen Naturhistorischen Museums und des Particulairen Mineralkabinetts von König Christian VIII. in die Sammlungen des Geologisk Museum aufgenommen. Die Meteoritensammlung bestand damals aus 58 Meteoriten von 27 Lokalitäten mit einem Gesamtgewicht von 8,5 kg. Darunter befanden sich 13 Steinmeteorite von beobachteten Fällen, während 12 Eisenmeteorite und 2 Pallasite Funde waren.
1987 umfaßte die Sammlung mehr als 1000 Fragmente von 378 Meteoriten. Darunter sind 200 Stein-, 23 Steineisen- und 155 Eisenmeteorite von 123 Fällen und 255 Funden. Die Gesamtmasse beträgt 23,7 Tonnen. Der Eisenmeteorit Thule (76,5° N) und der Steinmeteorit Ella Island (73° N), beide aus Grönland, gelten als nördlichste Meteorite der Welt. Die drei dänischen Meteorite, deren Hauptmassen im Geologisk Museum aufbewahrt werden, sind Aarhus (Steinmeteorit, 2. Oktober 1951) und Møn (Steinmeteorit, 29. August 1878) sowie Jerslev (Eisenmeteorit, Fund 1976).

Abb. 9.5
Polierte und geätzte Scheibe von Jerslev, Dänemark (Eisenmeteorit, Oktaedrit, Klasse IIB, Fund 1976). Größe der Scheibe 18 × 15 cm. (Foto: O. B. Berthelsen).

Meteoritenausstellung

Die Meteoritenausstellung ist systematisch und thematisch gegliedert. Zu sehen sind 156 Meteorite von 85 Lokalitäten. Besondere Attraktionen sind die Hauptmassen von Agpalilik (15 Tonnen nach Schnitt, siehe Kapitel 2), Savik I (3 Tonnen) sowie die polierte und geätzte 1,5 m^2 große Platte von Agpalilik.
Sammlungskatalog: Catalogue of Meteorites in the Geological Museum of the University of Copenhagen (1976): V. F. Buchwald & P. Graff-Petersen. Analecta Geologica 4, Kopenhagen.

Paris

Muséum National d'Histoire Naturelle

Adresse	Jardin des Plantes, 36 rue Geoffroy Saint-Hilaire, F-75005 Paris
Telefon	(1) 43 31 89 59
Konservatoren	Prof. J. Fabries, Prof. P. Pellas
Öffnungszeiten	täglich 11–18 Uhr, ausgenommen Dienstag
Eintrittsgebühr	25 FF

Abb. 9.6
Zentrale Halle der Galerie ‹Mineralogie› des Muséum National d'Histoire Naturelle, Paris, in der auch die Meteorite ausgestellt sind.

Abb. 9.7
Steinmeteorit St. Mesmin, Frankreich (Fall 30. Mai 1866, Amphoterit LL6, polymikte Brekzie) aus den Beständen des Museums. Die grauen Partien sind ehemaliges Oberflächenmaterial eines LL-Asteroids mit hohen Anteilen an Sonnenwind; die helleren Bruchstücke stammen aus größerer Tiefe des Mutterkörpers, wo sie durch Metamorphose vor 4–4,6 Milliarden Jahren aufgeschmolzen und sehr langsam abgekühlt worden waren. Die Brekzie entstand durch Einschlagsereignisse auf die Oberfläche des Asteroids. Viel später, vor etwa 1,3 Milliarden Jahren, kollidierte ein chondritischer Körper mit dem Asteroid. Ein Teil dieses Projektils ist rechts im Bild als großes schwarzes Fragment sichtbar.

Geschichte der Meteoritensammlung

Der Grundstock zur Meteoritensammlung des Muséum Nationale D'Histoire Naturelle in Paris wurde 1861 durch Gabriel-Auguste Daubrée gelegt. 1863 waren bereits 86 und 1882 mehr als 306 Meteorite in den Sammlungsbeständen vorhanden. 1889 verzeichnete das Museum einen Bestand von 367 verschiedenen Lokalitäten. Unter der Leitung von Stanislas Meunier wurde die Kollektion bis 1898 auf 463 verschiedene Meteorite erweitert. Beeinflußt durch Alfred Lacroix und Jean Orcel hielt der Zuwachs an. 1987 war der Bestand bei 900 verschiedenen Meteoriten, darunter 535 beobachtete Fälle, angelangt. Sammlungmaterial wird von zahlreichen französischen und ausländischen Wissenschaftler-Gruppen bearbeitet. 1986–87 wurden 70 Proben an verschiedene wissenschaftliche Institute in Europa, den USA, Japan und Australien zur Verfügung gestellt.

Meteoritenausstellung

Eine eigentliche Meteoritenausstellung gibt es im Muséum National d'Histoire Naturelle in Paris nicht. Die Meteorite sind in der Galerie der mineralogisch-petrographischen Sammlung am ‹jardin des plantes› in den Mineralienbeständen integriert (Abb. 9.6).

Sammlungskataloge: Guide dans la collection de Météorites du Museum d'histoire naturelle (1882). – Guide dans la collection des Météorites avec le catalogue des chutes représentées au Museum (1898): Prof. Stanislas Meunier. – Les Météorites tombées en France et dans les Colonies et conservées au Muséum d'Histoire Naturelle avec remarques sur la classification des Météorites (1927): Prof. Alfred Lacroix. – Catalogue des Météorites (1975), Paris. – Catalogue des Météorites (1984): M. Ghelis et P. Pellas, Paris.

Naturhistorisches Museum

Wien

Adresse Burgring 7, A-1010 Wien
Telefon 2229345410
Konservator Dr. Gero Kurat
Öffnungszeiten täglich 9–18 Uhr, ausgenommen Dienstag
Eintrittsgebühr ö.S. 30.–

Geschichte der Meteoritensammlung

Kurz nach der Gründung des k.k. Hofmineralienkabinetts im Jahr 1748 durch Kaiser Franz I. fielen am 26. Mai 1751 in Hraschina bei Agram zwei Eisenmassen. Das Hauptstück kam vorerst in die Schatzkammer, wurde jedoch bald – zusammen mit dem am 3. Juli 1753 gefallenen Steinmeteorit Tabor – in das Mineralienkabinett überstellt. Nach 1803, als Meteorite als außerirdische Materie langsam zur Kenntnis genommen wurden, bestand die Sammlung aus 7 Meteoriten: Krasnojarsk, Hraschina, Tabor, Steinbach, Eichstädt und Mauerkirchen. Dies war das Verdienst des langjährigen Direktors des Mineralienkabinetts, Abbé Andreas Xaver Stütz.

Sein Nachfolger Carl von Schreibers vergrößerte die Sammlung allmählich und war selber an Meteoriten und deren wissenschaftlichen Erforschung interessiert. Mit vielen Persönlichkeiten seiner Zeit, darunter auch Freiherr Alois von Widmanstätten (Widmanstättensche Figuren der Eisenmeteorite), wurden Meteorite auf ihre physikalischen, chemischen und mineralogischen Eigenschaften untersucht. Die Sammlung bestand 1819 aus 27 Stein- und 9 Eisenmeteoriten. Die nachfolgenden Konservatoren, vor allem Gustav von Tschermak (aktiv 1869–1878) und Aristide Brezina (aktiv 1895–1896), widmeten sich eingehend der Erforschung der Meteorite. Dank ihren Bemühungen war die Sammlung gegen Ende des 19. Jahrhunderts auf rund 500 verschiedene Meteorite angewachsen. Aufgrund der intensiven Sammeltätigkeit der nachfolgenden Konservatoren vergrößerten sich die Bestände, die 1987 rund 9000 verschiedene Meteorite mit insgesamt über 5000 Fragmenten umfaßte.

Mineralienausstellung

Der Meteoritensaal wird zur Zeit umgebaut. Die Wiedereröffnung ist für 1989 vorgesehen.

Sammlungskatalog: Nur historische Publikationen. Ein nachgeführter neuer Katalog liegt nicht in publizierter Form vor.

Abb. 9.8
Ansicht des Naturhistorischen Museums in Wien vom Maria-Theresien Platz. Das Gebäude wurde in den Jahren 1872–1881 unter der Leitung von K.v. Hasenauer errichtet und am 10. August 1889 eröffnet.

Abb. 9.9
Hauptmasse des Meteorits Tieschitz, Tschechoslowakei (Fall 15. Juli 1878), aus der Sammlung des Naturhistorischen Museums Wien. Gewicht des Stücks: 27,2 kg.

Mineralogisch-Petrologisches Museum der Universität

Adresse	Poppelsdorfer Schloß, D-5300 Bonn 1
Telefon	2287327 66
Konservator	Dr. Hanns-Martin Hamm
Öffnungszeiten	Mittwoch 15–17 Uhr, Sonntag 10–12 Uhr
Eintrittsgebühr	Keine

Abb. 9.10
Im Poppelsdorfer Schloß in Bonn, 1715–1756 erbaut, befindet sich das Mineralogisch-Petrologische Museum der Universität, das auch die Meteoritensammlung beherbergt.

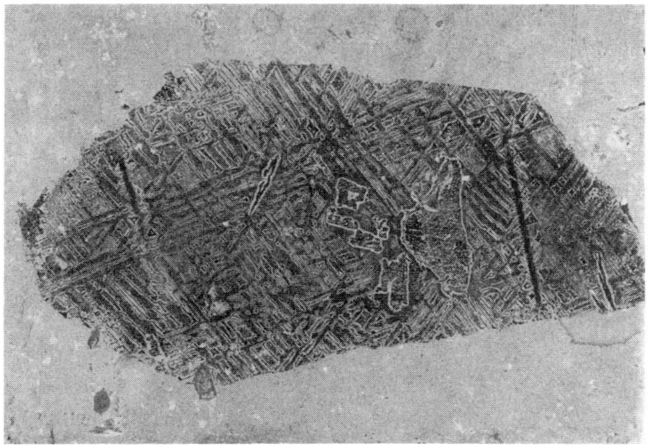

Abb. 9.11
Naturselbstdruck, bei dem eine angeätzte Platte des Meteorits Toluca, Mexiko, als Druckstock diente. Der Druck wurde im vorigen Jahrhundert von der Firma Krantz, Bonn, verbreitet. Das Original befindet sich heute in der Bonner Sammlung.

Geschichte der Meteoritensammlung

Das mit Gründung der Universität Bonn 1818 im Poppelsdorfer Schloß eingerichtete Naturhistorische Museum, aus dem sich das Mineralogische Museum der Universität entwickelte, besaß zunächst nur wenige Meteorite. Den Grundstock zur Meteoritensammlung legte erst G. vom Rath, dem es 1874 gelang, die Privatsammlung des Mineralienhändlers A. Krantz zu erwerben. Diese enthielt neben 14000 Mineralstufen 186 Meteorite von 58 Lokalitäten. In der folgenden Zeit konnte die Sammlung durch Schenkungen, Tausch und in geringem Umfang auch durch Ankauf vermehrt werden. Besonders zu nennen ist die Kollektion von Hofrat Prof. A. Friedrich in Wien mit 312 Meteoriten von 180 Lokalitäten, die eine Gönnerin der Universität 1918 zu deren 100jährigem Jubiläum stiftete. Der letzte, 1926 von R. Brauns herausgegebene Katalog umfaßte 879 Meteoritenproben von 353 verschiedenen Meteoriten mit einer Gesamtmasse von 450 kg.
1945 fiel ein großer Teil des Sammlungsbestandes im Poppelsdorfer Schloß der schweren Beschädigung des Hauses durch Bomben zum Opfer. Nurmehr von 226 verschiedenen Meteoriten blieb Material erhalten. Nach dem Wiederaufbau konnte auch die Meteoritensammlung wieder erweitert werden, im wesentlichen, vor allem in den letzten Jahren wegen der fehlenden finanziellen Mittel, durch Tausch. Heute enthält die Bonner Sammlung wieder 580 Proben von 358 Meteoriten im Gesamtgewicht von 459 kg.

Meteoritenausstellung

Das Museum im Poppelsdorfer Schloß ist gegenwärtig wegen Bauarbeiten geschlossen und wird voraussichtlich 1989 wieder eröffnet. Die Meteoritenausstellung wird neu konzipiert. Geplant sind 2 Vitrinen zum Thema Meteorite sowie eine über Einschlagskrater.

Sammlungskatalog: Die Meteoritensammlung der Universität Bonn (1926): R. Brauns. Verhandlungen des Naturhistorischen Vereins der preußischen Rheinlande und Westfalens, 83:160-168. In gedruckter Form liegt kein neuerer Katalog vor.

Naturhistorisches Museum

Adresse	Bernastraße 15, CH-3005 Bern
Telefon	031 43 18 39
Konservator	Prof. H. A. Stalder (Geologie)
Öffnungszeiten	Montag bis Samstag 9–12 Uhr Sonntag 10–12 und 14–17 Uhr
Eintrittsgebühr	Fr. 1.– pro Person. Mittwoch-, Samstag- und Sonntag-Nachmittag gratis. Schulen und Gesellschaften Ermäßigung. Führungen auf Anfrage

Geschichte der Meteoritensammlung

Die Meteoritensammlung ist verhältnismäßig klein. Ihre wissenschaftliche Bedeutung besitzt sie vor allem dadurch, daß sie die Hauptmassen von drei der sechs schweizerischen Meteorite enthält: Rafrüti (Eisenmeteorit, Ataxit IRANOM, Fund 1886), Ulmiz (Steinmeteorit, Chondrit L, Fall 25. Dezember 1926) und Utzenstorf (Steinmeteorit, Chondrit H5, Fall 16. August 1928). Die Abklärung der Fundumstände erfolgte vom Museum aus; die wissenschaftlichen Untersuchungen wurden an Hochschul- oder anderen Forschungsinstituten durchgeführt.
Der Eingang des Rafrüti-Eisens 1900 bedeutete praktisch den Beginn der Meteoriten-Sammeltätigkeit. Durch die Weggabe von Teilen sowohl des Meteorits Rafrüti als auch des Utzenstorf-Chondrits für wissenschaftliche Untersuchungen konnten einige andere Meteorite eingehandelt werden. In den letzten Jahren sind ziemlich viele Meteorite angekauft worden. – Erst 1980 ist mit der systematischen Sammeltätigkeit von Tektiten begonnen worden.
Ende 1987 betrug der Sammlungsbestand 123 Proben von 81 verschiedenen Meteoriten und ca. 60 Tektite.

Meteoritenausstellung

Rund ein Drittel der Meteorite ist in 2 Vitrinen ausgestellt. Eine Vitrine (1,2 m^2) enthält die Eisenmeteorite. Darunter befinden sich das Hauptstück von Rafrüti sowie Proben von Henbury, Toluca, Canyon Diablo u.a. Erklärende Texte sind den Widmanstättenschen Figuren, den Neumannschen Linien, eingeschlossenen Mineralien, Deformationen und dem kristallinen Aufbau gewidmet.
Die zweite Vitrine (2 m^2) enthält Steinmeteorite, darunter Utzenstorf, Ulmiz, Etter, Pultusk, Allende und Stannern sowie Steineisenmeteorite und Tektite.

Sammlungskatalog: Meteoritenkatalog des Naturhistorischen Museums von Bern (1982): H. A. Stalder und K. Lüscher, Bern. 21 Seiten. – Meteoritenkatalog des Naturhistorischen Museums von Bern. 2. Auflage (1987): H. A. Stalder und K. Lüscher, Bern. 22 Seiten.

Abb. 9.12
Naturhistorisches Museum der Burgergemeinde Bern. Die Meteoritenausstellung befindet sich im Mineralogiesaal des 3. Stocks.

Abb. 9.13
Eisenmeteorit Rafrüti (Ataxit IRANOM, Fund 1886). Aufnahme von 1932 vor der Abtrennung mehrerer dünner Scheiben. Breite des Meteorits 27 cm.

Genf **Muséum d'Histoire Naturelle**

Adresse 1, route de Malagnou, CH-1211 Genève 6
Telefon 022 3591 30
Konservator Dr. Jacques Deferne (Mineralogie, Petrographie)
Öffnungszeiten Täglich von 10–17 Uhr, ausgenommen Montag
Eintrittsgebühr Keine

Abb. 9.14
Außenansicht des Muséum d'Histoire Naturelle in Genf.

Abb. 9.15
Hauptmasse des Meteorits Union, Chile (Mitglied der Nord Chile-Gruppe). Breite des Stücks: 21 cm.

Geschichte der Meteoritensammlung

1820 kam ein 31 Gramm schweres Fragment des Meteorits von Krasnojarsk, Sibirien (Steineisenmeteorit, Pallasit, Fund 1749), durch Schenkung in die Bestände der Genfer Sammlung. 1823 folgte eine 336 Gramm schwere Probe von Agen, Frankreich (Steinmeteorit, Chondrit H5, Fall 5. September 1814). 1829 erhielt das Museum von M. A. Pictet 17 Meteorite, darunter Proben von Krasnojarsk, Agen, Siena, Juillac, L'Aigle, Ensisheim, Mauerkirchen, Toulouse u.a. Unglücklicherweise sind von dieser Schenkung nur noch L'Aigle und Toulouse erhalten geblieben. Durch Kauf und Tausch mit ausländischen Museen wuchs die Sammlung langsam an. 1922 erfolgte der Ankauf des 22 kg schweren Meteorits Union (Eisenmeteorit, Hexaedrit), ein Mitglied der Nord Chile-Gruppe. 1950 wurde die Sammlung durch Ankauf einer Pariser Privatkollektion um 30 Proben erweitert. Über 30 weitere Meteorite gelangten im Verlauf der letzten Jahre ins Genfer Museum. Darunter befinden sich auch zwei größere Massen: Canyon Diablo, Arizona (Eisenmeteorit, Oktaedrit IA, Fund 1891) mit 115 kg und Mundrabilla, Australien (Eisenmeteorit, Oktaedrit IRANOM, Fund 1911) mit 140 kg. Ende 1987 enthielt die Genfer Sammlung 180 Meteorite von 87 Lokalitäten.

Meteoritenausstellung

Im Rahmen der großen Dauerausstellung ‹L'Aventure de la Terre› ist eine große Vitrine (5 m) den Meteoriten gewidmet. Sie enthält allgemeine Texte über Eisen-, Steineisen- und Steinmeteorite sowie über Tektite und Ausführungen über Meteoritenkrater. Anziehungspunkte bilden die beiden erwähnten größeren Massen von Canyon Diablo und Mundrabilla. Eröffnung: Herbst 1988.

Sammlungskatalog: In Vorbereitung.

Museum Bally-Prior

Schönenwerd

Adresse	Oltnerstraße 80, CH-5012 Schönenwerd
Telefon	064 41 22 13
Konservator	Rolf W. Bühler
Öffnungszeiten	Dienstag bis Freitag, Sonntag 14–17 Uhr oder nach Vereinbarung mit dem Konservator Juli–August geschlossen
Eintrittsgebühr	Keine Führungen auf Anfrage

Geschichte der Meteoritensammlung

Die Meteoritensammlung des Museums Bally-Prior ist Bestandteil der von Eduard Bally-Prior (1847–1926) während rund 50 Jahren zusammengetragenen naturwissenschaftlichen Sammlung (Mineralogie, Petrographie, Paläontologie). Seit 1910 sind diese Bestände der Öffentlichkeit im eigens dafür erbauten, heute unter Denkmalschutz stehenden Gebäude zugänglich. Am 1. Januar 1923 ging das Museum in den Besitz der Bally-Museumsstiftung über, die heute für Betrieb und Unterhalt sorgt.
Der erste Meteorit der Sammlung war eine Probe von Canyon Diablo, Arizona (Eisenmeteorit, Oktaedrit IA), die Ed. Bally-Prior 1892 aus der Ward-Coonley Collection, Chicago, erwarb. Zwischen 1910 und 1920 vergrößerte sich der Bestand schnell durch Ankäufe aus den Sammlungen von Hofrat Prof. A. Friedrich, Wien und Aristides Brezina, Wien. Im ersten Meteoritenkatalog (1922) waren 78 Meteorite von 48 verschiedenen Lokalitäten aufgeführt. 1930 erfolgte der Ankauf eines frisch gefundenen Eisenmeteorits aus der Nord Chile-Gruppe. 1981 gelangte die 22 Proben umfassende ‹historische› Meteoritensammlung des englischen Büchsenmachers C. C. Lee, Enfield, in den Besitz des Schönenwerder Museums und im selben Jahr konnte eine Privatsammlung mit 79 verschiedenen Meteoriten in die Bestände aufgenommen werden. Am 1. August 1981 befanden sich 232 Meteorite von 143 Lokalitäten im Museen Bally-Prior. Dank intensivem weltweitem Tauschverkehr mit Museen und wissenschaftlichen Instituten und mit dem Fund des 5. schweizerischen Meteorits Twannberg (Eisenmeteorit IRANOM, Fund 1984) waren am 1. Januar 1988 insgesamt 404 Meteorite von 310 Lokalitäten in der Sammlung vorhanden.

Abb. 9.16
Teilansicht der Ausstellung mit Eisenmeteoriten (Vordergrund) und Informationstafeln über Bedeutung und Alter der Meteorite sowie antarktische Meteoritenfunde.

Abb. 9.17
Eisenmeteorit Twannberg (IRANOM, Fund 1984, 16,915 kg).

Meteoritenausstellung

Die Einführung in die Meteoritenkunde erfolgt auf 23 Text/Bild-Tafeln. Der Ablauf ist in sieben Themenbereiche gegliedert: ‹Geschichte›, ‹Erscheinungen und Auswirkungen beim Fall›, ‹Schweizer Meteorite›, ‹Morphologie›, ‹Systematik und Klassifikation›, ‹Alterbestimmung und wissenschaftliche Bedeutung› sowie ‹Meteorite aus der Antarktis›. In zwei großen Vitrinen sind mit zahlreichen Exponaten praktisch alle vorkommenden Meteoritenarten vertreten. Meteorite und deren Mineralien können auch durch ein Drehtisch-Stereomikroskop betrachtet werden.

Sammlungskatalog: Einführung in die Meteoritenkunde (1922): Werner Dauwitz, Zürich. – Meteoritenkatalog zur Sammlung der Bally Museumsstiftung, Schönenwerd (1981): Rolf W. Bühler – Catalogue of Meteorites in the Meteorite Collection of the Bally Museum Foundation, Schönenwerd (1986): Rolf W. Bühler.

Museum für Naturkunde der Humboldt-Universität zu Berlin, Bereich Mineralogisches Museum

Adresse	Invalidenstraße 43, DDR, 1040 Berlin
Telefon	2897560
Konservator	Prof. Dr. H.-J. Bautsch
Öffnungszeiten	Dienstag–Sonntag 9.30–17 Uhr
Eintrittsgebühr	M 1.–

Abb. 9.18
Gesamtansicht des Museum für Naturkunde in Berlin.

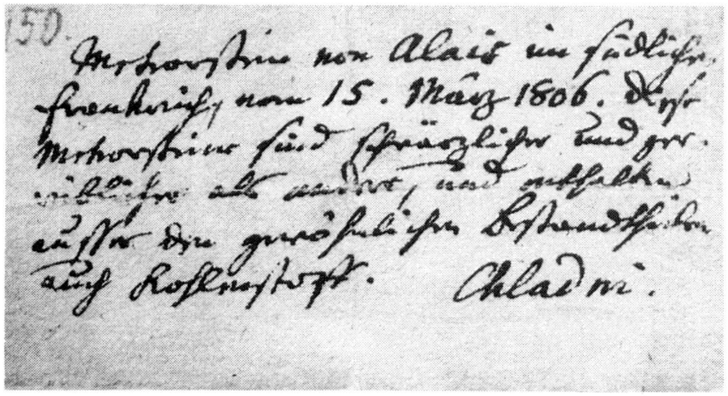

150
Meteorsteine von Alais im südlichen Frankreich, vom 15. März 1806. Diese Meteorsteine sind schwärzlicher und zerreiblicher als andere, und enthalten außer den gewöhnlichen Bestandtheilen auch Kohlenstoff. Chladni.

Abb. 9.19
Orignaletikette von Chladni zum Steinmeteorit Alais, Frankreich.

Geschichte der Meteoritensammlung

Bereits 1781 befand sich eine Probe des Pallas-Eisens im Gründungsbestand des Berliner Mineralogischen Museums. Es war von dem in russischen Diensten stehenden Berliner Naturforscher Peter Simon Pallas 1776 aus Sibirien beschrieben worden. In der Folgezeit waren es vor allem drei Personen, die wesentlich zum Aufbau der Berliner Meteoritensammlung beigetragen und ihre Tradition begründet haben: E.F.F. Chladni (1756–1827), M.H. Klaproth (1743–1817) und Gustav Rose (1798–1873).
Der Begründer der Meteoritenkunde, E.F.F. Chladni, hinterließ seine Kollektion von Meteoritenproben, die er für seine unermüdlichen Bestrebungen zur Popularisierung der Kenntnisse über Meteorite zusammengetragen hatte, der Berliner Sammlung durch testamentarische Schenkung. Der Pharmazeut, Elemententdecker und Mineralchemiker Klaproth, dessen chemische Untersuchungen der Meteoritentheorie Chladnis von 1794 zur Anerkennung verholfen haben, hinterließ seine Meteoritensammlung ebenfalls dem Museum. Gustav Rose wirkte als Mineraloge im Museum und legte mit seinen Untersuchungen an den 181 Meteoriten der Berliner Sammlung (bekannt waren damals insgesamt 230 Fälle/Funde) die Grundlagen für die heutige Nomenklatur (‹Chondrit›, ‹Achondrit›) und Klassifikation der Meteorite (1864).
Alle weiteren Berliner Aktivitäten in Sammlung, Forschung und Popularisierung knüpften bis heute bewußt hier an. Die Berliner Sammlung umfaßt zur Zeit 622 Meteorite in über 1080 Einzelstücken.

Meteoritenausstellung

Diese befindet sich an der Frontalseite des 486 m^2 großen Mineraliensaales im Gebäude des Museums für Naturkunde und umfaßt acht Fenster einer Vitrinenreihe von 8,8 m Länge. Davor befindet sich ein Großmeteorit zum Anfassen. Mit einer Auswahl der aussagekräftigsten Meteorite aus der Berliner Sammlung sind durch Texte, Graphiken, Photos und Bücher die folgenden acht Themenbereiche dargestellt: Wissenschaftliche Geschichte der Meteorite; Chladnis Theorie und deren Bestätigung; Stoffbestand der Meteorite, Meteoritenarten; Erscheinungen beim Fall auf die Erde; Meteoritenverteilung auf der Erdoberfläche in Mitteleuropa; Meteorite der DDR (12 Fälle/Funde) mit dem jüngsten Fall vom 14. 11. 1985; Einschlag kosmischer Körper; Meteoritenkrater und deren Entstehung.

Sammlungskatalog: Gesamtkatalog der in der Deutschen Demokratischen Republik vorhandenen Meteorite (1975): G. Hoppe, Wiss. Z. Humboldt-Universität Berlin, Math.-Nat. R. 24, 4: 521–569.

Weitere bedeutende Meteoritensammlungen in der BRD, der Schweiz und in Österreich

Die nachstehende Übersicht erhebt keinen Anspruch auf Vollständigkeit. Sie basiert auf dem ‹World Directory of Mineral Collections› (1977), 2. Ausgabe, und berücksichtigt nicht die für die Öffentlichkeit meist unzugänglichen Forschungssammlungen, welche durchaus sehr bedeutend sein können (zum Beispiel Max-Planck-Institut (MPI) für Chemie, Mainz, MPI für Kernphysik, Heidelberg oder jene des Physikalischen Instituts der Universität Bern), praktisch aber ausschließlich für wissenschaftlichen Gebrauch angelegt worden sind.

Bundesrepublik Deutschland

Coburg
Naturmuseum Coburg, Park 6, D-8630 Coburg
Sammlung: 80 Meteorite von 50 Lokalitäten. Ein Teil davon ist in einer großen Vitrine ausgestellt
Geöffnet: Täglich 9–17 Uhr
Konservator: Dr. Georg Aumann

Freiburg
Mineralogisch-Petrographisches Institut der Universität, Albertstraße 23 b, D-7800 Freiburg i. Br.
Sammlung: Etwa 130 Proben von 93 Lokalitäten. Kernstück ist die 1984 erworbene Müllbauer-Sammlung, die vor allem ältere Stücke (vor 1912) enthält
Zugänglich: Nach Vereinbarung
Konservator: Prof. Dr. Jürgen Otto

Göttingen
Mineralogische Sammlung der Georg-August-Universität, V. M. Goldschmidt-Straße 1, D-3400 Göttingen
Sammlung: Rund 600 Meteorite, davon ein kleiner Teil ausgestellt in der Mineralogie
Geöffnet: Montag–Freitag 9–18 Uhr oder nach Vereinbarung
Konservator: Dipl. Ing. G. Schnorrer

Hamburg
Mineralogisches Museum der Universität, Grindelallee 48, D-2000 Hamburg 13
Sammlung: Über 240 Meteorite, davon ein Teil in der Mineralogie ausgestellt
Geöffnet: Nur nach Vereinbarung zugänglich
Konservator: Stelle vakant

Heidelberg
Mineralogisch-Petrographisches Institut der Universität, Im Neuenheimer Feld 236, D-6900 Heidelberg
Sammlung: Rund 500 Meteorite, archiviert
Betreuung: Dr. Cornelia Kluth

Münster
Mineralogisches Museum der Universität, Hüfferstraße 1, D-4400 Münster
Sammlung: Rund 60 Meteorite, wovon ein großer Teil in der Ausstellung zu sehen ist
Geöffnet: Mittwoch 15–18 Uhr, Sonntag 10.30–12.30 Uhr
Konservator: Dr. W. Borchart-Ott

Nördlingen
Rieskrater-Museum der Stadt Nördlingen, Postfach 1543, D-8860 Nördlingen
Sammlung: Schwerpunkt des Museums, das in einem renovierten ehemaligen Holzlagerhaus von 1503 untergebracht ist, wird das Ries als Impaktkrater sowie die Bedeutung der Einschläge planetarer Körper für die Entwicklung der Planeten und Monde sein. Die Eröffnung ist auf 1988/89 vorgesehen
Konservator: Andreas Müller

Steinheim am Albuch
Meteorkrater-Museum, Sontheim, D-7924 Steinheim
Sammlung: Geologische und paläontologische Belege aus dem Steinheimer Becken sowie einige Meteorite aus den Beständen des Staatlichen Museums für Naturkunde, Stuttgart, sind in einer ansprechend gestalteten Ausstellung (120 m^2) zu sehen, die in der früheren Sontheimer Schule untergebracht ist
Geöffnet: Täglich 9–12 und 14–17 Uhr
Konservatoren: Dr. Elmar Heizmann, Dr. Manfred Warth, Staatliches Museum für Naturkunde, Stuttgart

Stuttgart
Staatliches Museum für Naturkunde, Rosenstein 1, D-7000 Stuttgart 1
Sammlung: 152 Meteorite von 107 Lokalitäten. Einige davon sind im Meteorkrater-Museum, Steinheim am Albuch, ausgestellt. Sonst ist die Sammlung archiviert und nur nach Vereinbarung zugänglich
Konservator: Dr. Manfred Warth

Tübingen
Mineralogisch-Petrographisches Institut der Universität, Wilhelmstraße 56, D-7400 Tübingen
Sammlung: Über 800 Meteorite von mehr als 300 Lokalitäten. Aus räumlichen Gründen sind zur Zeit nur wenige Stücke ausgestellt
Konservator: Stelle vakant

Schweiz

Basel
Naturhistorisches Museum, Augustinergasse 2, CH-4001 Basel
Sammlung: Etwa 170 Meteorite von über 70 Lokalitäten. Ein Teil davon ist in der Mineralogieausstellung zu sehen
Geöffnet: Dienstag–Sonntag 10–12 und 14–17 Uhr
Konservator: Dr. Josef Arnoth (Mineralogie)

Lugano
Museo cantonale di storia naturale, Viale Cattaneo 4, CH-6900 Lugano.
Sammlung: 164 Meteorite von 54 Lokalitäten (ehemalige Kollektion Werner Dauwitz, die durch Schenkung ans Museum gelangte). Die Bestände sind archiviert und auf Anfrage zugänglich
Geöffnet: Dienstag–Samstag 9–12 und 14–17 Uhr
Konservator: Dr. Guido Cotti

Zürich
Mineralogisch-Petrografische Sammlungen der ETH, ETH, Naturwissenschaften Ost, Sonneggstraße 5, CH-8092 Zürich
Sammlung: Rund 300 Meteorite von über 250 verschiedenen Lokalitäten. Einige wenige sind zusammen mit erklärenden Texten ausgestellt, der Rest ist nur auf Anfrage zugänglich
Geöffnet: Montag–Freitag 10–19 Uhr, Samstag 10–16 Uhr
Konservator: Prof. Dr. W. Oberholzer

Österreich

Graz
Steiermärkisches Landesmuseum Joanneum, Abteilung für Mineralogie, Raubergasse 10, A-8010 Graz
Sammlung: Etwa 50 Meteorite, die in der mineralogischen Ausstellung zu sehen sind
Geöffnet: Montag–Freitag 9–16 Uhr,
Samstag–Sonntag 9–12 Uhr
Konservator: Dr. Walter Postl

Wien
Institut für Petrologie der Universität Wien, Dr. Karl Lueger-Ring 1, A-1010 Wien
Sammlung: 67 Meteorite, die zusammen mit der Mineralogie archiviert sind und auf Anfrage gezeigt werden
Betreuer: Prof. Hans Kurzweil

ANHANG

Index der Meteoritennamen
Register
Literaturverzeichnis
Bildnachweis

Index der Meteoritennamen

Standardwerke

Buchwald, V. F. (1975): Handbook of Iron Meteorites. Their History, Distribution, Composition and Structure. Univ. Calif. Press. Berkeley, Los Angeles, London.
Vol. 1: Iron Meteorites in General, pp. 1–243.
Vol. 2: Iron Meteorites Abakan-Mejillones, pp. 245–820.
Vol. 3: Iron Meteorites Merceditas-Zerhamra, Supplement, pp. 821–1418.
Vol. 1 mit sehr ausführlichem Literaturverzeichnis.

Burke, J. G. (1986): Cosmic Debris. Meteorites in History. University of California Press, Berkeley, Los Angeles, London. 445 pp.

Cohen, E. (1884): Meteoritenkunde. Heft 1: Untersuchungsmethoden und Charakteristik der Gemengteile. 340 Seiten.

– (1903): Meteoritenkunde. Heft 2: Strukturformen; Versuche künstlicher Nachbildung von Meteoriten; Rinde und schwarze Adern; Relief der Oberfläche; Gestalt, Zahl und Größe der Meteorite; Nachträge zu Heft 1. 302 Seiten.

– (1905): Meteoritenkunde. Heft 3: Classifikation und Nomenclatur. Körnige bis dichte Eisen; Oktaedrite mit feinen und feinsten Lamellen. 419 Seiten.

Dodd, R. T. (1981): Meteorites. A petrologic-chemical synthesis. Cambridge University Press. 368 pp.

– (1986): Thunderstones and Shooting Stars. The meaning of meteorites. Harvard University Press. 196 pp.

Gehrels, T., (1979): Asteroids. Univ. of Arizona Press. 1181 pp.

Gomez, C. B. and Keil, K. (1980): Brazilian Stone Meteorites. Univ. New Mexico Press. 161 pp.

Graham, A. L., Bevan, A. W. R., and Hutchinson, R. (1985): Catalogue of Meteorites. With special reference to those represented in the collection of the British Museum (Natural History). 4th. edn.

Graham, A. L., Bevan, W. R., and Hutchinson, R. (1987) Catalogue of Meteorites. Ausgabe auf Datenträger (Disketten) für Betriebssystem MS-DOS ab Ver. 2.11 und höher. September 1987. Erhältlich bei: British Museum (Natural History), Cromwell Road, London SW7 5BD.

Heide, F. (1957): Kleine Meteoritenkunde. Reihe Verständliche Wissenschaften, Springer Verlag. 142 Seiten.

Hoyt, W. G. (1987): Coon Mountain Controversies. Univ. Arizona Press. 442 pp.

Hutchinson, R. (1983): The Search for our Beginning. British Museum (Natural History). Oxford University Press. 164 pp.

King, E. A., Ed. (1983): Chondrules and their Origins. Lunar and Planetary Inst., Houston. 377 pp.

Krinov, E. L. (1960): Principles of Meteorites. Pergamon Press. 535 pp.

Mason, B. (1962) Meteorites. Wiley and Sons, New York.

– (1971): Handbook of Elemental Abundances in Meteorites. New York, London.

McSween, H. Y. Jr. (1987): Meteorites and Their Parent Planets. Cambridge Univ. Press. 238 pp.

Millman, P. M., Ed. (1969): Meteorite Research. D. Reidel, Dordrecht. 930 pp.

Nininger, H. H. (1952): Out of the Sky. An introduction to meteoritics. Dover Publications, New York. 336 pp.

– (1972): Find a Falling Star. Eriksson, New York. 254 pp.

– (1981): Meteorites. A photgraphic study of surface features. Part 2: Orientation. Center for Meteorite Studies. Ariz. State Univ., Tempe. 74 pp.

Sears, D. W. (1978): The Nature and Origin of Meteorites. Oxford Univ. Press. 187 pp.

Suess, H. E. (1987): Chemistry of the Solar System. Wiley, New York, 143 pp.

Wasson, J. T. (1974): Meteorites. Classification and Properties. Minerals and Rocks 10. Springer, Berlin, Heidelberg, New York.

– (1985): Meteorites. Their Record of Early Solar-System History. Freeman, New York. 267 pp.

Wood, J. A. (1969): Meteorites and the Origin of Planets. McGraw-Hill. 117 pp.

Speziellere Literatur zu den einzelnen Kapiteln

Kapitel 1

Biot, J. B. (1803): Relation d'un voyage fait dans le département de l'Orne, pour constater la réalité d'un météore observé à l'Aigle le 6 floréal an II: Badouin Imprimeur de l'Institut National, Paris.

Boschke, F. L. (1965): Erde von anderen Sternen. Econ-Verlag, Düsseldorf, Wien.

Chladni, E. F. F. (1794): Ueber den Ursprung der von Pallas Gefundenen und Anderer ihr Ähnlicher Eisenmassen und ueber Einige Damit in Verbindung Stehende Naturerscheinungen. Riga, Johann Friedrich Hartknoch und Leipzig, Georg Joachim Göschen.

– (1819): Ueber Feuermeteore und über die mit denselben herabgefallenen Massen. Nebst 10 Steindrucktafeln und deren Erklärung von Carl von Schreibers. Wien.

Erxleben, J. Chr. P. (1791): Anfangsgründe der Naturlehre. Göttingen (Paragraph 758). 5. Auflage mit Zusätzen von G. C. Lichtenberg.

Fougeroux, A. D., Cadet, L. C., und Lavoisier, A. (1772): Rapport fait à l'Académie Royale des Sciences, d'une observation communiqué par M. l'Abbé Bachelay, sur une pierre qu'on pretend être tombée du Ciel pendant un orage. Journal de Physique, de Chimie, d'Histoire Naturelle, et des Arts, Paris, Vol. 2, p. 251–255 (gedruckt 1777).

Hebel, J. P. (1816): Schatzkästlein des Rheinischen Hausfreundes. 2. Auflage, Taschenbuch 7567 in der Reihe ‹Goldmanns Klassiker›, Wilhelm Goldmann Verlag, München.

Hoppe, G. (1976): Das Pallas-Eisen, ein Ausgangsprodukt für die Meteoritentheorie E. F. F. Chladnis (1794). Z. geol. Wiss., Berlin *4*: 521–528.

– (1977): Ernst Florens Friedrich Chladni – Zum 150. Todestag des Begründers der Meteoritenkunde. Chem. Erde *36:* 249–262.

Marvin, U. (1986): Meteorites, the Moon and the History of Geology. J. geol. Education *34*: 140–165.

Pallas, P. S. (1776): Reisen durch verschiedene Provinzen des Russischen Reiches, 1771–1773. St. Petersburg, Vol. 3, pp. 417–422.

Plinius d. Aeltere (77): Naturkunde. Buch 2, Kosmologie. Deutsch von Roderich König und Gerhard Winkler. Heimeran Verlag (1974), Tusculum-Bücherei.

Shima, M., Murayama, S., Okada, A., Yakubi, H., and Takaoka, N. (1983): Description, Chemical Composition and Noble Gases of the Chondrite Nogata. Meteoritics *18:* 87–102.

Wuttke, D. (1976): Sebastian Brant und Maximilian I. Eine Studie zu Brants Donnerstein-Flugblatt 1492, in: Die Humanisten in ihrer Polistis und sozialen Umwelt, pp. 141–176.

Kapitel 2

Buchwald, V. F., and Mosdal, G. (1985): Meteoritic iron, telluric iron and wrought iron in Greenland. Meddr. Grønland, Man & Soc. *9:* 3–49.

Buchwald, V. F (1987): Thermal Migration III: Its Occurrence in Cape York and other Meteorites, in: Abstracts, 50th Meeting of the Meteoritical Society, Newcastle upon Tyne, 1987.

Bühler, R. W. (1986): Der Eisenmeteorit Twannberg. Erste Untersuchungsergebnisse vom neuesten schweizerischen Meteoritenfund. NZZ Nr. 263 vom 12.11.1986, S. 65.

Ceplecha, Z. (1961): Multiple Fall of Pribram Meteorites Photographed. Bull. Astron. Czech *12:* 21–47.

Halliday, I., and Griffin, A. A. (1984): The Frequency of Meteorite Falls on the Earth. Science *223:* 1405–1407.

Halliday, I., Blackwell, A. T., and Griffin, A. A. (1978): The Innisfree Meteorite and the Canadian Camera Network. J. Roy. astron. Soc. Canada *72:* 15–39.

Heinlein, D. (1987): Das Meteoriten-Ortungssystem in Süddeutschland. Meteor. Zeitschr. Meteoritenkunde *2:* 16–20.

– (1986): Erster Meteoritenfall in der DDR. Meteor. Zeitschr. Meteoritenkunde *2:* 4–5.

Hughes, D. W. (1981): Meteorite Falls and Finds: Some Statistics. Meteoritics *16:* 269–281.

Kiko, J., and Schmidt-Rohr, U. (1795): Max-Planck-Institut für Kernphysik; Berichte und Mitteilungen der Max-Planck-Gesellschaft. 1/75.

McCrosky, R. E., et al. (1971): Lost City Meteorite – Its Recovery and a Comparison with Other Fireballs. J. geophys. Res. *76:* 4090–4108.

Thorslund, P., and Wickman, F. E. (1981): Middle Ordovician chondrite in fossiliferous limestone from Brunflo, Central Sweden. Nature *289:* 285–286.

Thorslund, P., Wickman, F., and Nyström, J. O. (1984): The Ordovician chondrite from Brunflo, Central Sweden, I. General description and primary minerals. Lithos *17:* 87–100.

Wickman, F. E. and Nyström, J. O. (1986): Brunflo, the first fossil chondrite. Meteoritics (Abstracts) *21:* 583.

Zähringer, J. (1969): Meteoritenortung in Süddeutschland. Sterne und Weltraum 1969/3.

Kapitel 3

Annexstad, J. O., Schultz, L., and Wänke, H. (1986): Workshop on Antarcitc Meteorites. LPI Tech. Rpt. 86–01. Lunar and Planetary Institute, Houston.

Bull, C., and Lipschutz, M. E. (1982): Workshop on Antarctic Glaciology and Meteorites. LPI Tech. Rpt. 82–03. Lunar and Planetary Institute, Houston.

Cassidy, W. A., und Rancitelli, L. A. (1982): Antarctic Meteorites. American Scientist *70:* 156–163.

Englert, P. (1987): Meteorite aus der Antarktis. Sterne und Weltraum *26:* 18–23.

Lipschutz, M. E. (1985): Unique meteorites attract researchers. Geotimes, November 1985, pp. 8–10.

Lipschutz, M. E., und Cassidy, W. A. (1986): Antarctic Meteorites: A Progress Report. EOS *67:* 1339–1341 (25. November 1986)

Marvin, U. B. (1981): The Search for Antarctic Meteorites. Sky and Telescope, November 1981, pp. 423–427.

Marvin, U. B., und Mason, B., Eds. (1980): Catalog of Antarctic Meteorites, 1977–1978. Smithsonian Contr. Earth Sci. No. 23.

– (1982): Catalog of Meteorits from Victoria Land, Antarctica, 1978–1980. Smithsonian Contr. Earth Sci. No. 24.

– (1984): Field and Laboratory Investigations of Meteorites from Victroria Land, Antarctica. Smithsonian Contr. Earth Sci. No. 26.

NASA: Antarctic Meteorite Newsletter. Vol. 4 (1981) – Vol. 10 (1987).

Schultz, L. (1981): Auf Meteoritenjagd im Eisschrank der Antarktis, in: FORSCHUNG. Mitteilungen der Deutschen Forschungsgemeinschaft 2/81, pp. 10–13.

Kapitel 4

Alvarez, L. W., Alvarez, W., Asaro, F., and Michel, H. V. (1980): Extraterrestrial cause for the Cretaceous-Tertiary extinction. Sciene *208:* 1095–1180.

Autorenkollektiv über den Fall von Jilin (1977), in: Scientia Sinica *1:* S. 38–46. *Wertvolle Hilfe bei der Übersetzung des chinesischen Originals erfolgte durch Herrn Lin Ching-Wen, Ostasiatisches Seminar der Universität Zürich.*

Gall, H., Hüttner, R., und Müller, D. (1977): Erläuterungen zur Geologischen Karte des Rieses 1:50'000. Geologica Bavarica. Bd. 76. Bayer. Geol. Landesamt, München.

Graup, G., und Stöffler, D. (1974): Petrologische Befunde im Nördlinger Ries. Der Aufschluß *25:* Heft 7/8, 395–404.

Groschopf, P., und Reiff, W. (1982): Der geologische Wanderweg im Steinheimer Becken. Steinheim am Albuch. Darin weiterführende Literatur über das Steinheimer Becken.

Hugi, E. (1929): Der Meteorit von Ulmiz, Mitt. Naturf. Gesell. Bern 1929.

Jansa, L. F., and Pe-Piper, G. (1987): Identification of an extraterrestrial impact crater. Nature *327:* 612–614.

Krinov, E. L. (1956): Der Eisenmeteoritenregen von Sikhote-Alin. Chem. Erde *18:* 56–88.

– (1966): Giant Meteorites. Pergamon Press, Oxford.

– (1977): Abschließende Geländeuntersuchungen und Sammlung von Teilen des Eisenmeteoritenschauers von Sikhote-Alin. Chem. Erde *36:* 73–82.

Mosebach, R. (1958): Der Gesteinsmeteorit von Ramsdorf. Natur und Volk, Heft 88, 329–338.

Reiff, W. (1976): Einschlagkrater kosmischer Körper auf der Erde, in: Meteorite und Meteorkrater. Stuttg. Beitr. Naturkunde, Serie C, Nr. 6.

Shoemaker, E. M. (1983): Kollision fester Körper, in: Die Sonne und ihre Planeten. Physik-Verlag, Weinheim.

Kapitel 5

Buchwald, V. F. (1975): Handbook of Iron Meteorites. University of California Press. Vols 1–3. Berkely, Los Angeles, London. Band 1 enthält Ausführungen über Größen und Formen von Meteoriten sowie die Beschaffenheit der Schmelzkrusten.

Krinov, E. L. (1960): Principles of Meteorites. Pergamon Press. New York. Enthält einen Klassifizierungsvorschlag über Schmelzkrusten.

Kapitel 6

Brezina, A. (1896): Die Meteoritensammlung des K. K. naturhistorischen Hofmuseums am 1. Mai 1895. Annalen des Naturhistorischen Hofmuseums, Wien *10:* 231–370, 3 Tafeln.

Buchwald, V. F. (1968): The Austenite-Ferrite Transformation, Center for Meteorite Studies. Arizona University, Tempe, Arizona.

Goldstein, J. I. (1969): The Classification of Iron Meteorites, in: Meteorite Research, pp. 721–737. Ed. P. M. Millmann.

Goldstein, J. I., and Axon, H. J. (1973): The Widmanstättenfigures in iron meteorites. Naturwissenschaften *60:* 313–321.

Mason, B., and Wiik, H. B. (1964) The amphoterites and meteorites of similar composition. Geochim. cosmochim. Acta *28:* 533–538.

Max-Planck-Gesellschaft. Berichte und Mitteilungen 1/87. München.

Paneth, F. A. (1960): The discovery and earliest reproductions of the Widmanstätten figures. Geochim. cosmochim. Acta *18:* 176–182.

Partsch, P. (1843): Die Meteoriten oder vom Himmel gefallene Steine und Eisenmassen im K. K. Hofmineralien-Kabinett zu Wien.

Prior, G. T. (1920): The classification of meteorites. Mineralogical Magazine *19:* 51–63.

Rose, G. (1863): Systematisches Verzeichnis der Meteoriten im Mineralogischen Museum der Universität zu Berlin. Annalen der Physik *83:* 594–596.

Schreibers, C. von (1820): Beiträge zur Geschichte und Kenntnis meteoritscher Stein- und Metallmassen, Wien.

Shepard, C. U. (1846): Report on Meteorites. Am. J. Science. Series 2; *2:* 377–392.

Thomson, G. (1804): Essai sur le fer malléable trouvé en Siberie par le Professeur Pallas. Bibl. Brit. *27:* 135–154, 209–229, 1 Tafel mit der erstmaligen Publikation der nachmaligen Widmanstättenschen Figuren.

– (1808): Saggio sul ferro malleabile trovato da Pallas in Siberia. Atti della accademia delle scienze della Siena *9:* 42–47.

Tschermak, G. (1872): Die Meteoriten des K. K. Mineralogischen Museums am 1. Oktober 1872. Mineralogische Mittheilungen, 165–172.

Van Schmus, W. R., and Wood, J. A. (1967): A chemical-petrologic classification for the chondritic meteorites. Geochim. cosmochim. Acta *31:* 747–765.

Wasson, J. T. (1967): The chemical classification of iron meteorites. Geochim. cosmochim. Acta *31:* 161–180.

Yarnel, A. A. (1968): On the Degree of Equilibration Reflected in the Ferromagnesian Silicates in Ordinary Chondrites. Meteoritika *28:* 19–29. Übersetzt in: Meteoritics *5:* 153–167.

Kapitel 7

Begemann, F. (1982): Meteorite und Astrophysik. Sterne und Weltraum *3:* 106–109.

Chapman, C. R. (1975): The nature of asteroids. Scientific American *232:* 24–33.

Kelly Beatty, J., O'Leary, B., and Chaikin, A. (1983): Die Sonne und ihre Planeten. Weltraumforschung in einer neuen Dimension. Physik-Verlag Weinheim. Übersetzung von: The New Solar System (1981).

Schultz, L. (1988): Meteorite vom Planeten Mars. Die Geowissenschaften, Februar 1988.

– (1982): Meteorite als Zeugen des Ursprungs unseres Sonnensystems. Naturwissenschaftliche Rundschau *35:* 271–274.

Wasson, J. T., and Wetherill, G. (1979): Dynamical, chemical and isotopic evidence regarding the formation locations of asteroids and meteorites, in: Asteroids, pp. 926–974. Ed. Gehrels.

Wood, J. A. (1984): Das Sonnensystem. Übersetzt und ergänzt von K. Hiller. Ferdinand Enke Verlag Stuttgart. Taschenbuch Bd. 7 in der Reihe ‹Geowissen kompakt›.

Kapitel 8

Feigl, F. (1954): Spot Tests. Vol. I, Inorganic Applications. Elsevier Publishing Company, Amsterdam, Houston, London, New York. (Mit ausführlichen Anweisungen für qualitative Nachweise von chemischen Elementen und Verbindungen.)

Krähenbühl, U. (1987): Briefliche Mitteilung. Dr. Krähenbühl, Laboratorium für Radiochemie, Universität Bern, hat in verdankenswerter Weise den Nickeltest im Reagenzglas und direkt auf der Probe auf seine Durchführbarkeit überprüft.

Nininger, H. H. (1933): Our stone pelted planet. The Riverside Press. Cambridge, Boston, New York.

Bezugsquellen für Chemikalien

Alle in Kapitel 8 aufgeführten Chemikalien kann man in der Apotheke kaufen und dort mischen lassen.

Araldit Typ N und Härter HY 956 (Ciba-Geigy, Basel) können im Chemikalienhandel bezogen werden.

Paraloid B48N (Rohm and Haas Co., Philadelphia) und ein Tensid namens ‹Produkt 100› werden in Europa vertrieben von Alois K. Diethelm AG, Lascaux-Restauro-Division, CH-8306 Brüttisellen.

Bildnachweis (nach Abbildungsnummern)

Umschlagbild nach einer Aufnahme von David J. Roddy und K. Zeller, U.S. Geological Survey, Flagstaff AZ.
1.1, 1.4: Universitätsbibliothek Basel.
1.2, 1.3: National Science Museum, Tokio.
1.5: Schweizerisches Landesmuseum, Zürich.
1.6: Universitätsbibliothek Innsbruck, Cod. 314 2v.
1.7: Zentralbibliothek Luzern, MS S. 23, fol. Bürgerbibliothek.
1.8, 1.9, 1.23, 1.25: Archiv Autor.
1.10: Österreichische Nationalbibliothek, Cod. s.n. 17255, f. 2.
1.11: Bibl. Municipale de Colmar, H. Bari.
1.12, 1.19, 1.25, 1.26, 2.18, 2.39, 4.11, 4.20, 5.16, 6.12, 6.14, 6.15, 6.17, 6.25, 8.1, 8.3–6, 8.11: Foto Autor.
1.13–16, 5.13: Naturhistorisches Museum, Wien.
1.17: Burgerbibliothek Bern, MSs. Mül. 630(4).
1.18: Deutsche Staatsbibliothek, DDR-Berlin.
1.20: ETH Bibliothek, Zürich.
1.21–22: Zentralbibliothek, Zürich.
2.1: James T. Baker, National Geographic Magazine.
2.2: Natalie Bühler
2.3: American Meteorite Laboratory, Denver, Glenn I. Huss.
2.5, 4.26: Arno Lengowski, Schleswig.
2.6: NHMB, Foto Rebsamen.
2.7: Historisches Museum der Pfalz, Speyer.
2.12: Richard E. McCrosky, Smithsonian Astrophysical Observatory.
2.14–16, 4.23: Dieter Heinlein, Veitsbronn.
2.17, 2.22, 7.6: Max-Planck-Institut für Kernphysik, Heidelberg.
2.20: Meteoritics Vol. 16. No. 3, 1981. S. 280.
2.23: Pablo Diaz, Universität Stockholm.
2.24–27: Bengt Lindquist, Schwedisches Museum für Naturkunde.
2.30: G. Hoppe, Museum für Naturkunde, DDR-Berlin.
2.31: Abgeändert aus: Buchwald. Meddr. Gronland, Man & Soc. 9: 3–49.
2.28, 2.29, 2.32–38, 2.40, 5.9, 5.12, 5.14 (S.I. neg. 1532A), 5.15 (S.I. neg. 19755), 5.16 (S.I. neg. M-1360A), 5.18 (S.I. neg. 9A), 6.4, 6.5, 6.7, 6.28, (S.I. neg. M-1336A), 6.29 (S.I. neg. M-375), 6.33 (S.I. neg. 1578A), 6.34, 6.35, (S.I. neg. 1060A), 6.38 (S.I. neg. 259), 6.39 (S.I. neg. M-1421A), 8.2, 8.8, 8.9 (S.I. neg. 1516B), 8.10 (S.I. neg. M-328): Foto/Archiv V. F. Buchwald, Kopenhagen.
3.1, 3.4–3.9, 3.11: Rudolf Schultz, Mainz.
3.3, 3.12–17, 6.23–24: NASA (LPI).
3.10: Keizo Yanai, NIPR, Tokio.
4.1: Thorsten Neckel, SuW 3/1987.
4.2: Ed. Gerber, NHMB.
4.3: G. Ruprecht, NHMB.
4.4–5: R. Mosebach, Wilhelms-Universität, Münster.
4.6–7, 5.7: Ouyang Ziyuan, Inst. of Geochemistry, Academia Sinica, Guiyang, VR China.
4.8–9: Zeichnung Autor nach: Scientia Sinica. 1/1977.
4.10: Zeichnung Autor nach: Krinov, 1977.
4.12: Rolf Eichin, Zürich.
4.13: Walter Zeitschel, Hanau.
4.14–15: NASA.
4.16: Henno Martin, Göttingen, SuW 3/1987.
4.18–19: Dieter Stöffler, Institut für Planetologie, Wilhelms-Universität, Münster.
5.1–4: Don E. Brownlee, NASA.
5.5–6: Aus: Krinov, 1970.
5.8: Aus Weltall und Menschheit, Bd. III, o. Jg.
5.10, 6.1: Archiv Museum Bally-Prior, Schönenwerd.
5.11: Max-Planck-Institut für Chemie, Mainz.
6.2: Lawrence Grossmann, University of Chicago.
6.3: Roy S. Lewis, University of Chicago, Enrico Fermi Institute.
6.11, 6.18–19: W. R. van Schmuss, University of Kansas.
2.13, 6.21, 7,10: Smithsonian Institution, Washington DC.
6.22, 6.27: Thane Bierwert, AMNH, New York.
7.5: Aus: Der Mond. 1970/71. M. Grünefelder, L. Schultz, P. Signer.
7.7: Heinrich Wänke, Max-Planck-Institut für Chemie, Mainz.
7.9: P. Signer, ETHZ.
9.1: Museum für Naturkunde, DDR-Berlin.